住房和城乡建设部"十四五"规划教材

"十二五"职业教育国家规划教材

经全国职业教育教材审定委员会审定

住房和城乡建设部中等职业教育建筑施工与建筑装饰专业指导委员会规划推荐教材

建筑结构施工图识读
（第二版）

（建筑工程施工专业）

周学军　白丽红　主　编

吴杏弟　主　审

U0296044

中国建筑工业出版社

图书在版编目（CIP）数据

建筑结构施工图识读／周学军，白丽红主编．—2版．—北京：中国建筑工业出版社，2021.7（2023.8重印）

住房和城乡建设部"十四五"规划教材　"十二五"职业教育国家规划教材　经全国职业教育教材审定委员会审定　住房和城乡建设部中等职业教育建筑施工与建筑装饰专业指导委员会规划推荐教材．建筑工程施工专业

ISBN 978-7-112-26389-9

Ⅰ.①建…　Ⅱ.①周…②白…　Ⅲ.①建筑制图—识别—中等专业学校—教材　Ⅳ.①TU204.21

中国版本图书馆CIP数据核字（2021）第146985号

　　本书是依据教育部公布的《中等职业学校建筑工程施工专业教学标准（试行）》编写的新教材。

　　本书以 16G101-1、16G101-2、16G101-3 系列平法图集，16G519 等钢结构节点构造详图，《建筑结构制图标准》及现行相关规范为基础，紧紧围绕结构施工图的识读展开，在识图训练中融入结构基础知识的学习。

　　本书分为钢筋混凝土结构施工图识读、砌体结构施工图识读、钢结构施工图识读 3 个模块。钢筋混凝土结构施工图识读模块包括钢筋混凝土结构认知、基础平法施工图识读、柱平法施工图识读、剪力墙平法施工图识读、梁平法施工图识读、板平法施工图识读、楼梯平法施工图识读、钢筋混凝土结构施工图识读综合训练；砌体结构施工图识读模块包括砌体结构认知、基础施工图识读、楼（屋）盖结构施工图识读、结构详图识读；钢结构施工图识读模块包括钢结构认知、钢结构连接节点详图识读、梁柱节点详图识读、普通钢桁架施工图识读。

　　本书主要作为职业教育土建类专业的教材，还可作为建筑工程施工技术人员和建设工程监理等的培训教材。

　　本书提供二维码数字资源，供学习参考。为了更好地支持相应课程的教学，我们向采用本书作为教材的教师提供课件，有需要者可与出版社联系。建工书院：http://edu.cabplink.com；邮箱：jckj@cabp.com.cn，2917266507@qq.com；电话：（010）58337285。

责任编辑：聂　伟　李　阳　刘平平
责任校对：姜小莲

住房和城乡建设部"十四五"规划教材
"十二五"职业教育国家规划教材
经全国职业教育教材审定委员会审定
住房和城乡建设部中等职业教育建筑施工与建筑装饰专业指导委员会规划推荐教材

建筑结构施工图识读（第二版）

（建筑工程施工专业）

周学军　白丽红　主　编

　　　　吴杏弟　主　审

*

中国建筑工业出版社出版、发行（北京海淀三里河路 9 号）
各地新华书店、建筑书店经销
北京点击世代文化传媒有限公司制版
河北鹏润印刷有限公司印刷

*

开本：787 毫米×1092 毫米　1/16　印张：25½　字数：403 千字
2022 年 1 月第二版　2023 年 8 月第三次印刷
定价：**69.00** 元（附数字资源及赠教师课件）
ISBN 978-7-112-26389-9
　　（37910）

出版说明 ◆◆◆

党和国家高度重视教材建设。2016 年，中办国办印发了《关于加强和改进新形势下大中小学教材建设的意见》，提出要健全国家教材制度。2019年 12 月，教育部牵头制定了《普通高等学校教材管理办法》和《职业院校教材管理办法》，旨在全面加强党的领导，切实提高教材建设的科学化水平，打造精品教材。住房和城乡建设部历来重视土建类学科专业教材建设，从"九五"开始组织部级规划教材立项工作，经过近 30 年的不断建设，规划教材提升了住房和城乡建设行业教材质量和认可度，出版了一系列精品教材，有效促进了行业部门引导专业教育，推动了行业高质量发展。

为进一步加强高等教育、职业教育住房和城乡建设领域学科专业教材建设工作，提高住房和城乡建设行业人才培养质量，2020 年 12 月，住房和城乡建设部办公厅印发《关于申报高等教育职业教育住房和城乡建设领域学科专业"十四五"规划教材的通知》（建办人函〔2020〕656 号），开展了住房和城乡建设部"十四五"规划教材选题的申报工作。经过专家评审和部人事司审核，512 项选题列入住房和城乡建设领域学科专业"十四五"规划教材（简称规划教材）。2021 年 9 月，住房和城乡建设部印发了《高等教育职业教育住房和城乡建设领域学科专业"十四五"规划教材选题的通知》（建人函〔2021〕36 号）。为做好"十四五"规划教材的编写、审核、出版等工作，《通知》要求：（1）规划教材的编著者应依据《住房和城乡建设领域学科专业"十四五"规划教材申请书》（简称《申请书》）中的立项目标、申报依据、工作安排及进度，按时编写出高质量的教材；（2）规划教材编著者所在单位应履行《申请书》中的学校保证计划实施的主要条件，支持编著者按计划完成书稿编写工作；（3）高等学校土建类专业课程教材与教学资源专家委员会、全国住房和城乡建设职业教育教学指导委员会、住房和城乡建设部中等职业教育专业指导委员会应做好规划教材的指导、协调和审稿等工作，保证编写质量；（4）规划教材出版单位应积极配合，做好编辑、出版、发行等工作；

（5）规划教材封面和书脊应标注"住房和城乡建设部'十四五'规划教材"字样和统一标识；（6）规划教材应在"十四五"期间完成出版，逾期不能完成的，不再作为《住房和城乡建设领域学科专业"十四五"规划教材》。

住房和城乡建设领域学科专业"十四五"规划教材的特点，一是重点以修订教育部、住房和城乡建设部"十二五""十三五"规划教材为主；二是严格按照专业标准规范要求编写，体现新发展理念；三是系列教材具有明显特点，满足不同层次和类型的学校专业教学要求；四是配备了数字资源，适应现代化教学的要求。规划教材的出版凝聚了作者、主审及编辑的心血，得到了有关院校、出版单位的大力支持，教材建设管理过程有严格保障。希望广大院校及各专业师生在选用、使用过程中，对规划教材的编写、出版质量进行反馈，以促进规划教材建设质量不断提高。

住房和城乡建设部"十四五"规划教材办公室

2021 年 11 月

　　住房和城乡建设部中等职业教育专业指导委员会是在全国住房和城乡建设职业教育教学指导委员会、住房和城乡建设部人事司的领导下，指导住房城乡建设类中等职业教育（包括普通中专、成人中专、职业高中、技工学校等）的专业建设和人才培养的专家机构。其主要任务是：研究建设类中等职业教育的专业发展方向、专业设置和教育教学改革；组织制定并及时修订专业培养目标、专业教育标准、专业培养方案、技能培养方案，组织编制有关课程和教学环节的教学大纲；研究制订教材建设规划，组织教材编写和评选工作，开展教材的评价和评优工作；研究制订专业教育评估标准、专业教育评估程序与办法，协调、配合专业教育评估工作的开展等。

　　本套教材是由住房和城乡建设部中等职业教育建筑施工与建筑装饰专业指导委员会（以下简称专指委）组织编写的。该套教材是根据教育部2014年7月公布的《中等职业学校建筑工程施工专业教学标准（试行）》《中等职业学校建筑装饰专业教学标准（试行）》编写的。专指委的委员参与了专业教学标准和课程标准的制定，并将教学改革的理念融入教材的编写，使本套教材能体现最新的教学标准和课程标准的精神。教材编写体现了理论实践一体化教学和做中学、做中教的职业教育教学特色。教材中采用了最新的规范、标准、规程，体现了先进性、通用性、实用性的原则。本套教材中的大部分教材，经全国职业教育教材审定委员会的审定，被评为"十二五"职业教育国家规划教材。

　　教学改革是一个不断深化的过程，教材建设是一个不断推陈出新的过程，需要在教学实践中不断完善，希望本套教材能对进一步开展中等职业教育的教学改革发挥积极的推动作用。

住房和城乡建设部中等职业教育建筑施工与建筑装饰专业指导委员会

第二版前言 ◆◆◆

结构施工图识读能力作为职业教育土建施工类专业毕业生的基本职业能力已被学校和行业企业所确认，在教育部颁布的《中等职业学校建筑工程施工专业教学标准（试行）》中，"建筑结构施工图识读"课程首次被列入专业核心课程。按照国务院印发的《国家职业教育改革实施方案》，从2019年开始，在职业院校、应用型本科高校启动"学历证书＋若干职业技能等级证书"制度试点工作，其中在已开展试点的"1+X"证书中，建筑工程识图职业技能等级标准已经将结构施工图的识读与绘制能力列入土建施工类专业的职业技能要求。通过本课程的学习，可为"主体结构施工"等其他后续专业核心课程、"钢筋翻样与加工"等其他后续专业（技能）方向课程学习奠定基础。

本书编写的设计思路是：坚持以能力为本，紧紧围绕培养学生识读结构施工图的专业核心能力，根据《建筑与市政工程施工现场专业人员职业标准》中对施工员、质量员、资料员等职业岗位群应具备的结构施工图识读职业能力的专业技能和专业知识要求，以典型建筑工程的结构施工图案例为载体设计工作（教学）任务，以结构施工图识读步骤和方法为线索构建教材内容，为实施以任务为引领的项目教学，提供适用的创新课程教材。

本书围绕完成工作任务需要的专业知识与技能对学习材料进行重组，并在选取教材内容时充分考虑学生的认知特点，以典型结构施工图案例和实训设施为教学载体，通过建筑结构的认知、结构主要组成构件的认知、结构施工图的图示内容与图示方法、施工图的识读与绘制等教学活动来组织编写，倡导学生在项目活动中领会建筑结构的基本知识和构造，达到能初步绘制和识读结构施工图的职业技能要求，培养学生具备严谨、细致的良好职业素养。

本书于2021年10月荣获首届全国优秀教材（职业教育与继续教育类）二等奖。本教材第一版自2016年6月出版以来，得到了全国建筑类相关职业院校的积极选用，也提出了教材使用意见。本次修订不仅按照现行最新相关规范等要求进行了内容更新，同时为适应数字化应用的趋势，在每个项目的学习过程中增加了导读、学习视频、三维图片等数字化学习资源。希望通过学习本书，能提高学生的结构施工图识读职业能力，为学生拓展职业生涯发展潜力奠定基础。

本书由上海市建筑工程学校周学军（模块1的项目1.1、项目1.3）、河南建筑职业技术学院白丽红（模块1的项目1.2）、浙江建设技师学院郭靓（模块1的项目1.4、项目1.7）、上海市建筑工程学校汤燕芬（模块1的项目1.5、项目1.8）、上海市建筑工程学校钱铮（模块1的项目1.6）、河南建筑职业技术学院尚瑞娟（模块2）、上海市建筑工程学校诸葛棠（模块3）编写，周学军、白丽红担任主编。本书由上海建工七建集团有限公司副总工程师吴杏弟教授级高级工程师主审，在此表示感谢。

由于编者水平有限，书中难免存在疏漏和不足之处，真诚希望读者能够提出宝贵意见，予以赐教指正。

第一版前言 ◆◆◆

近年来，结构施工图识读能力作为职业教育建筑工程施工专业毕业生的基本职业能力已被学校和企业所认可，也得到了全国住房和城乡建设职业教育教学指导委员会、住房和城乡建设部中等职业教育专业指导委员会专家们的确认。在中等职业学校建筑工程施工专业教学标准的研究工作中，"建筑结构施工图识读"首次被确定为该专业的专业核心课程。通过本课程的学习，可为"主体结构工程施工"等其他后续专业核心课程、"钢筋翻样与加工"等其他后续专业（技能）方向课程的学习奠定基础。

本书是依据教育部 2014 年公布的《中等职业学校建筑工程施工专业教学标准（试行）》编写的新教材。

本书的编写思路是：坚持以能力为本，紧紧围绕培养学生识读结构施工图的专业核心能力，根据《建筑与市政工程施工现场专业人员职业标准》对施工员、质量员、资料员等职业岗位群应具备的结构施工图识读职业能力的专业技能和专业知识要求，以典型建筑工程的结构施工图案例为载体设计工作（教学）任务，以结构施工图识读步骤和方法为线索构建教材内容，为实施以任务为引领的项目教学，提供适用的创新课程教材。

本书围绕完成工作任务需要的专业知识与技能对学习材料进行重组；在选取教材内容时充分考虑学生的认知特点，以典型结构施工图案例和实训设施为教学载体，通过建筑结构的认知、结构主要组成构件的认知、结构施工图的图示内容与图示方法、施工图的识读与绘制等教学活动来组织编写；倡导学生在项目活动中领会建筑结构的基本知识和构造，达到能初步绘制和识读结构施工图的职业技能要求，培养学生具备严谨、细致的良好职业素养。

本书由上海市建筑工程学校周学军（模块 1 的项目 1.1、项目 1.3）、河南建筑职业技术学院白丽红（模块 1 的项目 1.2）、浙江建设技师学院郭靓（模块 1 的项目 1.4、项目 1.7）、上海市建筑工程学校汤燕芬（模块 1 的项目 1.5、项目 1.8）、上海市建筑工程学校钱铮（模块 1 的项目 1.6）、河南建筑职业技术学院尚瑞娟（模块 2）、上海市建筑工程学校诸葛棠（模块 3）编著，其中周学军、白丽红担任主编。本书由上海建工七建集团有限公司副总工程师吴杏弟高级工程师主审，在此表示感谢。

　　由于编者水平有限，书中难免存在疏漏和不足之处，真诚希望读者能够提出宝贵意见，予以赐教指正。

目录 ◆◆◆

模块 1
钢筋混凝土结构施工图识读

建筑是用建筑材料构筑的空间和实体，供人们生产、生活、居住和进行各种活动的场所。各类建筑主要由梁、板、码 1-1　模块 1 导读墙、柱、基础等构件组成，它们相互连接形成建筑的骨架，这种由若干构件连接而成的能承受作用的平面或空间体系称为建筑结构。建筑结构按所用的建筑材料不同，可分为混凝土结构、砌体结构、钢结构、木结构和组合结构等。在上述结构中混凝土结构是建筑工程中常用的结构形式，其中钢筋混凝土结构应用最为广泛。本模块主要学习钢筋混凝土结构相关知识及结构施工图识读。

本模块内容包括：钢筋混凝土结构认知、基础平法施工图识读、柱平法施工图识读、剪力墙平法施工图识读、梁平法施工图识读、板平法施工图识读、楼梯平法施工图识读及钢筋混凝土结构施工图识读综合训练。

通过本模块的学习，能认知并理解钢筋混凝土结构及其构造要求，掌握钢筋混凝土结构施工图的图示内容和方法，并初步具备钢筋混凝土结构施工图识读的职业能力，为从事钢筋混凝土结构工程现场施工及学习"钢筋翻样与加工""建筑工程计量与计价"等课程打下基础。

项目 1.1　钢筋混凝土结构认知

码 1-2　项目 1.1 导读

【项目概述】

一般每个单项工程的结构施工图应编写一份结构设计说明，作为对整套结构施工图设计意图的补充表达，结构设计说明主要包含：工程概述、设计依据、基础及上部结构形式、选用的材料、使用的荷载标准值、施工要求、选用的标准图集及其他必要的说明等内容。下面结合图1-1来认知钢筋混凝土结构。

通过本项目的学习，学生能够：了解钢筋混凝土结构的概念与类型；识记混凝土强度等级及表示方法，识记常用钢筋品种、强度等级及其表示方法；了解抗震设防烈度、抗震等级等相关规定；了解钢筋混凝土结构的主要特点及在建筑工程中的应用。

某办公楼结构施工图结构设计说明

一、概述

1.本工程图纸所示尺寸均以毫米为单位，高程和坐标以米为单位。

2.本工程结构采用的设计基准期为50年，设计使用年限为50年；上部结构的安全等级为二级。

3.本工程的抗震设防分类为乙类建筑，抗震设防烈度为7度，设计抗震等级为三级，场地类别为IV类，地面粗糙度类别B类。

4.施工中应严格按照国家现行验收及施工有关规定进行。

5.未经技术鉴定或设计许可，不得改变结构用途和使用环境。

6.本工程为框架结构，地上8层，基础为桩基础。

二、设计依据

1.本工程按现行国家有关设计规程及方案设计的批准文件进行设计。

2.地质勘察报告：《某办公楼岩土工程勘察报告》（××年××月），设计地基承载力特征值f_{ak}=300kPa。

3.主要设计规范、规程及基础规定

(1)《建筑结构制图标准》GB/T 50105—2010

(2)《建筑工程抗震设防分类标准》GB 50223—2008

(3)《建筑结构荷载规范》GB 50009—2012

(4)《混凝土结构设计规范》GB 50010—2010 (2015年版)

(5)《建筑抗震设计规范》GB 50011—2010 (2016年版)

(6)《建筑地基基础设计规范》GB 50007—2012

(7)《建筑桩基技术规范》JGJ 94—2008

(8)《混凝土结构耐久性设计规范》GB/T 50476—2019

(9)《混凝土结构施工图平面整体表示方法制图规则和构造详图》16G101 系列图集

4.设计采用可变荷载值。

4.1基本雪压 0.20kN/m²，基本风压0.55kN/m²。

4.2楼面、地面均布活荷载标准值及主要设备控制荷载标准值(kPa)：

部位	办公室	会议室	楼梯	不上人屋面
荷载	2.0	2.0	3.5	0.5
部位	走道	盥洗室	电梯机房	带蹲厕卫生间
荷载	2.0	2.0	7.0	8.0

5.材料

5.1混凝土强度等级

部位/构件	基础~4F	5F~屋面
承台、承台梁	C30	
墙、梁	C35	C30
板	C35	C30
过梁、构造柱、圈梁	C20	
基础素混凝土垫层	C15	

5.2钢筋

钢筋：φ表示HPB300级钢筋，Φ表示HRB335级钢筋，Φ表示HRB400级钢筋。

焊条：HPB300级钢筋采用E43××型焊条；HRB 335级钢筋采用E50××型焊条；HRB400级钢筋采用E50××型焊条。

5.3墙体材料

(1)混凝土多孔砖施工应符合《混凝土多孔砖建筑技术规程》DB 33/1014—2003的规定。蒸压加气混凝土砌块施工应符合《蒸压加气混凝土砌块建筑构造》03J104的规定。

(2)±0.000以下外墙体采用MU7.5混凝土多孔砖，重度≤15kN/m²；砂浆采用RM10商品混合砂浆砌筑。±0.000以上外墙体采用MU10混凝土多孔砖，重度≤15kN/m²；砂浆采用RM5商品混合砂浆砌筑，顶层不应小于RM7.5。内墙采用MU5.0

加气混凝土砌块，重度≤8kN/m²；砂浆采用RM5商品混合砂浆砌筑，顶层不应小于RM7.5。

6.本工程钢筋混凝土构件保护层厚度除图中另有注明外按《混凝土结构施工图平面整体表示方法制图规则和构造详图》16G101系列图集规定采用。

7.本工程钢筋锚固长度l_{ab}及搭接长度l_{lE}按《混凝土结构施工图平面整体表示方法制图规则和构造详图》16G101系列图集采用。

8.本工程采用桩基础，桩基说明及持力层详见桩位图。

三、其他

1.基槽开挖及回填要求

1.1机械挖土时应按地基基础设计规范有关要求分层进行，坑底应保留200~300mm土层用人工开挖。预制桩桩顶应妥善保护。防止挖土机械撞击并严禁在工程桩上设置支撑。

1.2基土未至老土，基槽超挖或槽内有暗浜时应将淤泥清除干净，换以粗砂或粗砂石分层回填，分层厚度宜小于300mm，并经充分振实；砂石应采用级配良好的中、粗砂，含泥量不超过3%，并需去树皮、草根等杂质。

1.3基坑开挖后应通知设计人员和勘察人员参加基坑验槽。

2.填充墙抗震构造

2.1砌体施工质量控制等级为B级。

2.2填充墙构造柱的设置位置、断面尺寸见各层建筑平面图及相关结构施工图纸，构造柱应先砌墙后浇筑混凝土，用C20细石混凝土浇筑，砌墙时构造柱与墙体连接应通长设置钢筋。

2.3凡设计说明未涉及的内容，均按照国家现行规范、规程相关内容施工。

注：结构设计说明中相关节点构造此处从略。

图1-1 某办公楼结构施工图结构设计说明

【学习支持】

一、钢筋混凝土结构体系认知

混凝土结构是以混凝土为主要材料建造的工程结构，它包括素混凝土结构、钢筋混凝土结构、预应力混凝土结构等。其中钢筋混凝土结构是常见的混凝土结构形式之一，如图 1-2 所示为钢筋混凝土结构房屋。在本项目中重点认知钢筋混凝土结构，其结构构造和结构施工图识读将在模块 1 各项目的任务中分别学习。

图 1-2　钢筋混凝土结构房屋

建筑结构体系是指结构中的所有承重构件及其共同工作的方式。钢筋混凝土多层及高层房屋常用的结构体系有框架体系、剪力墙体系、框架 - 剪力墙体系和筒体体系等。

1. 框架结构体系

由梁和柱为主要构件组成的承受竖向和水平作用的结构称为框架结构，如图 1-3 所示为某钢筋混凝土框架结构房屋和结构体系示意图。在框架结构体系中的墙体为填充墙，不承重，仅起到围护和分隔作用，一般用预制的加气混凝土、空心砖或多孔砖等材料砌筑而成。

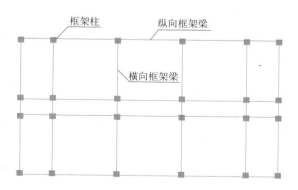

图 1-3　钢筋混凝土框架结构体系

框架结构建筑的特点是能为建筑提供灵活的使用空间，有较高的承载力和较好的整体性，但抗震性能较差，不适宜建造高层建筑，故一般适用于不超过 15 层的房屋。

【例 1-1】根据图 1-1 的概述第 6 点，本工程上部结构形式为框架结构，8 层。

2. 剪力墙结构体系

剪力墙结构是由纵、横方向的钢筋混凝土墙体组成的体系，如图 1-4 所示。它的侧向刚度大，空间整体性好，有较好的抗震性能。其不足之处是结构自重大，剪力墙的间距有一定限制，故开间不可能太大。剪力墙结构体系是高层住宅最常用的一种结构形式。

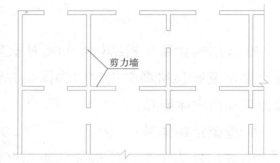

图 1-4　剪力墙结构体系

3. 框架 - 剪力墙结构体系

框架 - 剪力墙结构是在框架结构中布置一定数量剪力墙的结构形式，如图 1-5 所示。框架 - 剪力墙结构中，剪力墙主要承受水平荷载，竖向荷载由框架承担。它具有框架结构平面的布置灵活，又具有剪力墙侧向刚度大、抗震性能好的特点。该结构形式一般适用于 10 ~ 20 层的建筑。

4. 筒体结构体系

筒体结构由框架 - 剪力墙结构与全剪力墙结构综合演变和发展而来，是将剪力墙或密柱框架集中到房屋的内部和外围而形成的空间封闭式的筒体。筒体结构分为框筒、框架 - 核心筒、筒中筒、成束筒等结构形式，如图 1-6 所示。其特点是剪力墙集中，获得较大的自由分割空间，多用于高层或超高层建筑。

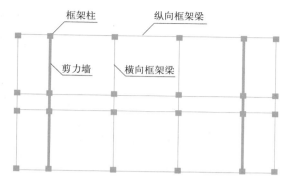

图 1-5　框架－剪力墙结构体系

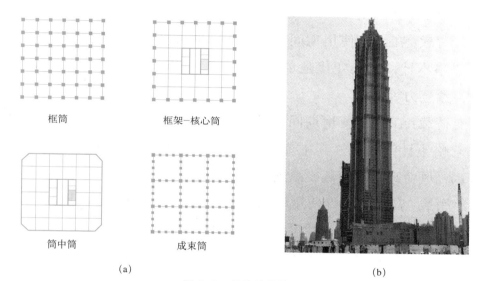

(a)　　　　　　　　　　　　　　　　　(b)

图 1-6　筒体结构体系

(a) 筒体体系类型；(b) 上海金茂大厦

【知识拓展】

金茂大厦（图 1-6）位于上海浦东新区黄浦江畔的陆家嘴金融贸易区，1994 年开工，1999 年建成，楼高 420.5m，地上 88 层，地下 3 层，总建筑面积约 29 万 m^2。由著名的美国芝加哥 SOM 设计事务所的设计师 Adrian Smith 主创设计，上海现代建筑设计（集团）有限公司配合设计。设计师以创新的设计思想，巧妙地将世界最新建筑潮流与中国传统建筑风格结合起来，成功设计出世界级的，跨世纪的经典之作，成为上海著名的标志性建筑物。

本工程主楼结构形式是框筒结构，中间的核心筒为八角形的现浇钢筋混凝土，在 53 层下内设井字形隔墙，外侧有 8 根钢巨形柱和 8 根复合式巨形柱，在 24 ~ 26 层、51 ~ 53 层、85 ~ 87 层设 3 道钢结构的外伸桁架将核心筒与复合巨形柱连成整体以提高塔楼侧向刚度。5 层裙房采用一般的多层框架钢结构体系。

二、结构设计的基本参数

1. 结构上的荷载

荷载是指施加在结构上的集中力或分布力。按随时间的变异，建筑结构的荷载可分为下列三类：

永久荷载：在结构使用期间，其值不随时间变化，或其变化与平均值相比可以忽略不计，或其变化是单调的并能趋于限值的荷载，包括结构自重、土压力、预应力等。

可变荷载：在结构使用期间，其值随时间变化，且其变化与平均值相比不可以忽略不计的荷载。其主要包括楼面活荷载、屋面活荷载和积灰荷载、吊车荷载、风荷载、雪荷载、温度作用等。

偶然荷载：在结构设计使用年限内不一定出现，而一旦出现其量值很大，且持续时间很短的荷载，包括爆炸力、撞击力等。

各种荷载的代表值一般按《建筑结构荷载规范》GB 50009-2012 确定。

【知识拓展】

引起建筑结构失去平衡或破坏的作用主要有：直接施加在结构上的各种力，习惯上称为荷载，例如结构自重、活载荷、积灰载荷、雪载荷、风载荷；另一类是间接作用，指在结构上引起外加变形和约束变形的其他作用，例如混凝土收缩、温度变化、地基沉降等。

【例 1-2】根据图 1-1，建筑物各部位可变荷载标准值按照设计依据的第 4 条确定，如基本雪压为 0.20kN/m²，办公室可变荷载标准值为 2.0kN/m²，楼梯为 3.5kN/m² 等。

2. 设计基准期与设计使用年限

设计基准期：为确定可变荷载代表值而选用的时间参数。

设计使用年限：设计规定的结构或结构构件不需进行大修即可按其预定目的使用的时期。

按现行国家标准《工程结构可靠性设计统一标准》GB 50153-2008 的有关规定，我国的建筑结构、组成结构的构件及地基基础的设计所采用的设计基准期为 50 年，而设计使用年限分类见表 1-1。

房屋建筑结构的设计使用年限 表 1-1

类别	设计使用年限（年）	示 例
1	5	临时性建筑结构
2	25	易于替换的结构构件
3	50	普通房屋和构筑物
4	100	标志性建筑和特别重要的建筑结构

3. 建筑结构的安全等级

现行国家标准《工程结构可靠性设计统一标准》GB 50153-2008 规定，建筑结构设计时，应根据结构破坏可能产生的后果（危及人的生命、造成经济损失、产生社会影响等）的严重性，采用不同的安全等级。建筑结构安全等级的划分见表 1-2。

房屋建筑结构的安全等级 表 1-2

安全等级	破坏后果	建筑物示例
一级	很严重	大型的公共建筑等
二级	严重	普通的住宅和办公楼等
三级	不严重	小型的或临时性储存建筑等

注：房屋建筑结构抗震设计中的甲类建筑和乙类建筑，其安全等级宜规定为一级；丙类建筑，其安全等级宜规定为二级；丁类建筑，其安全等级宜规定为三级。

【知识拓展】

建筑抗震设防类别应根据其使用功能的重要性分为：

1. 特殊设防类：指使用上有特殊设施，涉及国家公共安全的重大建筑工程和地震时可能发生严重次生灾害等特别重大灾害后果，需要进行特殊设防的建筑，简称甲类。

2.重点设防类：指地震时使用功能不能中断或需尽快恢复的生命线相关建筑，以及地震时可能导致大量人员伤亡等重大灾害后果，需要提高设防标准的建筑，简称乙类。

3.标准设防类：指大量的除1、2、4条以外按标准要求进行设防的建筑，简称丙类。

4.适度设防类：指使用上人员稀少且震损不致产生次生灾害，允许在一定条件下适度降低要求的建筑，简称丁类。

【例1-3】根据图1-1的概述第2条，本工程结构采用的设计基准期为50年，设计使用年限为50年，上部结构的安全等级为二级。

4. 抗震设防烈度与结构抗震等级

地震是地壳快速释放能量过程中造成振动，期间会产生地震波的一种自然现象。地球上板块与板块之间相互挤压碰撞，造成板块边缘及板块内部产生错动和破裂，是引起地震的主要原因，如图1-7所示。

图1-7　地震示意图及地震破坏现场

震级是表示地震强弱的量度，单位是"里氏"，通常用字母 M 表示，它与地震所释放的能量有关。

地震烈度是指地震对地表及工程建筑物影响的强弱程度。

抗震设防烈度一般情况下取基本烈度。但还须根据建筑物所在城市的大小，建筑物的类别、高度以及当地的抗震设防小区规划进行确定。

抗震等级是设计部门依据国家有关规定，"按建筑物重要性分类与设防标准"，根据烈度、结构类型和房屋高度等，而采用不同抗震等级进行的具体设计。以钢筋混凝土框架结构为例，抗震等级划分为一~四级，以表示其很严重、严重、较严重及一般的四个级别。

【例1-4】根据图1-1的概述，本工程建筑抗震设防分类为乙类建筑，抗震设防烈度为7度，设计抗震等级为三级。

三、钢筋混凝土结构用主要材料

1. 钢筋

钢筋混凝土用钢筋应具有较高的强度和良好的塑性，便于加工和焊接，并应与混凝土之间具有足够的粘结力，如图1-8所示为钢筋混凝土用的直条或盘条状钢筋。

图1-8　钢筋

（1）钢筋的分类

按钢筋外形可分为光圆钢筋、带肋钢筋（螺旋形、人字形和月牙形），如图1-9所示。

(a)　　　　　　　　(b)　　　　　　　　(c)　　　　　　　　(d)

图1-9　钢筋外形

(a) 光圆钢筋；(b) 人字形带肋钢筋；(c) 螺旋形带肋钢筋；(d) 月牙形带肋钢筋

按钢筋加工方法，钢筋混凝土用钢筋可分为热轧钢筋、冷拉钢筋、热处理钢筋、冷轧钢筋（冷轧带肋钢筋、冷轧扭钢筋）、冷拔低碳消除应力钢丝、钢绞线等。

按钢筋强度等级，热轧钢筋可分为一级钢 HPB300，二级钢 HRB335，三级钢 HRB400、HRBF400、RRB400，四级钢 HRB500、HRBF500 四个等级，见表 1-3。

普通钢筋强度标准值（N/mm²）   表 1-3

牌号	符号	公称直径 d（mm）	屈服强度标准值 f_{yk}	极限强度标准值 f_{stk}
HPB300	ϕ	6～14	300	420
HRB335	$\underline{\phi}$	6～14	335	455
HRB400 HRBF400 RRB400	$\underline{\phi}$ $\underline{\phi}^F$ $\underline{\phi}^R$	6～50	400	540
HRB500 HRBF500	$\underline{\Phi}$ $\underline{\Phi}^F$	6～50	500	630

（2）混凝土结构的钢筋选用

按《混凝土结构设计规范》GB 50010-2010（2015 年版），混凝土结构的钢筋应按下列规定选用：

纵向受力普通钢筋可采用 HRB400、HRB500、HRBF400、HRBF500、HRB335、RRB400、HPB300 钢筋，梁、柱和斜撑构件的纵向受力普通钢筋宜采用 HRB400、HRB500、HRBF400、HRBF500 钢筋。

箍筋宜采用 HRB400、HRBF400、HRB335、HPB300、HRB500、HRBF500 钢筋。

预应力筋宜采用预应力钢丝、钢绞线和预应力螺纹钢筋。

【例 1-5】根据图 1-1 的设计依据，本工程选用的钢筋强度等级为 HPB300 级、HRB335 级、HRB400 级等。同时还规定了钢筋焊接时选用焊条的要求，如：HPB300 钢筋采用 E43×× 型焊条等。

2. 混凝土

混凝土是由水泥、细骨料（如砂）、粗骨料（如碎石、卵石）和水按一定

比例配合搅拌，并经一定的条件养护经凝结和硬化后形成的人工石材，如图
1-10 所示。

图 1-10　混凝土原材料与拌合物

（a）水；（b）水泥；（c）砂；（d）石子；（e）混凝土搅拌站；（f）混凝土拌合物

（1）混凝土强度等级

混凝土的强度等级应按立方体抗压强度标准值确定。立方体抗压强度标准值系指按标准方法制作、养护的边长为 150mm 的立方体试件，在 28d 或设计规定龄期以标准试验方法测得的具有 95% 保证率的抗压强度值。采用符号 C 与立方体抗压强度标准值（以 N/mm^2 或 MPa 计）表示，如 C30 表示混凝土立方体抗压强度标准值为 30MPa。

按照《混凝土结构设计规范》GB 50010-2010（2015 年版）规定，普通混凝土划分为 14 个等级，即：C15，C20，C25，C30，C35，C40，C45，C50，C55，C60，C65，C70，C75 和 C80。影响混凝土强度等级的因素主要有水泥等级和水灰比、集料、龄期、养护温度和湿度等有关。

（2）混凝土强度等级选用

按《混凝土结构设计规范》GB 50010-2010（2015 年版），混凝土选用一般要遵循以下规定：

素混凝土结构的混凝土强度等级不应低于C15；钢筋混凝土结构的混凝土强度等级不应低于C20；采用强度级别400MPa及以上的钢筋时，混凝土强度等级不应低于C25。

承受重复荷载的钢筋混凝土构件，混凝土强度等级不应低于C30，如吊车梁、桥梁等。

预应力混凝土结构的混凝土强度等级不宜低于C40，且不应低于C30。

【例1-6】图1-1的设计依据第5.1条，规定了本工程结构所用的混凝土强度等级，如基础～4F结构，承台及承台梁采用C30混凝土，墙、梁采用C35混凝土，板采用C35混凝土，过梁、构造柱、圈梁采用C20混凝土。

3. 钢筋与混凝土的共同工作

（1）钢筋混凝土结构工作原理

由于混凝土的抗拉强度远低于抗压强度，因而在混凝土梁、板的受拉区内配置钢筋，在荷载作用下，受拉区混凝土开裂后的拉力由钢筋承担，这样就可充分发挥混凝土抗压强度较高和钢筋抗拉强度较高的优势，共同抵抗外力的作用，从而提高混凝土梁、板的承载能力，如图1-11所示。

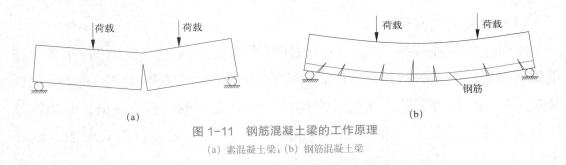

图1-11　钢筋混凝土梁的工作原理

（a）素混凝土梁；（b）钢筋混凝土梁

（2）钢筋与混凝土共同作用的原因

钢筋和混凝土两种不同性质的材料能够共同工作的主要原因是：

◆　钢筋表面与混凝土之间的粘结作用。这种粘结作用由三部分组成：一是混凝土结硬时体积收缩，将钢筋紧紧握住而产生的摩擦力；二是由于钢筋表面凹凸不平而产生的机械咬合力；三是混凝土与钢筋接触表面间的粘结力。由于它们之间存在良好的粘结力，通过粘结力能把混凝土所受的压力和拉力传给钢筋，使钢筋和混凝土协调受力，提高结构的承载力。

◆ 钢筋和混凝土的温度线膨胀系数几乎相近，在温度变化时，两者的变形基本相同，不致影响钢筋混凝土的粘结力，破坏结构的整体性。

◆ 钢筋被混凝土包裹着，不会因大气的侵蚀而生锈变质，保证其性能。

（3）保证钢筋与混凝土之间粘结作用的措施

在结构设计中，常用措施包括选择适当的混凝土强度等级、保证足够的混凝土保护层厚度 c 和钢筋间距、保证受力钢筋有足够的锚固长度、采用带肋钢筋或在光面钢筋端部设置弯钩、保证钢筋绑扎接头足够的搭接长度等，如图 1-12 所示。

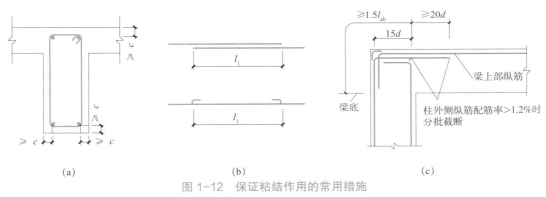

图 1-12 保证粘结作用的常用措施
(a) 混凝土保护层厚度；(b) 钢筋的搭接长度；(c) 钢筋的锚固长度

◆ 钢筋的锚固长度

钢筋的锚固长度是指受力钢筋依靠其表面与混凝土的粘结作用或端部构造的挤压作用而达到设计承受应力所需的长度。钢筋的锚固长度取决于混凝土强度等级，钢筋种类、直径，结构抗震等级等因素，可按照《混凝土结构施工图平面整体表示方法制图规则和构造详图（现浇混凝土框架、剪力墙、梁、板）》16G101-1 查表确定。

【例 1-7】在图 1-1 中，钢筋的锚固长度、搭接长度等应按照《混凝土结构施工图平面整体表示方法制图规则和构造详图（现浇混凝土框架、剪力墙、梁、板）》16G101-1 查表确定。

◆ 钢筋的接头形式

在工程施工中，当钢筋长度不够就需要进行接长。钢筋的接长方法有绑扎搭接、焊接连接和机械连接三种。对应三种不同的接头形式：绑扎搭接接头、焊接连接接头、机械连接接头。

绑扎搭接接头：通过钢筋与混凝土之间的粘结强度来传递钢筋内力，所以绑扎接头必须有足够的搭接长度，光圆钢筋的端部需要做弯钩，如图 1-13 所示。

搭接长度可按《混凝土结构施工图平面整体表示方法制图规则和构造详图（现浇混凝土框架、剪力墙、梁、板）》16G101-1 第 60、61 页确定，如某框架结构梁，抗震等级为三级，混凝土强度等级为 C30，钢筋采用 HRB400级，直径为 16mm，同一区段内搭接钢筋面积百分率为 50%，查表可知该纵向钢筋搭接长度为 52d，即 832mm（d 为钢筋直径）。

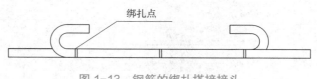

图 1-13　钢筋的绑扎搭接接头

焊接连接接头：在受拉钢筋直径 > 25mm 及受压钢筋直径 > 28mm 时，不宜采用绑扎搭接；轴心受拉和小偏心受拉构件中纵向受力钢筋不应采用绑扎搭接，应优先选用焊接连接及机械连接。钢筋焊接接头的类型有闪光对焊、帮条电弧焊（双面、单面焊）、搭接电弧焊（双面、单面焊）、电渣压力焊等，如图 1-14 所示。

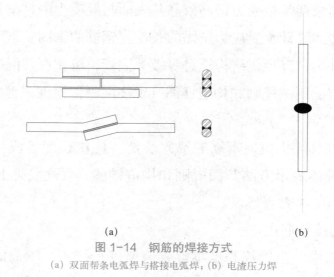

（a）　　　　　　　　　　　　　　　　　（b）

图 1-14　钢筋的焊接方式

（a）双面帮条电弧焊与搭接电弧焊；（b）电渣压力焊

机械连接接头：钢筋机械连接技术是一项新型钢筋连接工艺，称为继绑扎、电焊之后的"第三代钢筋接头"，具有接头强度高于钢筋母材、速度比电焊快、无污染、节省钢材等优点。

常用的钢筋机械连接接头类型有：挤压套筒连接接头、锥螺纹套筒连接接头、直螺纹套筒连接接头等，如图 1-15 所示。

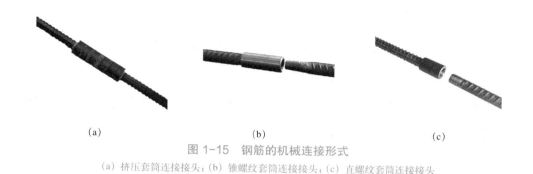

(a)　　　　　　　(b)　　　　　　　(c)

图 1-15　钢筋的机械连接形式

（a）挤压套筒连接接头；（b）锥螺纹套筒连接接头；（c）直螺纹套筒连接接头

四、标准图集选用

标准图集是供设计选用、方便施工、方便预算的图纸，一经选用写在施工图上，就应照图施工。

标准图集中的具体内容是可以和设计人商量修改的。标准图集必须符合国家制图标准；符合相关设计规范的构造、计算规定；结果必须满足验收规范达到的效果。适合全国的，应经国家部委批准颁发为国家标准图集；仅适合地区、省的，经省厅级主管部门批准颁发为地方标准图集。

标准图集是工程建设标准化的重要组成部分，是工程建设标准化的一项重要基础性工作，是建筑工程领域重要的通用技术文件。

【例 1-8】根据图 1-1 的设计依据的第 3 条：本工程选用的标准图集之一为《混凝土结构施工图平面整体表示方法制图规则和构造详图》16G101 系列图集。

五、施工要求

施工要求主要是在施工时应特别注意的方面。如基坑开挖及土方回填、填充墙、构造柱、后浇带、所有预留孔洞、预埋件设置等施工要求，以及在结构设计说明中未做详细规定或未及之处均应按现行有关规定、规程执行的说明等。

【例1-9】在图1-1的其他中对基槽开挖及回填要求，填充墙抗震构造等做了具体规定。

六、钢筋混凝土结构的主要特点及应用

1. 钢筋混凝土结构的主要特点

与素混凝土结构相比钢筋混凝土结构除了具有较高的承载力和较好的受力性能以外，还具有下列优点：

就地取材。钢筋混凝土结构中，砂和石料所占比例很大，水泥和钢筋所占比例较小，砂和石料易于就地取材。

耐久性、耐火性好。钢筋埋放在混凝土中，经混凝土保护不易发生锈蚀，因而提高了结构的耐久性。当火灾发生时，钢筋混凝土结构不会像木结构那样被燃烧，也不会像钢结构那样耐热而不耐火。

【知识拓展】

结构的耐久性是指在预定作用和预期的维护与使用条件下，结构及其部件能在预定的期限内维持其所需的最低性能要求的能力。

耐火性是指建筑构件、配件或结构，在一定时间内满足标准耐火试验中规定的稳定性、完整性、隔热性和其他预期功能的能力。

整体性好。现浇式或装配整体式钢筋混凝土结构的整体性好，刚度大。

可模性好。钢筋混凝土结构可以根据需要浇捣成任意形状。

比钢结构节约钢材。钢筋混凝土结构的承载力较高，大多数情况下可用来代替钢结构，因而节约钢材。

钢筋混凝土结构主要缺点是自重大；混凝土抗拉强度较低，容易开裂；费工、费模板、工期长；施工受季节影响等。

综上所述不难看出，钢筋混凝土结构的优点多于缺点。而且，科研人员已经研究出许多克服其缺点的有效措施。例如，为了克服钢筋混凝土自重大的缺点，已经研究出许多质量轻、强度高的混凝土和强度很高的钢筋。为了克服普通钢筋混凝土容易开裂的缺点，可以对它施加预应力。为了克服混凝土的脆性，可以在混凝土中掺入纤维做成纤维混凝土等。

2. 钢筋混凝土结构的应用

在 19 世纪末 20 世纪初，我国开始有了钢筋混凝土建筑物，如上海市外滩的建筑群等，但工程规模很小，建筑数量也很少。中华人民共和国成立以后，我国进行了大规模的社会主义建设。随着工程建设的发展及国家进一步的改革开放，混凝土结构在我国各项工程建设中得到迅速的发展和广泛的应用。

我国从 20 世纪 70 年代起，在一般民用建设中已较广泛地采用定型化、标准化的装配式钢筋混凝土构件，并随着建筑工业化的发展以及墙体改革的推行，发展了装配式大板居住建筑。

改革开放后，混凝土高层建筑在我国也有了较大的发展。继 20 世纪 70 年代北京饭店、广州白云宾馆和一批高层住宅的兴建以后，20 世纪 80 年代，高层建筑的发展加快了步伐，结构体系更为多样化，层数增多，高度加大，已逐步在世界上占据领先地位。如广州中天广场（图 1-16a），80 层 322m 高，为框架-筒体结构；香港中环广场（图 1-16b），78 层 374m，三角形平面筒中筒结构。

在大跨度的公共建筑和工业建筑中，常采用钢筋混凝土桁架、门式刚架、拱、薄壳等结构形式。在多层工业厂房中除现浇框架结构体系以外，装配整体式多层框架结构体系已被普遍采用。并发展了整体预应力装配式板柱体系，由于其构件类型少，装配化程度高、整体性好、平面布置灵活，是一种有发展前途的结构体系。同时升板结构、滑模结构也有所发展。此外，电视塔、水池、冷却塔、烟囱、贮罐、筒仓等特殊构筑物也普遍采用了钢筋混凝土和预应力混凝土。如高 380m 的北京中央电视塔、高 405m 的天津电视塔、高 490m 的上海东方明珠电视塔（图 1-16c）等。

混凝土结构在水利工程、桥隧工程、地下结构工程中的应用极为广泛。用钢筋混凝土建造的水闸、水电站、船坞和码头在我国已是星罗棋布。如黄河上的刘家峡、龙羊峡及小浪底水电站，长江上的葛洲坝水利枢纽工程及三峡工程（图 1-17a）等。

钢筋混凝土和预应力混凝土桥梁也有很大的发展，如著名的武汉长江大桥引桥；福建乌龙江大桥（图 1-17b），最大跨度达 144m，全长 548m。为改善城市交通拥挤，城市道路立交桥正在迅速发展（图 1-17c）。

钢筋混凝土结构在土木工程中的应用范围极广，各种工程结构几乎都可采用钢筋混凝土结构建造。

图 1-16　钢筋混凝土结构应用

(a) 广州中天广场；(b) 香港中环广场；(c) 上海东方明珠电视塔

图 1-17　钢筋混凝土结构应用

(a) 三峡工程；(b) 福建乌龙江大桥；(c) 立交桥；(d) 水塔；(e) 海洋石油平台

【能力测试】

阅读图 1-18，完成下列填空。

××市××学校报告厅结构施工图
结构设计说明

一、一般说明

1. 本工程图纸所示尺寸均以毫米为单位,高程以米为单位。
2. 本工程结构采用的设计基准期为50年,设计使用年限为50年。
3. 本工程的安全等级为二级。
4. 本工程的抗震设防分类为乙类建筑。
5. 本工程为框架结构,一层。
6. 本工程按现行国家有关设计规程及方案设计的批准文件进行设计。

二、抗震设防烈度

1. 本工程抗震设防烈度为7度,设计抗震等级为三级。
2. 抗震节点构造通用《混凝土结构施工图平面整体表示方法制图规则和构造详图》16G101系列图集。

三、地基与基础工程

1. 地质勘察报告:《某报告厅岩土工程勘察报告》(××年××月),设计地基承载力特征值f_{ak}=180kPa。
2. 基础为柱下独立基础,基础说明及持力层详见基础平面布置图。
3. 基槽超挖或槽内有暗浜时应将淤泥清除干净,换以粗砂或粗砂石分层回填,分层厚度宜小于300mm,并经充分振实,砂石应采用级配良好的中、粗砂,含泥量不超过3%,并清去树皮、草根等杂质。
4. 基坑开挖后应通知设计人员和勘察人员参加基坑验槽。
5. 场地类别为IV类,地面粗糙度类别B类。

四、砌体工程

1. 墙体材料:混凝土多孔砖施工应符合《混凝土多孔砖建筑技术规程》DB33/1014-2003的规定。蒸压加气混凝土砌块施工应符合《蒸压加气混凝土砌块建筑构造》03J104的规定。
2. ±0.000以下外墙体采用MU7.5混凝土多孔砖,重度≤15kN/m²;砂浆用RM10商品混合砂浆砌筑。±0.000以上外墙体采用MU10混凝土多孔砖,重度≤15kN/m²;砂浆采用RM5商品混合砂浆砌筑。内墙体采用MU5.0加气混凝土砌块,重度≤8kN/m²;砂浆采用RM5商品混合砂浆砌筑。

五、可变荷载标准值

1. 基本雪压 0.20kN/m²,基本风压 0.55kN/m²。
2. 不上人屋面 0.50kN/m²。

六、钢筋混凝土工程

1. 混凝土强度等级

基础素混凝土垫层	C15
基础、基础梁	C30
梁	C30
板	C30
过梁、构造柱、圈梁	C20

2. 钢筋

钢筋:φ表示HPB300级钢筋,Φ表示HRB335级钢筋,Φ表示HRB400级钢筋。

焊条:HPB300级钢筋采用E43××型焊条;HRB335级钢筋采用E50××型焊条;HRB400级钢筋采用E50××型焊条。

3. 本工程钢筋混凝土构件保护层厚度:梁25mm,柱30mm,板15mm,基础梁35mm,基础40mm。

4. 本工程钢筋锚固长度l_a及搭接长度l_{lE}按《混凝土结构施工图平面整体表示方法制图规则和构造详图》16G101系列图集采用。

七、其他

1. 砌体施工质量控制等级为B级。
2. 填充墙构造柱的设置位置、断面尺寸见各层建筑平面图及相关结构施工图纸,构造柱用先砌墙后浇筑混凝土,用C20混凝土浇筑,砌墙时构造柱与墙体连接应通长设置钢筋。
3. 凡设计说明未涉及的内容,均应按照国家现行规范、规程相关内容施工。

注:结构设计说明中相关节点构造此处从略。

图 1-18　××市××学校报告厅结构施工图结构设计说明

1. 钢筋混凝土结构体系一般有＿＿＿＿＿、＿＿＿＿＿、＿＿＿＿＿和＿＿＿＿＿,本工程结构体系为＿＿＿＿＿。

2. 建筑抗震设防类别有＿＿＿＿＿、＿＿＿＿＿、＿＿＿＿＿和＿＿＿＿＿,本工程抗震设防类别为＿＿＿＿＿。

3. 建筑结构设计时,建筑结构的安全等级应根据结构破坏可能产生的后果的严重性,采用不同的安全等级,本工程安全等级为＿＿＿＿＿;本工程抗震设防烈度为＿＿＿＿＿,设计抗震等级为＿＿＿＿＿。

4. 按《混凝土结构设计规范》GB 50010-2010(2015年版)规定:钢筋混凝土结构的混凝土强度等级不应低于＿＿＿＿＿;本工程各部位混凝土强度等级采用:基础垫层＿＿＿＿＿,基础及基础梁＿＿＿＿＿,梁＿＿＿＿＿,板＿＿＿＿＿。

5. 本工程混凝土保护层厚度为:梁＿＿＿＿＿,板＿＿＿＿＿,柱＿＿＿＿＿,基础＿＿＿＿＿。

6. ±0.000以上外墙体采用:块材为＿＿＿＿＿,砂浆为＿＿＿＿＿。砌体施工质量控制等级为_____。

7. 本工程屋面活荷载标准值为_____。

8. 本工程钢筋锚固长度按_____

_____确定。

9. 钢筋的接头形式主要有_____、_____、_____

_____。

10. 本工程设计基准期为_____，设计使用年限为__

_____。

码 1-3　项目 1.1
能力测试参考答案

【能力拓展】

参观施工现场或查阅相关资料，完成《钢筋混凝土结构的特点及其应用调查报告》。

1. 分小组（每组 6～8 人）。每组指定 1 名小组长，对报告内容、要求，材料收集、整理等工作进行合理分工。

2. 资料收集。在组长带领下组织工地参观（由学校联系在建的典型工程，在注意安全和施工现场负责人的指导下有序参观）、查阅相关资料（上网或在图书馆）。

3. 编写报告。整理并编写报告。

4. 小组交流。每个小组派 1 名代表在全班进行交流。

项目 1.2　基础平法施工图识读

【项目概述】

码 1-4　项目 1.2 导读

通过本项目的学习，学生能够：了解钢筋混凝土浅基础的类型和构造；理解钢筋混凝土浅基础平法施工图制图规则，会根据国家建筑标准设计图集查阅标准构造详图，识读基础平法施工图；能按照建筑结构制图标准要求绘制基础平法施工图。

任务 1.2.1　独立基础施工图识读

【任务描述】

基础是工业建筑和民用建筑的重要组成部分，是建筑物地面以下的主要承重构件，建筑物荷载通过基础传到地基。如图1-19所示为钢筋混凝土柱下独立基础和墙下条形基础。

通过本任务的学习，学生能够：了解钢筋混凝土浅基础的类型、独立基础的构造，识别独立基础的钢筋位置、名称；理解独立基础平法施工图的表示内容和绘制方法，并能正确识读如图1-20所示的独立基础平法施工图。

(a)　　　　　　　　　　　　　　　(b)

图1-19　基础的应用

(a) 钢筋混凝土柱下独立基础；(b) 墙下条形基础

【学习支持】

一、钢筋混凝土浅基础的类型与构造

1. 钢筋混凝土浅基础的类型

钢筋混凝土基础埋深在5m左右且能用一般方法施工的属于浅基础。按构造形式分为独立基础、条形基础、筏板基础、箱形基础等，如图1-19、图1-21所示。

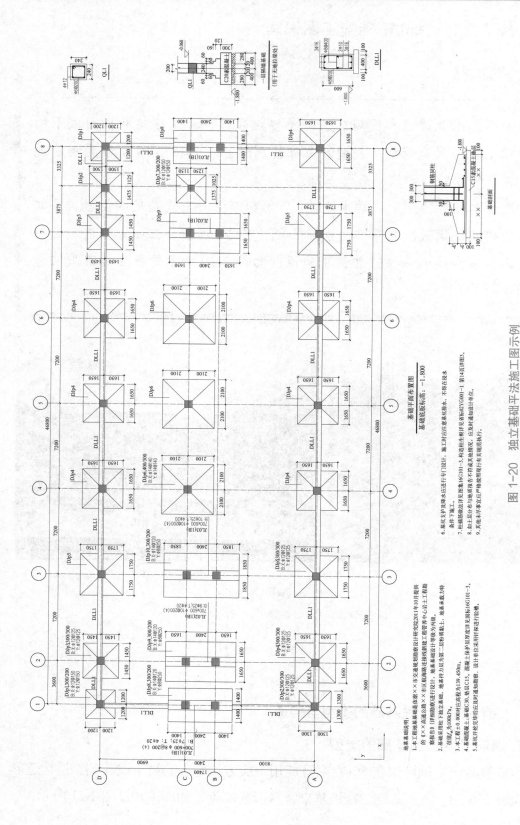

图1-20 独立基础平法施工图示例

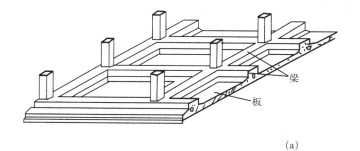

(a)

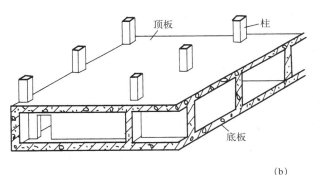

(b)

图 1-21　钢筋混凝土浅基础类型

(a) 梁板式筏板基础；(b) 箱形基础

【知识拓展】

　　基础埋置深度是指基础底面（不包括垫层）到地面（一般指室外设计地面）的距离，如图 1-22 所示。选择基础埋深也就是选择合适的地基持力层，基础埋深不得浅于 0.5m。基础埋深的大小对建筑物的安全和正常使用、基础施工技术措施、施工工期和工程造价等影响很大。因此在保证建筑物安全稳定、耐久适用的前提下，基础应尽量浅埋。

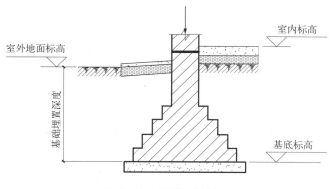

图 1-22　基础埋置深度

2. 钢筋混凝土独立基础结构构造

码 1-5 普通独立基础底板钢筋的构造

（1）钢筋混凝土独立基础的截面形状及尺寸

当建筑物上部结构为框架、排架及其他类似结构时，基础常采用独立基础，如图 1-19 所示。柱下独立基础又分为阶形基础、坡形基础和杯形基础，如图 1-23 所示。

独立基础中坡形基础的边缘高度不宜小于 200mm，且两个方向的坡度不宜大于 1∶3；阶梯形基础的每阶高度宜为 300 ~ 500mm。

（2）钢筋混凝土独立基础的构造要求

◆ 钢筋混凝土独立基础的混凝土强度等级不应低于 C20。

◆ 钢筋混凝土独立基础的钢筋（图 1-24）：

钢筋混凝土独立基础的底板受力钢筋的最小直径不应小于 10mm，间距不应大于 200mm，也不应小于 100mm。当柱下钢筋混凝土独立基础的边长大于或等于 2.5m 时，底板受力钢筋的长度可取边长的 0.9 倍，并宜交错布置，如图 1-25 所示。

【知识拓展】

单柱独立基础底部钢筋长向在下，短向在上。

基础与柱一般不同时浇筑，在基础内需要留插筋，其插筋的数量、直径以及钢筋种类应与柱内纵向受力钢筋相同。插筋伸入基础内应有足够的锚固长度，其锚固长度应根据钢筋在基础内的最小保护层厚度按现行《混凝土结构设计规范》GB 50010-2010（2015 年版）确定。插筋的下端宜做成直钩放在基础底板钢筋网上，应有箍筋固定。当符合下列条件之一时，可仅将四角的插筋伸至底板钢筋网上，其余插筋锚固在基础顶面下 l_a 或 l_{aE} 处，如图 1-26 所示。

条件 1：柱为轴心受压或小偏心受压，基础高度大于等于 1200mm。

条件 2：柱为大偏心受压，基础高度大于等于 1400mm。

◆ 钢筋混凝土基础的垫层是为便于施工和保护钢筋而设置的，垫层的厚度不宜小于 70mm，垫层混凝土强度等级不宜低于 C15。

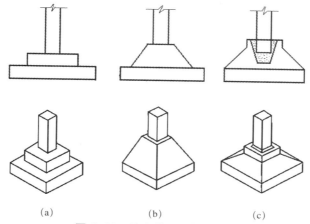

（a） （b） （c）

图 1-23 独立基础的截面形状

（a）现浇阶形独立基础；（b）现浇坡形独立基础；（c）现浇杯形独立基础

图 1-24 独立基础底板钢筋布置

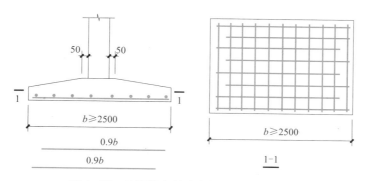

图 1-25 柱下独立基础底板受力钢筋布置

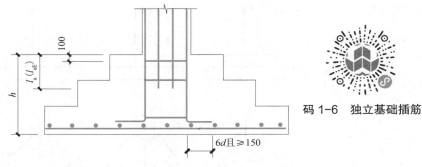

码 1-6　独立基础插筋

图 1-26　现浇柱的基础中插筋构造示意图

【知识拓展】

混凝土垫层是钢筋混凝土基础与地基土的中间层，用素混凝土浇筑，无需加钢筋，作用是使其表面平整，便于在上面绑扎钢筋，也起到保护基础的作用。如有钢筋则不能称为垫层，应视为基础底板。

（3）混凝土保护层

为了保护钢筋，防锈蚀、防火和防腐蚀，加强钢筋与混凝土的粘结力，所以规定钢筋混凝土构件的钢筋不允许外露。在钢筋的外边缘与构件表面之间应留有一定厚度的混凝土，这层混凝土称为保护层，如图 1-27 所示。保护层的厚度因构件不同而不同。

混凝土结构构件中受力钢筋的保护层厚度不应小于钢筋的公称直径且满足《混凝土结构施工图平面整体表示方法制图规则和构造详图（独立基础、条形基础、筏形基础、桩基础)》16G101-3 的规定。

设计使用年限为 100 年的混凝土结构，一类环境中，混凝土保护层应按 16G101-3 图集的规定增加 40%。

当梁、柱、墙中纵向受力钢筋的保护层厚度大于 50mm 时，宜对保护层采取有效的构造措施。可在保护层内配置防裂、防剥落的焊接钢筋网片，网片钢筋的保护层厚度不

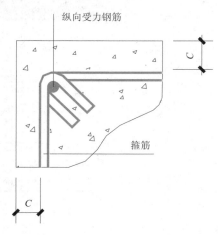

图 1-27　混凝土保护层

应小于 25mm，并采取有效的绝缘、定位措施。

混凝土结构耐久性，应根据规定的设计使用年限和环境类别进行设计。混凝土结构的环境类别划分详见《混凝土结构施工图平面整体表示方法制图规则和构造详图（独立基础、条形基础、筏形基础、桩基础）》16G101-3。

二、独立基础平面布置图图示方法

1. 独立基础平面布置图

码 1-7　独立基础平面图的形成

独立基础平面布置图是假想用一水平剖切平面，沿房屋底层室内地面把整栋房屋剖开，移去剖切平面以上的房屋和基础回填土后，向下做正投影所得到的水平投影图。

基础平面布置图主要表示基础的平面布置以及墙、柱与轴线的关系，为施工放线、开挖基槽或基坑和砌筑基础提供依据。如图 1-28 所示为传统基础平面布置图，定位轴线间距为 6500、7000mm，在 ⑩ 定位轴线布置有编号为 J-1 的独立基础，基础、工字型钢柱的中心线与定位轴线①、②重合，基础底面尺寸为 2800mm × 4000mm。

基础截面形状、大小、材料以及配筋：基础断面的详细尺寸和室内外地面标高及基础底面的标高等在基础详图中反映。如图 1-29 所示，J-1 是坡形截面，采用 C15 素混凝土垫层，厚 100mm，竖向尺寸为 300、200mm，总厚度 500mm，底板底部双向配筋 ϕ12@150、ϕ14@180，基础底面标高为 −1.800，工字型钢柱底标高 −0.050。

【提醒】在图 1-29 中 ϕ12@150、ϕ14@180 均为受力钢筋，网状配置；基坑尺寸和标高应包括垫层宽度和厚度，实际开挖时需考虑垫层。

2. 独立基础平法施工图

在独立基础平面布置图上，直接表示构件的尺寸、配筋等信息，即为独立基础平法施工图，有平面注写与截面注写两种表示方式，一般以平面注写方式为主，以截面注写方式为辅，图 1-20 为采用平面注写方式表达的独立基础平法施工图。

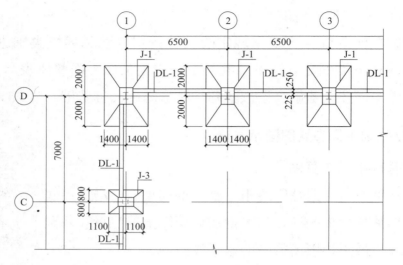

图 1-28 独立基础平面布置图

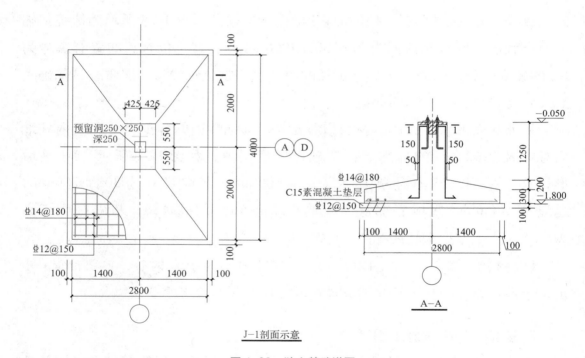

J-1剖面示意

图 1-29 独立基础详图

三、平面注写方式平法施工图识读

1. 平面注写方式图示方法

独立基础的平面注写方式分为集中标注和原位标注两部分。在独立基础平面布置图上，集中引注包括：基础编号、截面的竖向尺寸、配筋三项必注内容，以及基础底面标高（与基础底面基准不同时）和必要的文字注解两项选注内容；原位标注基础的平面尺寸。

2. 平面注写方式平法施工图识读

在识读时，应与建筑底层平面图和文字说明等内容对照读图。可按以下步骤进行：

（1）识读定位轴线，确定基础的位置

独立基础平法施工图的定位轴线与建筑平面图一致。独立基础的柱中心线或杯口中心线与建筑轴线不重合时，应标注定位尺寸。采用原位标注基础的平面尺寸时，编号相同且定位尺寸相同的基础，仅选择一个进行原位标注，其他相同编号者仅注编号。

（2）识读基础编号（必注内容）

通过识读独立基础编号，了解基础的类型和数量。

独立基础编号由代号和序号组成，如下所示。

$$\underset{\text{代号}}{\underline{DJ_J}} \quad \underset{\text{序号}}{\underline{\times\times}}$$

独立基础的类型编号应符合表 1-4 的规定。

独立基础编号　　　　　　　　　　　表 1-4

类型	基础底板截面形状	代号	序号
普通独立基础	阶形	DJ_J	$\times\times$
	坡形	DJ_P	$\times\times$
杯口独立基础	阶形	BJ_J	$\times\times$
	坡形	BJ_P	$\times\times$

【例 1-10】 在图 1-20 中 $DJ_P1 \sim DJ_P7$ 是单柱普通独立基础坡形截面，$DJ_P8 \sim DJ_P10$ 是双柱普通独立基础坡形截面。

（3）识读独立基础截面竖向尺寸（必注内容）

当基础为坡形截面时，注写为 h_1/h_2，如图 1-30 所示。

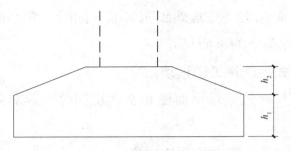

图 1-30　坡形截面普通独立基础竖向尺寸

【例 1-11】如图 1-31 所示，坡形截面普通独立基础 DJ$_P$1、DJ$_P$3 的竖向尺寸注写分别为 300/200、300/300，表示 DJ$_P$1 的 h_1=300mm、h_2=200mm，基础底板总厚度为 500mm；表示 DJ$_P$3 的 h_1=300mm、h_2=300mm，基础底板总厚度为 600mm。

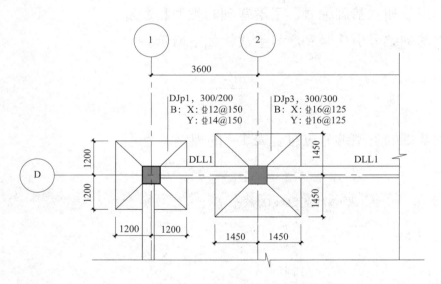

图 1-31　坡形截面普通独立基础竖向尺寸示例

【知识拓展】

1. 当基础为阶形截面时，注写为 $h_1/h_2/h_3$，如图 1-32 所示。

【例 1-12】当阶形截面普通独立基础 DJ$_J$×× 的竖向尺寸注写为 300/300/400 时，表示 h_1=300mm、h_2=300mm、h_3=400mm，基础底板总厚度为 1000mm。

当为更多阶时，各阶尺寸自下而上用 "/" 分隔顺写。

单基础为单阶时，其竖向尺寸仅为一个，且为基础总厚度，如图 1-33 所示。

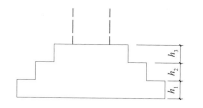

图 1-32　阶形截面普通独立基础竖向尺寸

图 1-33　单阶普通独立基础竖向尺寸

2. 当杯口基础为阶形截面时，其竖向尺寸两组，一组表达杯口内，另一组表达杯口外，两组尺寸以"，"号分隔，注写为 a_0/a_1，$h_1/h_2/\cdots\cdots$，其含义如图1-34所示。

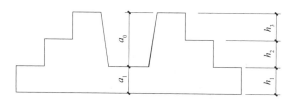

图 1-34　阶形截面杯口独立基础竖向尺寸

3. 当杯口基础为坡形截面时，注写为：a_0/a_1，$h_1/h_2/h_3\cdots\cdots$，其含义如图1-35所示。

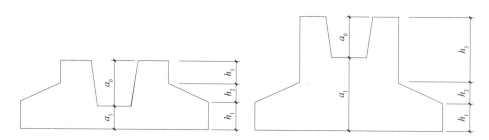

图 1-35　坡形截面杯口独立基础竖向尺寸

（4）识读独立基础配筋（必注内容）

普通独立基础和杯口独立基础的底部双向钢筋注写规定：

◆　以 B 代表各种独立基础底板的底部钢筋；

◆　X 向配筋以 X 打头、Y 向配筋以 Y 打头注写；当两向配筋相同时，则以 X&Y 打头注写。

【例1-13】如图1-36所示，当（矩形）独立基础底板配筋标注为：B：X ⌀

31

16@150，Y⊕16@200；表示基础底板底部配置 HRB400 级钢筋，X 向直径为 16mm，分布间距 150mm；Y 向直径为 16mm，分布间距 200mm。

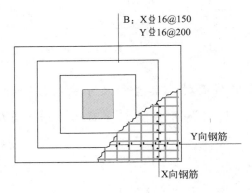

图 1-36　独立基础底板底部双向配筋示意

在图 1-31 中 DJ$_p$1 坡形截面普通独立基础底板配筋标注为 B：X⊕12@150，Y⊕14@150；表示基础底部配置 HRB400 级钢筋，X 向直径为 12mm，分布间距 150mm；Y 向直径为 14mm，分布间距 150mm。

【知识拓展】

1. 杯口独立基础顶部焊接钢筋网。以 Sn 打头引注杯口顶部焊接钢筋网的各边钢筋。

【例 1-14】如图 1-37 所示，杯口独立基础顶部钢筋网标注为：Sn 2⊕14，表示杯口顶部每边配置 2 根 HRB400 级直径 14mm 的焊接钢筋网。

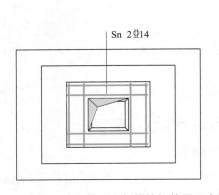

图 1-37　单杯口独立基础顶部焊接钢筋网示意图

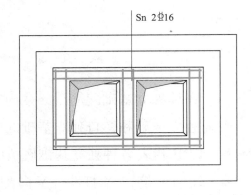

图 1-38　双杯口独立基础顶部焊接钢筋网示意图

【例1-15】如图1-38所示,双杯口独立基础钢筋网标注为:Sn 2 ⊈16,表示杯口每边和双杯口中间的顶部均配置2根HRB400级直径16mm的焊接钢筋网。

2. 高杯口独立基础的短柱配筋。

以O代表短柱配筋;先注写短柱纵筋,再注写箍筋。注写为:角筋 / 长边中部筋 / 短边中部筋,箍筋(两种间距);当短柱水平截面为正方形时,注写为:角筋 /x 边中部筋 /y 边中部筋,箍筋(两种间距,杯口范围内箍筋间距 / 短柱其他部位箍筋间距)。

【例1-16】如图1-39所示,高杯口独立基础的短柱配筋标注为:O:4⊈20/ ⊈16@220/ ⊈16@200, φ10@150/300;表示高杯口独立基础的短柱配置HRB400级竖向钢筋和HPB300级的箍筋。其竖向钢筋为:4⊈20角筋,⊈16@220长边中部筋和⊈16@200短边中部筋;其箍筋直径为10mm,杯口范围内间距150mm,短柱其他部位间距300mm。

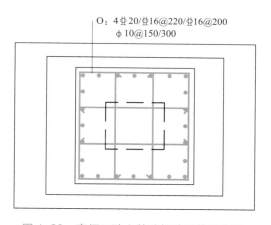

图1-39　高杯口独立基础杯壁配筋示意图

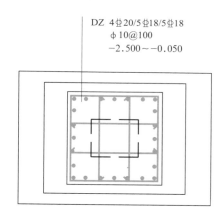

图1-40　独立基础短柱配筋示意图

3. 注写普通独立深基础短柱竖向尺寸及钢筋。当独立基础埋深较大,设置短柱时,短柱配筋应注写在独立基础中。注写规定:以DZ代表普通独立基础短柱;先注写短柱纵筋,再注写箍筋,最后注写短柱标高范围。注写为:角筋 / 长边中部筋 / 短边中部筋,箍筋,短柱标高范围;当短柱水平截面为正方形时,注写为:角筋 /x 边中部筋 /y 边中部筋,箍筋,短柱标高范围。

【例1-17】如图1-40所示,短柱配筋标注为:DZ:4⊈20/5 ⊈18/5 ⊈18,

φ10@100，−2.500～−0.050；表示独立基础的短柱设置在−2.500～−0.050m高度范围内，配置 HRB400 级竖向钢筋和 HPB300 级的箍筋。其竖向钢筋为：角筋为 4⊕20，x 边中部筋为 5⊕18，y 边中部筋为 5⊕18；其箍筋为 φ10@100。

4. 双柱独立基础底板顶部配筋。通常对称分布在双柱中心线两侧，注写为：双柱间纵向受力钢筋 / 分布钢筋。当纵向受力钢筋在基础底板顶面非满布时，应注明其总根数。

【例 1-18】如图 1-41 所示，T: 10⊕18@100/φ10@200；表示独立基础顶部配置纵向受力钢筋 HRB400 级，直径 18mm，设置 10 根，间距 100mm；分布筋 HPB300 级，直径为 10mm，分布间距 200mm。

5. 双柱独立基础的基础梁配筋。双柱独立基础为基础底板与基础梁相结合时，注写基础梁的编号、几何尺寸和配筋。

【例 1-19】如图 1-42 所示，JL×× （1B）表示该基础梁为 1 跨，两端均有外伸。在任务 1.2.2 条形基础施工图识读中详细介绍基础梁的标注。

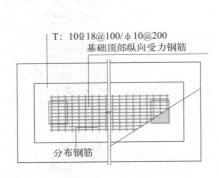

图 1-41　双柱独立基础顶部配筋示意图

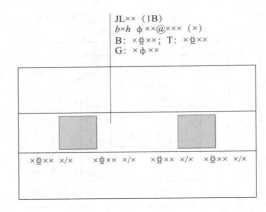

图 1-42　双柱独立基础的基础梁配筋注写示意图

（5）识读独立基础原位标注

钢筋混凝土独立基础的原位标注，系在基础平面图上标注独立基础的平面尺寸。标注时，对相同的基础，可选择一个进行原位标注；当平面图形较小时，可将所选定进行原位标注的基础按比例适当放大；其他相同编号则仅注编号。

◆　普通独立基础。原位标注普通独立基础两向边长 x、y，柱截面尺寸

x_c、y_c，阶宽或坡形平面尺寸 x_i、y_i（当设置短柱时，尚应标注短柱的截面尺寸），如图 1-43 所示。

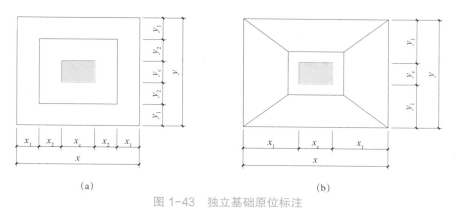

(a)   (b)

图 1-43　独立基础原位标注

（a）对称阶形截面普通独立基础原位标注；（b）对称坡形截面普通独立基础原位标注

【例 1-20】如图 1-20 所示，在①和⑩轴线处基础 DJ_P1 为普通独立基础坡形截面，独立基础两向边长为：$x=2400$mm、$y=2400$mm，$x_1=900$mm、$y_1=900$mm，柱截面尺寸为：$x_c \times y_c=600$mm × 600mm。

◆ 杯口独立基础。原位标注杯口独立基础两向边长 x、y，杯口上口尺寸 x_u、y_u，杯壁厚度 t_i，阶宽或坡形平面尺寸 x_i、y_i，如图 1-44 所示。

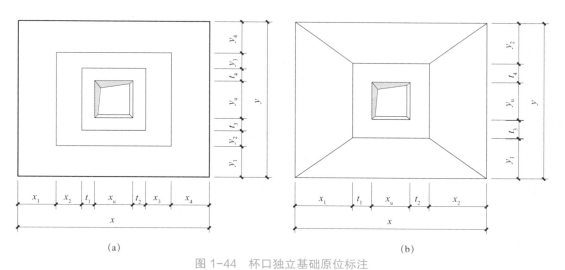

(a)   (b)

图 1-44　杯口独立基础原位标注

（a）阶形截面杯口独立基础原位标注；（b）坡形面杯口独立基础原位标注

四、截面注写方式施工图识读

1. 截面注写方式图示方法

采用截面注写方式，应在基础平面布置图上对所有基础进行编号，见表 1-4。单个基础截面标注的内容和形式，与传统"单个构件正投影表示方法"基本相同。对于已在基础平面布置图上原位标注清楚的基础平面几何尺寸，在截面图上可不再重复表达，具体表达内容可参照国家建筑标准设计图集 16G101-3 中相应的标准构造。

对多个同类基础，可采用列表注写（结合截面示意图）的方式进行集中表达。表中内容为基础截面的几何数据和配筋等，在截面示意图上应标注与表中栏目相应的代号。

2. 截面注写方式平法施工图识读

在识读时，基础平面布置图、表格、截面图和文字说明等内容对照理解进行读图。下面以普通独立基础为例进行识读。

（1）识读普通独立基础编号

截面注写方式独立基础编号方法及识读方法同平面注写方式。

（2）识读普通独立基础截面图

在基础截面示意图上标注与表中相对应的代号。如基础的几何尺寸：基础底面尺寸 x、y 及竖向尺寸 h_1、h_2，柱截面尺寸 x_c、y_c；底部钢筋（B）X 向和 Y 向配筋，如图 1-45 所示。

（3）识读独立基础几何尺寸和配筋表

◆ 基础编号 / 截面号

表 1-5 中为 1 号坡形独立基础 1-1 截面和 2 号坡形独立基础 2-2 截面。

截面号：绘制在基础平面布置图中，识读时基础平面布置图与表格对照阅读。

◆ 几何尺寸

结合图 1-45，由表 1-5 可知 DJ_P1 的截面几何尺寸为底面尺寸 2000mm、2000mm，柱的截面尺寸为 400mm、400mm，基础边缘厚度为 300mm，总厚度为 600mm；DJ_P2 的截面几何尺寸为底面尺寸 2800mm、2800mm，柱的截面尺寸为 400mm、400mm，基础边缘厚度为 300mm，总厚度为 500mm。

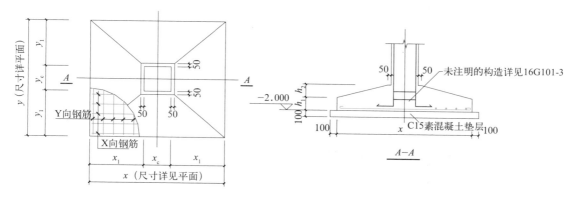

图 1-45 独立基础截面图

独立基础几何尺寸和配筋表   表 1-5

基础编号 / 截面号	截面几何尺寸				底部配筋（B）	
	x、y	x_c、y_c	x_i、y_i	$h_1/h_2/\cdots\cdots$	X 向	Y 向
$DJ_p1/1\text{-}1$	2000、2000	400、400	/	300/300	⏀14@150	⏀14@150
$DJ_p2/2\text{-}2$	2800、2800	400、400	/	300/200	⏀12@150	⏀12@150
…	…	…	…	…	…	…

◆ 配筋

结合图 1-45，由表 1-5 可知 DJ_p1 底部配筋为双向钢筋网 ⏀14@150；DJ_p2 底部配筋为双向钢筋网 ⏀12@150。

【知识拓展】

当基础底面标高与基础底面基准标高不同时，加注基础底面标高；当为双柱独立基础时，加注基础顶部或基础梁几何尺寸和配筋；当设置短柱时增加短柱尺寸及配筋等。

在基础平法施工图中，采用表格或其他方式注明基础底面基准标高、±0.000 的绝对标高。基础底面基准标高即为基础底面标高。当基础底面标高不同时，应取多数相同的底面标高为基础底面基准标高，对其他少数不同标高者应标明范围。

【能力测试】

一、基础知识

1. 传统的独立基础施工图包括_____图、_____图和文字说明。

2. 独立基础平法施工图，有_____注写与_____注写两种表达方式，根据具体工程情况选择一种，或两种方式相结合。

3. 在独立基础平法施工图中，应集中标注_____、_____、_____三项必注内容，以及_____和_____注解两项选注内容。

二、识图填空

根据图 1-46，完成下列填空。

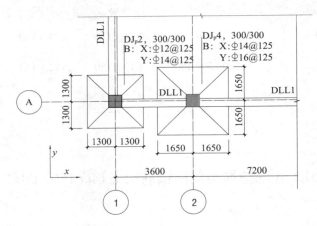
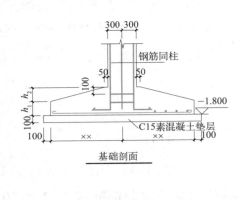

图 1-46　独立基础平法施工图

（1）DJ_P2 在_____轴线和_____轴线处，DJ_P4 在_____轴线和_____轴线处；基础底面中心线与定位轴线_____。

（2）DJ_P2 是截面形状为_____的独立基础，底面尺寸为_____，截面竖向尺寸为_____，基础底部配筋为_____。

（3）DJ_P2 的垫层材料为_____，厚度是_____。

（4）DJ_P2 的底面标高为_____。

三、图样抄绘

1. 活动内容：抄绘独立基础平法施工图（图 1-20）。

码 1-8　任务 1.2.1
能力测试参考答案

2.抄绘要求：

（1）指导教师在教学过程中可根据学生的实际情况选择合适的图样进行抄绘。

（2）A2 幅面绘图纸铅笔抄绘。

（3）绘图时严格遵守《房屋建筑制图统一标准》GB/T 50001-2017 及《建筑结构制图标准》GB/T 50105-2010。

（4）建议图线的基本线宽 b 用 0.7mm，其余各类线的线宽应符合线宽组的规定，同类图线同样粗细，不同类图线应粗细分明。

（5）汉字应写长仿宋体，数字、字母用标准体书写。建议图样上的标注及说明文字用 5 号字，尺寸数字用 3.5 号字，图名字写 7 号字。

（6）作图准确，所有标注无误，字体端正，图面匀称。

3.活动要求：学生在抄绘施工图过程中，如果有不懂之处先相互讨论解决，学生之间不能解决的问题需做好记录，并将问题反馈给教师。

【能力拓展】

1.计算图 1-46 中 DJ$_P$2、DJ$_P$4 底部 X 和 Y 向钢筋的数量及长度，并计算垫层的混凝土用量。

2.组织参观钢筋混凝土结构房屋施工现场，在教师指导下，对照独立基础平法施工图分组学习独立基础钢筋绑扎施工。参观后填写如下信息资料并提交两张以上施工现场照片（表 1-6）。

参观独立基础施工现场信息表 表 1-6

学生姓名		专业班级		学号		日期	
工程名称					设计单位	施工单位	
工程概况							
独立基础信息源（结合施工图纸完成）	1.定位轴线布置及间距，与建筑平面图定位轴线对照识读。 2.独立基础编号、种类和数量。 3.独立基础截面形式及几何尺寸（底面尺寸、竖向尺寸）。 4.独立基础所用的材料（混凝土、钢筋）。 5.独立基础的埋置深度，基础底面标高（基础底面基准标高不同时）。 6.独立基础施工顺序，基坑开挖的方法。						

独立基础信息源（结合施工图纸完成）	7. 独立基础钢筋制作与安装要求。 8. 独立基础施工安全技术要求		
学生参观感想			
指导教师		评价等级	
审阅教师		审阅日期	

任务 1.2.2　条形基础施工图识读

【任务描述】

通过本任务的学习，学生能够：了解条形基础结构构造、条形基础平面布置图的绘制方法；理解平面注写方式的图示内容、方法，识读平面注写方式条形基础施工图；理解截面注写方式的图示内容、方法，识读截面注写方式条形基础施工图，并能正确识读如图 1-47 所示的条形基础平法施工图。

【学习支持】

一、钢筋混凝土条形基础结构构造

条形基础是指长度远大于宽度的带形基础，按上部结构分为墙下条形基础和柱下条形基础，如图 1-48 所示。

按受力特点分为板式条形基础和梁板式条形基础，如图 1-48、图 1-49 所示。

钢筋混凝土条形基础的截面形状、尺寸及材料、垫层和保护层的要求与钢筋混凝土独立基础相同。

（1）钢筋混凝土条形基础底板钢筋

基础底板钢筋有：底部横向受力钢筋和底部构造钢筋，注写时以"B"打头；当为双梁（或双墙）条形基础底板时，除在底板底部配置钢筋外，一般尚需在两根梁或两道墙之间的底板顶部配置顶部横向受力钢筋和顶部构造钢

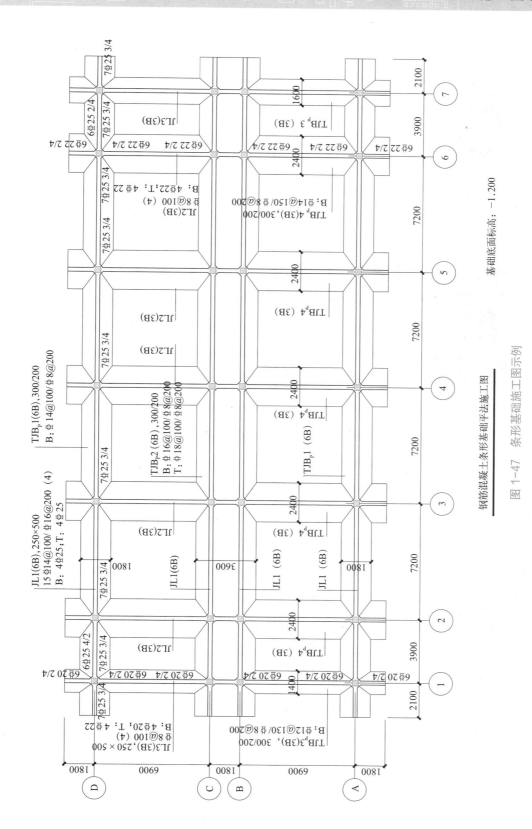

钢筋混凝土条形基础平法施工图

图 1-47　条形基础施工图示例

筋，注写时以"T"打头。

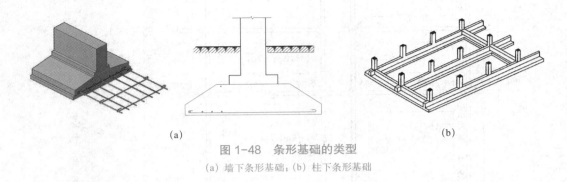

图 1-48　条形基础的类型

(a) 墙下条形基础；(b) 柱下条形基础

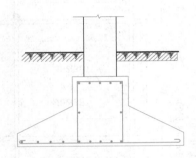

图 1-49　梁板式条形基础

（2）墙下钢筋混凝土条形基础底板受力钢筋的最小直径不应小于 10mm，间距不应大于 200mm，也不应小于 100mm；纵向分布钢筋的直径不应小于 8mm，间距不应大于 300mm；每延米分布钢筋的面积不应小于受力钢筋面积的 15%。当有垫层时钢筋保护层的厚度不应小于 40mm，无垫层时不应小于 70mm。

（3）当墙下钢筋混凝土条形基础的宽度大于或等于 2.5m 时，底板受力钢筋的长度可取宽度的 0.9 倍，并宜交错布置（图 1-50），底板交接区的受力钢筋和无交接底板时端部第一根钢筋不应减短。

（4）钢筋混凝土条形基础底板在 T 形及十字形交接处，底板横向受力钢筋仅沿一个主要受力方向通长布置，另一方向的横向受力钢筋可布置到主要受力方向底板宽度 1/4 处，在拐角处底板横向受力钢筋应沿两个方向布置，如图 1-51 所示。

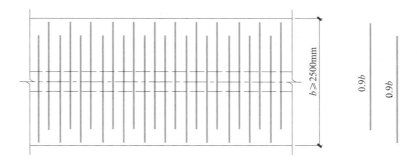

图 1-50　条形基础底板配筋长度减短 10% 构造

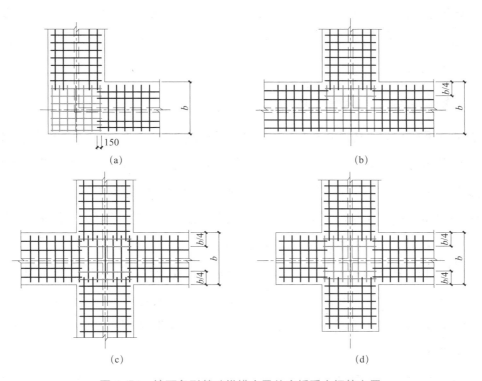

图 1-51　墙下条形基础纵横交叉处底板受力钢筋布置

（a）转角梁板端部无纵向延伸；（b）丁字交接基础底板；（c）十字交接基础底板；（d）转角梁板端部均有纵向延伸

【知识拓展】

　　条形基础的横向配筋为主要受力钢筋，纵向配筋为分布钢筋，受力钢筋布置在下面，如图 1-52 所示。

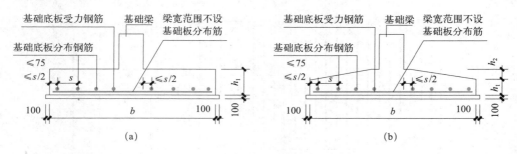

图 1-52　条形基础底板钢筋构造

(a) 阶形截面 TJB$_J$；(b) 坡形截面 TJB$_P$

当条形基础设有基础梁时，梁宽范围不设基础底板的分布钢筋；在两向受力钢筋交接处的网状部位，分布钢筋与同向受力钢筋的构造搭接长度为 150mm，如图 1-51 所示。

二、条形基础平面布置图传统图示方法

基础平面图是假想用一个水平面沿房屋的地面与基础之间把整幢房屋剖开后，移去剖切平面以上的房屋和基础回填土后，向下作正投影所得到的水平投影图。其一般由基础平面布置图（图 1-53）和基础详图（图 1-54）组成。

基础平面图主要表示基础的平面布置以及墙、柱与轴线的关系，为施工放线、开挖基槽或基坑和砌筑基础提供依据。

【例 1-21】如图 1-53 所示，水平定位轴线编号从①～⑤，竖向定位轴线编号从Ⓐ～Ⓓ。基础分布在各道轴线上，为墙下条形基础。定位轴线两侧的中粗实线是基础墙的断面轮廓线，基础墙外侧的细线是可见的基础底部轮廓线，它是基础施工放线、开挖基坑的依据。

如图 1-54 所示，所有墙体厚度均为 240mm，轴线居中设置，Ⓓ轴线为带壁柱墙，壁柱截面 130mm×370mm。基础断面有两种：1-1 断面基础宽度为 800mm；2-2 断面基础宽度为 600mm。

条形基础的截面形状和尺寸、底板配筋及所在位置等在基础详图中反映，如图 1-54 所示。在基础 1-1 详图中，墙体厚度为 240mm，基础宽度为 800mm，轴线居中，与基础平面布置图一致。基础为墙下钢筋混凝土条形基础，基础根部高度 300mm，端部高度 200mm，底部配钢筋网，短向受力钢筋为 Φ12@180，沿墙长度方向分布钢筋为 Φ8@200，基础底板下部为

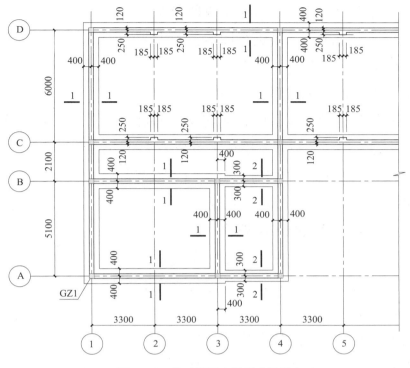

图 1-53　基础平面布置图（局部）

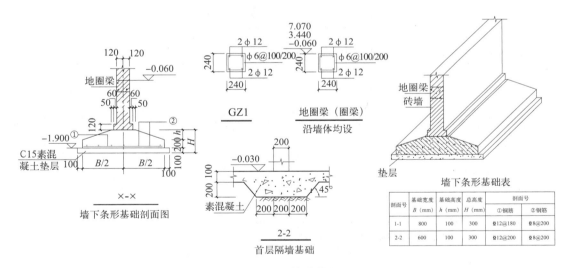

墙下条形基础表

剖面号	基础宽度	基础高度	总高度	剖面号	
	B (mm)	h (mm)	H (mm)	①钢筋	②钢筋
1-1	800	100	300	Φ12@180	Φ8@200
2-2	600	100	300	Φ12@180	Φ8@200

图 1-54　基础详图

100mm 厚 C15 素混凝土垫层。

三、平面注写方式条形基础平法施工图识读

在条形基础平面布置图上，直接表示构件的尺寸、配筋，即为条形基础

平法施工图，有平面注写与截面注写两种方式，在施工图中可能是一种方式，或将两种方式结合对条形基础进行图示。图1-47为采用平面注写方式表达的柱下条形基础平法施工图。

1. 条形基础平法施工图图示方法

绘制条形基础平面布置图时，应将条形基础平面与基础所支承的上部结构的柱、墙一起绘制。条形基础整体上可分为两类：①梁板式条形基础。平法施工图将梁板式条形基础分解为基础梁与条形基础底板来表达。②板式条形基础。平法施工图仅表达条形基础底板。

2. 平面注写方式平法施工图识读

（1）识读定位轴线，确定基础的位置

条形基础平法施工图的定位轴线应与建筑平面图一致。在图1-47中，定位轴线与基础的中心线重合。

（2）识读条形基础及基础梁编号

条形基础编号分为基础梁和条形基础底板编号，如下所示。

$$\underset{代号}{JL} \quad \underset{序号}{\times\times} \quad \underset{跨数及有无外伸}{(\times\times)} \qquad\qquad \underset{代号}{TJB_P} \quad \underset{序号}{\times\times} \quad \underset{跨数及有无外伸}{(\times\times)}$$

常用基础梁和条形基础底板代号应符合表1-7的规定。

条形基础梁及底板编号　　　　　　　　表1-7

类型		代号	序号	跨数及有无外伸
基础梁		JL	××	(××)　　端部无外伸
条形基础底板	坡形	TJB$_P$	××	(××A)　一端有外伸
	阶形	TJB$_J$	××	(××B)　两端有外伸

注：1. 编号时，当基础的截面形状、尺寸和配筋均相同，仍可将其编为同一基础号；

　　2. 条形基础底板采用坡形截面或单阶形截面，如表1-8所示。

条形基础底板的截面　　　　　　　　表1-8

单阶形	坡形

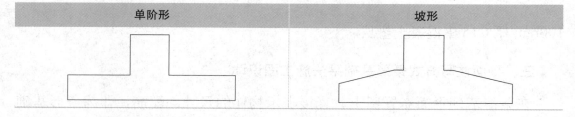

【例 1-22】如图 1-55 所示，图中："TJB$_p$1（6B）"，表示 1 号坡形条形基础底板，6 跨，两端有外伸；JL1（6B）表示 1 号基础梁，6 跨，两端有外伸。

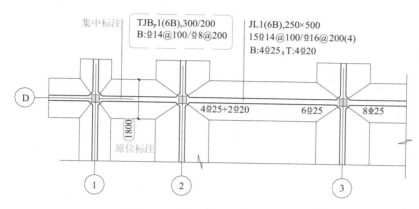

图 1-55　条形基础平面注写方式

（3）识读条形基础底板的平面注写

条形基础底板的平面注写方式分为集中标注与原位标注，如图 1-55 所示。

条形基础底板的集中标注内容为：条形基础底板编号、截面竖向尺寸、配筋三项必注内容，以及条形基础底板底面标高（与基础底面基准标高不同时）、必要的文字注解两项选注内容。

◆　识读截面竖向尺寸（必注内容），见表 1-9。

表 1-9

条形基础截面竖向尺寸标注

条形基础截面形式	集中标注示例说明	
坡形条形基础截面 竖向尺寸：h_1/h_2	TJB$_p$01(3)，200/300 B：Φ14@150/Φ8@250	识图
单阶形条形基础截面 竖向尺寸：h_1	TJB$_p$01(3)，200 B：Φ14@150/Φ8@250	识图
多阶形条形基础截面 竖向尺寸：h_1/h_2	TJB$_p$01(3)，200/250 B：Φ14@150/Φ8@250	识图

【例1-23】如图1-55所示，TJB_p1（6B）300/200表示坡形截面竖向尺寸 h_1=300mm、h_2=200mm，基础底板的总高度为500mm。

◆ 识读条形基础底板底部及顶部配筋（必注内容）

条形基础底板底部的横向受力钢筋，以"B"打头；条形基础底板顶部的横向受力钢筋，以"T"打头；用"/"分隔条形基础底板的横向受力钢筋与构造配筋，如图1-56、图1-57所示。

【例1-24】如图1-56所示，条形基础底板配筋标注为：B：ϕ14@100/ϕ8@200；表示条形基础底板底部配置HRB400级横向受力钢筋，直径为14mm，分布间距100mm；配置HRB400级构造钢筋，直径为8mm，分布间距200mm。

【例1-25】如图1-57所示，TJB_p2（6B），当为双梁（或双墙）条形基础底板，除在底板底部配置钢筋（B：ϕ16@100/ϕ8@200）外，尚需在两根梁或两道墙之间底板顶部配置钢筋（T：ϕ18@100/ϕ8@200），其中横向受力钢筋的锚固从梁的内边缘（或墙边缘）起算。

◆ 识读条形基础底板的平面尺寸

原位注写条形基础底板的平面尺寸。原位标注 b、b_i（i=1，2，…）。其中，b 为基础底板总宽度，b_i 为基础底板台阶的宽度。当基础底板采用对称于基础梁的坡形截面或台阶形截面时，b_i 不注。如图1-57所示，编号为 TJB_p2 的坡形截面条形基础，基础底板的宽度为3600mm。

（4）识读基础梁的平面注写信息

基础梁的平面注写内容包括集中标注与原位标注两部分内容，如图1-58所示。

如图1-58所示，基础梁的集中标注内容为：基础梁编号、截面尺寸、配筋三项必注内容，以及基础梁底面标高（与基础底面基准标高不同时）、必要的文字注解两项选注内容。

1）识读基础梁截面尺寸（必注内容）

基础梁截面用 $b \times h$ 表示梁截面宽度与高度，如图1-59所示。当为加腋梁时，用 $b \times h$ Y $c_1 \times c_2$ 表示，c_1 为腋长，c_2 为腋高，如图1-60所示。

【例1-26】如图1-58所示，"JL1（6B），250×500"表示1号基础梁，6

跨，两端有外伸，截面尺寸 $b \times h = 250\text{mm} \times 500\text{mm}$。

2）识读基础梁配筋（必注内容）

基础梁的配筋有四项内容：箍筋，底部、顶部及侧面纵向钢筋，如图1-58 所示。

①识读基础梁箍筋

当采用一种箍筋间距时，注写钢筋级别、直径、间距与肢数（箍筋肢数

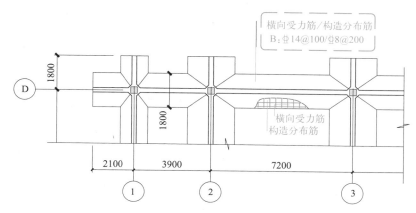

图 1-56　条形基础底板配筋示意图

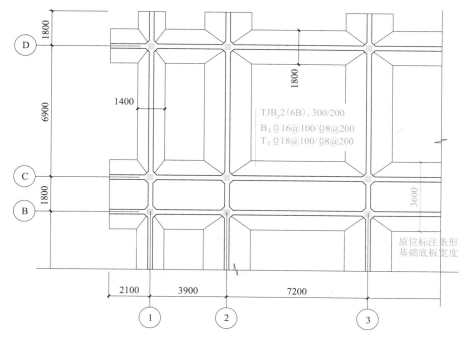

图 1-57　双梁条形基础底板顶部配筋示意图

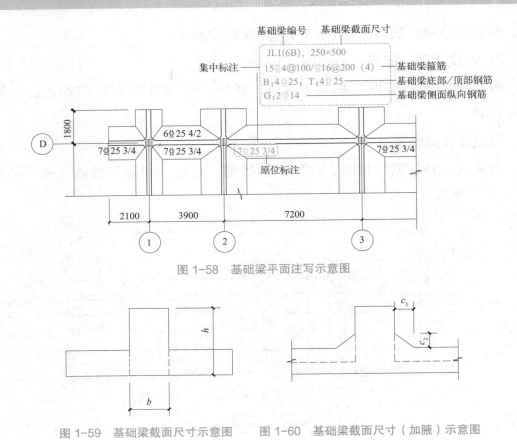

图 1-58　基础梁平面注写示意图

图 1-59　基础梁截面尺寸示意图　　图 1-60　基础梁截面尺寸（加腋）示意图

写在括号内）。

【例 1-27】 如"JL1（3），200×400　Φ12@150（2）"表示 1 号基础梁，3 跨；梁宽 200mm、梁高 400mm；箍筋为 HPB400 级的双肢箍，直径 12mm，分布间距 150mm，如图 1-61 所示。

当采用两种箍筋间距时，用"/"分隔不同箍筋，按照从基础梁两端向跨中的顺序注写。先注第 1 段箍筋（在前面加注箍筋道数），在斜线后再注写第 2 段箍筋（不再加注箍筋道数）。

【例 1-28】 如"JL2（5），250×450　5Φ12@150/250（4）"，表示 2 号基础梁，5 跨；梁宽 250mm、梁高 450mm；配置两种间距 HPB400 级的箍筋，直径Φ12，从梁的两端起向跨内按间距 150mm 设置 5 道，梁其余部位的间距为 250mm，均为 4 肢箍，如图 1-62 所示。

当采用两种直径与肢数的箍筋时，用"/"分隔。例如："JL3（4），250×500　5Φ12@150（4）/Φ14@250（2）"，表示 3 号基础梁，4 跨；梁宽

250mm、梁高 500mm；从梁的两端起向跨内按间距 150mm 设置 5 道$\underline{\Phi}$12 的箍筋，为 4 肢箍；梁其余部位按间距 250mm 设置$\underline{\Phi}$14 的双箍筋，如图 1-63 所示。

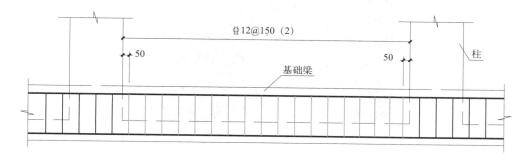

图 1-61　基础梁采用一种箍筋间距示意图

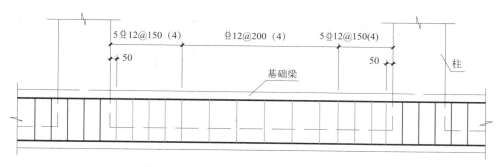

图 1-62　基础梁采用两种箍筋间距示意图

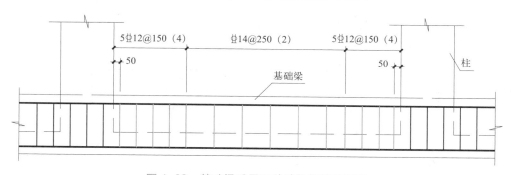

图 1-63　基础梁采用两种肢数箍筋示意图

【知识拓展】

箍筋主要作用是承受剪力及固定主筋，与其他钢筋通过绑扎或焊接形成一个良好的空间骨架，一般垂直于纵向受力钢筋，如图 1-64 所示。

基础梁箍筋类型及肢数如图 1-65 所示。

②识读基础梁底部、顶部贯通纵筋（必注内容）

图 1-64　基础梁内箍筋示意图

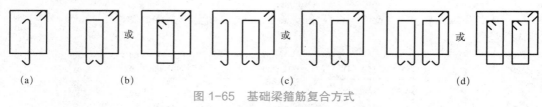

(a)　　　　　　　(b)　　　　　　　　　(c)　　　　　　　　　　　(d)

图 1-65　基础梁箍筋复合方式

(a) 三肢箍；(b) 四肢箍；(c) 五肢箍；(d) 六肢箍

　　基础梁底部贯通纵筋以"B"打头注写，如："B：4Φ25；T：6Φ25"，表示基础梁底部配有 4Φ25，如图 1-66（a）所示；当跨中所注根数少于箍筋肢数时，

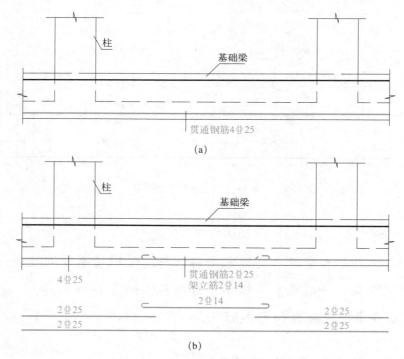

图 1-66　基础梁底部钢筋示意图

需要在跨中增设梁底部架立筋以固定箍筋，采用"+"将贯通纵筋与架立筋相连，架立筋注写在加号后面的括号内，如"B：2Φ25+（2Φ14）；T：6Φ25"，表示基础梁底部跨中配有2Φ25贯通钢筋，2Φ14架立钢筋，如图1-66（b）所示。

梁顶部贯通纵筋以"T"打头注写。用"；"将底部与顶部贯通纵筋分隔开。当梁底部或顶部贯通纵筋多于一排时，用"/"将各排纵筋自上而下分开。

【例1-29】"B：4Φ25；T：12Φ25 7/5"表示梁底部配置贯通纵筋为4Φ25；梁顶部配置贯通纵筋为上一排7Φ25，下一排为5Φ25，共12Φ25，如图1-67所示。

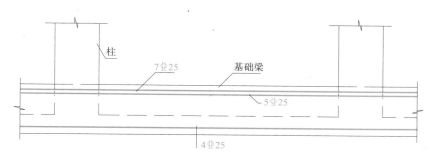

图 1-67　基础梁顶部钢筋示意图

③识读基础梁侧面纵向钢筋

当梁腹板净高不小于450mm时，以"G"打头注写梁两侧对称设置的纵向构造钢筋的总配筋值。如图1-58所示，JL1集中标注中"G：2Φ14"表示1号基础梁两侧各配置1Φ14侧面构造钢筋。

3）识读基础梁原位标注

基础梁原位标注内容包括梁端部或梁在柱下区域的底部全部纵筋（包括底部非贯通纵筋和已集中注写的底部贯通纵筋）、基础梁的附加箍筋或（反扣）吊筋、基础梁外伸部位的变截面高度尺寸及修正内容等，如图1-68所示。

①识读基础梁端部或梁在柱下区域的底部全部纵筋

当梁端或梁在柱下区域的底部纵筋多于一排时，用"/"将各排纵筋自上而下分开，如"7Φ25 3/4"，表示上一排3Φ25，下一排为4Φ25，共7Φ25。

当同排纵筋有两种直径时，用"+"连接，将两种直径的纵筋相连。如图1-68所示，在②号轴线支座右侧"4Φ25+2Φ20"，其中4Φ25是集中标注的底部贯通纵筋，2 ⽫ 20 为底部非贯通筋。

当基础梁中间支座或梁在柱下区域两边的底部纵筋配置不同时，需在支座两边分别标注。如图 1-68 所示，在③号轴线支座左侧 6 ⽫ 25，其中 4 ⽫ 25 为集中标注的底部贯通筋，2 ⽫ 25 为非贯通纵筋；在③号轴线支座右侧 8 ⽫ 25，其中 4 ⽫ 25 为集中标注的底部贯通筋，4 ⽫ 25 为非贯通纵筋。

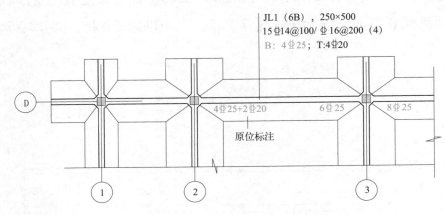

图 1-68　基础梁原位标注底部纵筋示意图

当梁中间支座两边的底部纵筋相同时，可仅在支座的一边标注。如图 1-68 所示，在②号轴线支座左右侧配筋各为 4 ⽫ 25+2 ⽫ 20。

基础梁底部非贯通筋的长度规定如图 1-69 所示。

②识读基础梁的附加箍筋或（反扣）吊筋

当两向基础梁十字交叉，但交叉位置无柱时，应配置附加箍筋或（反扣）吊筋，直接在平面图十字交叉梁中刚度较大的条形基础主梁上，原位直接引注总配筋值（附加箍筋的肢数注在括号内）。如图 1-70（a）所示，中间支座处"8 ⽫ 10 (2)"，表示每边各 4 道 ⽫ 10 附加箍筋，双肢箍。图 1-70（b）中间支座处"2 ⽫ 16"，表示主梁上设置 2 ⽫ 16 附加（反扣）吊筋。

【知识拓展】

附加箍筋或（反扣）吊筋是由于梁的某部受到大的集中荷载作用，为了使梁体不产生局部严重破坏，同时使梁体的材料发挥各自的作用而设置的，主要布置在剪力有大幅突变部位，防止该部位产生过大的裂缝，引起结构的破坏。

顶部贯通纵筋在其连接区内采用搭接、机械连接或焊接。同一连接区段内接头面积百分率不宜大于50%。
当钢筋长度可穿过一连接区到下一连接区并满足连接要求时，宜穿越设置。

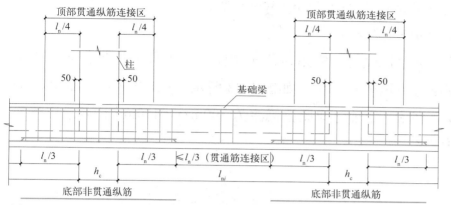

码 1-9　基础梁
纵向钢筋构造

底部贯通纵筋在其连接区内采用搭接、机械连接或焊接。同一连接区段内接头面积百分率不宜大于50%。
当钢筋长度可穿过一连接区到下一连接区并满足连接要求时，宜穿越设置。

图 1-69　基础梁纵向钢筋构造

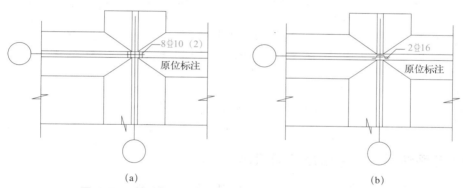

图 1-70　基础梁原位标注附加箍筋或（反扣）吊筋示意图

③识读基础梁外伸部位的变截面尺寸

基础梁外伸部位如果有变截面，变截面高度尺寸如图 1-71 所示。

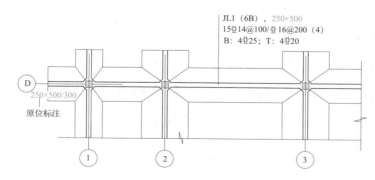

图 1-71　基础梁外伸部位变截面高度尺寸

图 1-71 中在①号轴线左侧为 JL1 基础梁的外伸端，截面宽度 $b=250\text{mm}$，截面根部高度 $h_1=500\text{mm}$，端部高度 $h_2=300\text{mm}$。

④识读基础梁的修正内容

当在基础梁上集中标注的内容不适用于某跨或某外伸部位时，将其修正内容原位标注在该跨或该外伸部位，如图 1-72 所示，JL1 集中标注的截面为 $300\text{mm}\times500\text{mm}$，在④~⑤轴之间原位标注为 $300\text{mm}\times450\text{mm}$，表示该跨基础梁发生了截面变化。

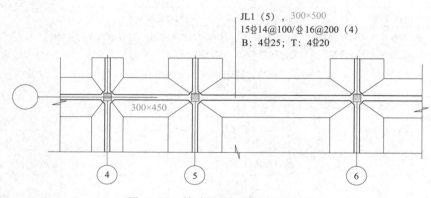

图 1-72　基础梁原位标注修正内容

四、截面注写方式平法施工图识读

条形基础的截面注写方式又可分为截面标注和列表注写两种。

1. 截面注写方式图示方法

采用截面注写方式应在基础平面布置图上对所有基础进行编号，见表 1-7。对条形基础进行截面标注的内容和形式，与传统"单个构件正投影表示方法"基本相同。对于已在基础平面布置图上原位标注清楚的该条形基础梁和条形基础底板的水平尺寸，可不在截面图上重复表达，具体表达内容可参照国家建筑标准设计图集 16G101-3 中相应的标准构造。

对多个条形基础可采用列表注写（结合截面示意图）的方式进行集中表达。表中内容为基础截面的几何数据和配筋，在截面示意图上应标注与表中栏目相应的代号。

2. 截面注写方式平法施工图识读

在识读时，对于基础平面布置图、表格、截面图和文字说明等内容应对照理解。下面以条形基础底板为例进行识读，方法如下：

（1）识读条形基础底板的类型

截面注写方式条形基础编号方法及识读方法同平面注写方式。

（2）识读截面图

在基础截面示意图上标注与表中相对应的代号。如基础底板的水平尺寸 b、b_i，$i=1$，2，…；竖向尺寸 h_1/h_2，如图 1-73 所示。

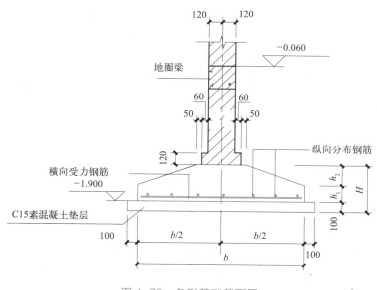

图 1-73　条形基础截面图

（3）识读表格

多个条形基础采用列表注写（结合截面示意图）的方式进行集中表达。表 1-10 中为条形基础截面的几何数据和配筋。

条形基础底板几何尺寸和配筋表　　　　　　　　　　　　　　表 1-10

基础底板编号/截面号	截面尺寸			底部受力钢筋（B）	
	b	h_1	h_2	横向受力钢筋	纵向构造筋
TJB$_P$1/1-1	1300	300	200	⏀10@130	⏀8@300
TJB$_P$2/2-2	2200	300	300	⏀14@150	⏀8@300
…	…	…	…	…	…

◆ 截面号

在表 1-10 中包括 1 号坡形条形基础底板 1-1 截面和 2 号坡形条形基础底板 2-2 截面。

截面号：绘制在基础平面布置图中，根据基础底板的配筋和尺寸不同分别进行编号，识读时将基础平面布置图与表格对照阅读。

◆ 截面尺寸

结合截面示意图识读。TJB_p1 的 1-1 截面移出截面图底面宽度为 1300mm，条形基础底板端部高度为 300mm，基础总高度为 500mm；TJB_p2 的 2-2 截面移出截面图底面的宽度为 2200mm，条形基础底板端部高度为 300mm，总高度为 600mm。

◆ 底部配筋

1 号坡形条形基础底板 1-1 截面处横向受力钢筋为 $\phi10@130$，纵向构造筋为 $\phi8@300$；2 号坡形条形基础底板 2-2 截面处横向受力钢筋为 $\phi14@150$，纵向构造筋为 $\phi8@300$。

【能力测试】

一、基础知识填空

1. 条形基础按上部结构分为_____和_____两大类。

2. 条形基础平法施工图有_____与_____两种表达方式。

3. 基础梁的集中标注内容为：_____、_____、_____三项必注内容，以及基础梁底面标高和_____两项选注内容。

4. 说明 JL02（3A）、JL05（2B）表示的含义。

5. 写出基础梁平法标注

（1）两端各布置 6 道 $\phi8$ 间距 200mm 的箍筋，为四肢箍；中间部位按 $\phi10$ 间距 250mm 布置，为双肢箍。

（2）两端向里，先布置 4 道 $\phi10$ 间距 100mm 的箍筋，为四肢箍；中间剩余部位按 $\phi14$ 间距 200mm 的箍筋，为四肢箍。

6. 文字说明"JL B：$4\phi20$；T：$6\phi20$ 4/2"所表示的含义。

二、在图中横线上填空。

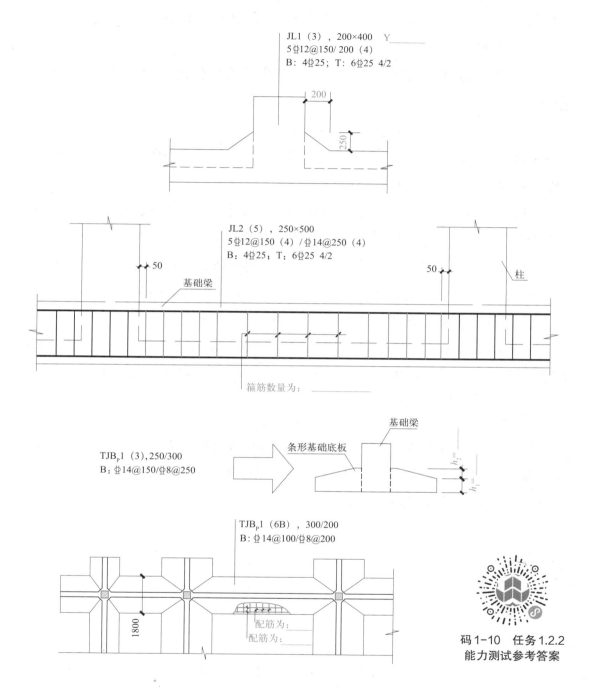

JL1 (3) , 200×400   Y _____
5Φ12@150/ 200 (4)
B: 4Φ25; T: 6Φ25 4/2

200

250

JL2 (5) , 250×500
5Φ12@150 (4) /Φ14@250 (4)
B: 4Φ25; T: 6Φ25 4/2

50

基础梁

50

柱

箍筋数量为: _____

基础梁

条形基础底板

TJB_p1 (3),250/300
B: Φ14@150/Φ8@250

$h_2=$
$h_1=$

TJB_p1 (6B) , 300/200
B: Φ14@100/Φ8@200

1800

配筋为: _____
配筋为: _____

码1-10   任务1.2.2
能力测试参考答案

三、条形基础平法施工图抄绘

1. 活动描述

通过本学习活动,学生能够:进一步掌握条形基础平法施工图的表示方法和制图规则，正确识读条形基础施工图；按照绘图步骤、方法及《建筑结构制图标准》GB/T 50105-2010 的要求等绘制条形基础施工图。

2. 活动要求

（1）指导教师在教学过程中可根据学生的实际情况选择合适的图样进行抄绘。

（2）在 A2 幅面绘图纸上铅笔抄绘。

（3）绘图时严格遵守《房屋建筑制图统一标准》GB/T 50001-2017 及《建筑结构制图标准》GB/T 50105-2010。

（4）建议图线的基本线宽 b 为 0.7mm，其余各类线的线宽应符合线宽组的规定，同类图线同样粗细，不同类图线应粗细分明。

（5）汉字应采用长仿宋体，数字、字母采用标准体书写。建议图样上的标注及说明文字用 5 号字，尺寸数字用 3.5 号字，图名字用 7 号字。

（6）作图准确，所有标注无误，字体端正，图面匀称。

（7）活动要求：学生在抄绘施工图过程中，如果有不懂之处先相互讨论解决，学生之间不能解决的问题需做好记录，并将问题反馈给教师。

【能力拓展】

组织参观钢筋混凝土结构房屋施工现场，在教师指导下，对照条形基础平法施工图分组学习条形基础钢筋绑扎施工。参观后填写表 1-11 中信息资料并提交两张以上施工现场照片。

参观条形基础施工现场信息表　　　　　　　　　　　表 1-11

学生姓名		专业班级		学号		日期	
工程名称					设计单位	施工单位	
工程概况							
独立基础信息源（结合施工图纸完成）	1.定位轴线布置及间距，与建筑平面图定位轴线对照识读。 2.条形基础编号、种类和数量。 3.条形基础截面形式及几何尺寸（底面尺寸、竖向尺寸）。 4.条形基础所用的材料（混凝土、配筋）。 5.条形基础的埋置深度，基础底面标高（基础底面基准标高不同时）。 6.条形基础施工顺序，基槽开挖的方法。						

续表

独立基础信息源（结合施工图纸完成）	7.条形基础钢筋制作与安装要求。 8.条形基础施工安全技术要求。 9.若有基础梁，统计基础梁的种类和数量；指出其中一根梁的钢筋配置情况		
学生参观感想			
指导教师		评价等级	
审阅教师		审阅日期	

项目 1.3　柱平法施工图识读

【项目概述】

码 1-11　项目 1.3 导读

> 通过本项目的学习，学生能够：了解钢筋混凝土柱的类型和构造；理解钢筋混凝土柱平法施工图制图规则；会根据国家建筑标准设计图集查阅标准构造详图，识读柱平法施工图；能按照建筑结构制图标准等相关规定绘制柱平法施工图。

任务 1.3.1　列表注写方式施工图识读

【任务描述】

> 在工业与民用建筑中，钢筋混凝土柱是建筑结构的主要竖向承重构件，应用十分广泛，是房屋、桥梁等各种工程结构中最基本的承重构件，常用作楼盖的支撑柱、桥墩等，如图 1-74 所示。
>
> 通过本任务的学习，学生能够：了解柱的类型、常见截面形式与尺寸；识别柱内各部分钢筋的名称、位置；理解列表注写方式柱平法施工图的表示内容、绘制方法；理解柱表中柱号、标高、截面尺寸、柱纵筋、柱箍筋的表示方法；理解柱表和柱平面布置图的内在联系，并正确识读如图 1-75 所示的列表注写方式柱平法施工图。

(a)　　　　　　　　　　　(b)　　　　　　　　　　(c)

图 1-74　钢筋混凝土柱的应用

(a) 钢筋混凝土框架结构；(b) 城市高架桥；(c) 跨海大桥

【学习支持】

一、钢筋混凝土柱的类型与构造

1. 钢筋混凝土柱的类型

（1）按照制造和施工方法钢筋混凝土柱分为现浇钢筋混凝土柱和预制钢筋混凝土柱。现浇钢筋混凝土柱整体性好，但支模工作量大。预制钢筋混凝土柱施工比较方便，但要保证节点连接质量，如图 1-76 所示分别为现浇与装配式钢筋混凝土框架结构梁柱节点示意图。

（2）按照轴向力作用点与截面形心的相对位置，可分为以下两类柱：

轴心受压柱：当纵向外力 N 作用线与构件截面形心轴线重合时称为轴心受压柱，如图 1-77（a）所示。在实际工程中，由于施工的误差造成截面尺寸和钢筋位置的不准确，混凝土本身的不均匀性以及荷载实际作用位置的偏差等原因，很难使轴向力与截面形心完全重合。所以，在工程中理想的轴心受压柱是不存在的，为简化计算，只要偏差不大，可将这种受压柱按轴心受压构件考虑。

偏心受压柱：当纵向外力 N 的作用线与构件截面形心轴线不重合时，如果轴向力只在一个方向偏心，则这种柱称为单向偏心受压柱，如图 1-77（b）所示。这种柱根据偏心程度和受力状态的不同又可分为大偏心受压柱和小偏心受压柱。如果轴向力在两个方向偏心时，则这种柱称为双向偏心受压柱，如图 1-77（c）所示。在实际工程中大部分柱的受力状态属于偏心受压柱。

（3）按配筋方式分为普通箍筋柱、螺旋形箍筋柱和劲性钢筋混凝土柱。普通箍筋柱适用于各种截面形状的柱，如图 1-78（a）所示。螺旋形箍筋柱可

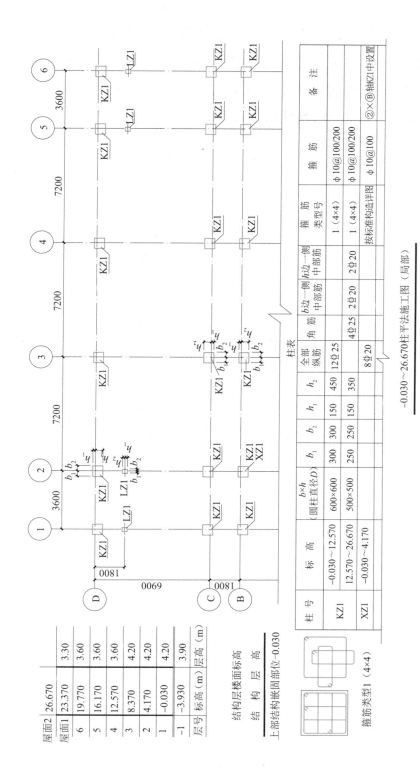

图 1-75 柱平法施工图示例（列表注写方式）

以提高构件的承载能力，柱截面一般是圆形或多边形，如图1-78（b）、（c）所示。劲性钢筋混凝土柱是在柱的内部或外部配置型钢，型钢分担很大一部分荷载，用钢量大，但可减小柱的断面和提高柱的刚度，一般在普通钢筋混凝土柱配筋太密或不能满足使用要求的情况下，才会使用劲性柱。如图1-79所示为上海中心大厦基础内劲性钢筋混凝土柱的配筋形式。

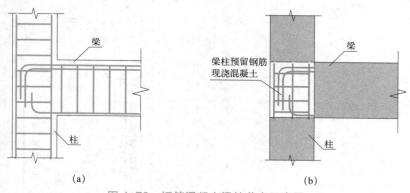

图1-76　钢筋混凝土梁柱节点示意图

(a) 现浇钢筋混凝土梁柱节点；(b) 装配式钢筋混凝土梁柱节点

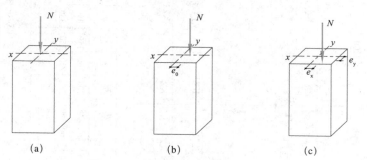

图1-77　轴心受压柱与偏心受压柱

(a) 轴心受压；(b) 单向偏心受压；(c) 双向偏心受压

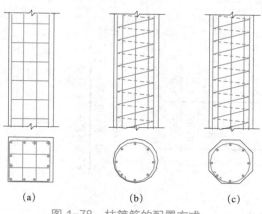

图1-78　柱箍筋的配置方式

图 1-79 "上海中心大厦"的基础内柱——劲性钢筋混凝土柱的配筋

【知识拓展】

上海中心大厦位于上海市浦东新区陆家嘴金融贸易区，占地 3 万多平方米，所处地块东至东泰路，南依银城南路，北靠花园石桥路，西邻银城中路。其建筑设计方案由美国 Gensler 建筑设计事务所完成，同济大学建筑设计研究院完成施工图出图，建筑主体为 119 层，主体建筑结构高度为 580m，总高度 632m。

2. 钢筋混凝土柱的材料要求

钢筋混凝土柱的主要材料为混凝土和钢筋，因为柱的主要受力状态是受压，根据柱的受压破坏试验，高强度钢筋不能发挥作用。因此，为了减小截面尺寸，节省钢材，在设计中宜采用 C20 及以上更高强度等级混凝土，而不宜选用高强度钢筋来提高受压柱的承载力。

【知识拓展】

钢筋混凝土柱在受压时，随着荷载的增加，柱变形迅速增大。当构件临界破坏时，混凝土达到极限应变 $\varepsilon_0 = 0.002$，而这时钢筋的应力 σ_s 根据虎克定理可知，钢筋应力 $\sigma_s = E_s\varepsilon_0 = 2.0 \times 10^5 \times 0.002 = 400\text{N/mm}^2$。显然，对于一般低强度和中等强度的钢筋，如 HPB300 级（$f_{yk}=300\text{N/mm}^2$）、HRB335 级（$f_{yk}=335\text{N/mm}^2$）和 HRB400 级（$f_{yk}=400\text{N/mm}^2$）钢筋来说，钢筋应力可达屈服强度，而配置高强度钢筋，如 HRB500 级（$f_{yk}=500\text{N/mm}^2$）以上的钢筋混凝土受压柱，不能充分发挥钢筋的作用，如图 1-80 所示。

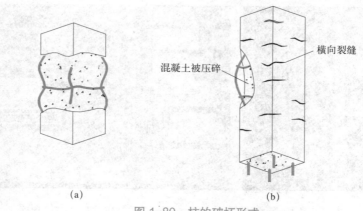

图 1-80　柱的破坏形式
(a) 短柱的破坏；(b) 长柱的破坏

3. 钢筋混凝土柱的截面形式与尺寸

钢筋混凝土受压柱通常采用矩形截面或圆形截面，有特殊要求时也采用多边形、异形截面等形式，图 1-81 所示为柱的常见截面形式。

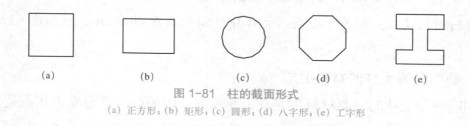

图 1-81　柱的截面形式
(a) 正方形；(b) 矩形；(c) 圆形；(d) 八字形；(e) 工字形

为了提高钢筋混凝土受压柱的承载能力，截面尺寸不宜过小。矩形截面柱，抗震等级为四级或层数不超过 2 层时，其最小截面尺寸不宜小于 300mm，一、二、三级抗震等级且层数超过 2 层时不宜小于 400mm；圆柱的截面直径，抗震等级为四级或层数不超过 2 层时不宜小于 350mm，一、二、三级抗震等级且层数超过 2 层时不宜小于 450mm。矩形截面柱的截面尺寸用 $b \times h$ 表示，如 $b \times h = 500mm \times 600mm$；圆柱截面尺寸用直径 d 表示，如 $d = 600mm$。

【知识拓展】

我国《建筑抗震设计规范》和《高层建筑混凝土结构技术规程》综合考虑建筑抗震重要性类别、地震作用（包括区分设防烈度和场地类别）、结构类型（包括区分主、次抗侧力构件）和房屋高度等因素，对钢筋混凝土结构划分了不同的抗震等级。抗震等级的高低，体现了对抗震性能要求的严格程度。不同的抗震等级有不同的抗震计算和构造措施要求，从四级到一级，抗震要求依次提高；《高层建筑混凝土结构技术规程》还规定了抗震等级更高的特一级。

4. 钢筋混凝土柱的钢筋及混凝土保护层

（1）钢筋混凝土柱的钢筋

纵向受力钢筋：轴心受压构件的荷载主要由混凝土承担，设置纵向受力钢筋的目的为：一是协助混凝土承受压力，以减小构件尺寸；二是承受可能的弯矩以及混凝土收缩和温度变形引起的拉应力；三是防止构件突然的脆性破坏。

箍筋：受压构件中箍筋的作用是保证纵向钢筋的位置正确，防止纵向钢筋压屈，从而提高柱的承载力。

图 1-82 为矩形截面钢筋混凝土柱的钢筋骨架模型和矩形截面柱配筋图。

（2）柱的混凝土保护层

混凝土保护层是指结构构件中钢筋外边缘至构件表面范围内用于保护钢筋的混凝土，简称保护层。它的作用如下：

◆ 钢筋混凝土是由钢筋和混凝土两种不同材料组成的复合材料，两种材料具有良好的粘结性能是它们共同工作的基础，从钢筋粘结锚固角度对混凝土保护层提出要求，是为了保证钢筋与其周围混凝土能共同工作，并使钢筋充分发挥计算所需强度。

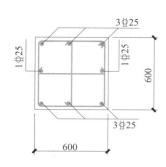

图 1-82　柱的钢筋骨架与柱截面配筋图

◆ 钢筋裸露在大气或者其他介质中，容易受蚀生锈，使得钢筋的有效截面减少，影响结构受力，因此需要根据耐久性要求规定不同使用环境的混凝土保护层最小厚度，以保证构件在设计使用年限内钢筋不发生降低结构可靠度的锈蚀。

二、列表注写方式平法施工图识读

1. 列表注写方式图示方法

列表注写方式系在柱平面布置图上（一般只需采用适当比例绘制一张柱平面布置图，包括框架柱、转换柱、梁上柱和剪力墙上柱），分别在同一编号的柱中选择一个（有时需要选择几个）截面标注几何参数代号；在柱表中注写柱号、柱段起止标高、几何尺寸（含柱截面对轴线的偏心情况）与配筋的具体数值，并配以各种柱截面形状及其箍筋类型图，来表达柱平法施工图，如图 1-75 所示。

在绘制柱平面布置图时，可采用适当比例单独绘制，也可与剪力墙平面图合并绘制。

列表注写方式柱平法施工图一般包括以下部分：柱平面布置图，柱表，注明地下和地上各结构层的楼（地）面标高、结构层高及相应结构层号的表格，箍筋类型图及相关施工说明。

2. 列表注写方式平法施工图识读

表格、柱平面布置图、柱表、说明等内容需对照理解进行识读。识读可按以下步骤进行：

（1）识读表格信息

在柱平法施工图中，一般用表格或其他方式注明包括地下和地上各结构层的楼（地）标高、结构层高及相应的结构层号，并在表格中用粗实线标注本张图的适用层数和起止标高。如图 1-75 左侧表格所示。表格中各部分信息表示方法如下：

◆ 层号、标高、层高注写方法

层号：地下层在层数前加 "−"，地上层 "+" 省略。如图 1-75 所示的表格中地下 1 层，表示为 "−1"。

标高：为结构标高，相对于 1 层建筑标高 "±0.000" 而言，相比 1 层建筑标高低则在标高前加 "−"，相比 1 层建筑标高高 "+" 省略。如图 1-75 所示的表格中 1 层结构标高为 "−0.030"。

层高：为下层地板面或楼板面到上层楼板面之间的垂直距离。如图 1-75 所示的表格中 3 层层高为 "4.20m"。

◆ 上部结构嵌固部位位置注写

在表格的下方注写上部结构嵌固部位位置。如图 1-75 所示的表格中，本工程上部结构嵌固部位位置为 "−0.030"。

【例 1-30】表格识读。

图 1-75 中左侧的表格如下：

层号	标高 (m)	层高 (m)
屋面 2	26.670	
屋面 1	23.370	3.30
6	19.770	3.60
5	16.170	3.60
4	12.570	3.60
3	8.370	4.20
2	4.170	4.20
1	−0.030	4.20
−1	−3.930	3.90

注：上部结构嵌固部位：−0.030。

根据表格信息可知：本工程地上 6 层，地下 1 层；其中地下 1 层层高为 3.90m，地上 1～3 层层高 4.20m，4～6 层层高 3.60m，有一局部突出层层高为 3.30m。

上表中 "2、4.170、4.20" 表示："2 层的结构标高为 4.170m，层高为 4.20m"。

根据表中粗实线起止范围，本工程 1～6 层、起止标高为 −0.030～26.670 范围内钢筋混凝土柱制作可以按图 1-75 施工。

表格的下方信息表示，本工程上部结构的嵌固部位为 −0.030 处。

【知识拓展】

结构层楼面标高是指将建筑图中的各层地面和楼面标高值扣除建筑面层及垫层做法厚度后的标高，如图 1-83 所示。

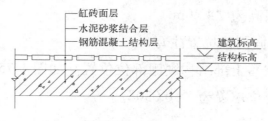

图 1-83　建筑标高与结构标高的关系

（2）识读柱编号

柱编号由类型代号和序号组成，如下图所示。

常用柱的类型代号应符合表 1-12 的规定。

常用柱编号　　　　　　　　　　　　　　　表 1-12

柱类型	代号	序号
框架柱	KZ	××
转换柱	ZHZ	××
芯柱	XZ	××
梁上柱	LZ	××
剪力墙上柱	QZ	××

框架柱（KZ）是指在框架结构中的竖向承重构件，它主要承受梁和板传来的荷载，并将荷载传给基础。

转换柱（ZHZ）是指在部分框支剪力墙结构中的框支柱和框架-核心筒、框架-剪力墙结构中支承托住转换梁的柱。

【知识拓展】

建筑物的转换层是指完成上部楼层到下部楼层因结构形式转变或结构布置改变，设置转换结构的楼层。转换层设置的结构构件包括转换梁、转换柱、转换板等。

芯柱（XZ）是指在框架柱截面中三分之一左右的核心部位配置附加纵向钢筋及箍筋而形成的内部加强区域，如图 1-84 所示。

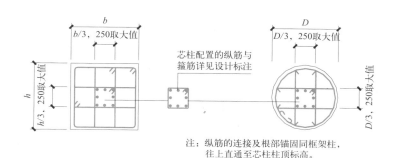

图 1-84　芯柱（XZ）位置及配筋构造

梁上柱（LZ）是指生根于梁的柱。由于某些原因，建筑物的底部没有柱子，到了某一层后又需要设置柱子，那么柱子只能从下一层的梁上生根，如图 1-85（a）所示。上部结构的荷载通过柱子传到下面它生根的梁上，然后再通过支撑梁的柱子传至基础。

剪力墙上柱（QZ）是指生根于剪力墙上的柱，如图 1-85（b）所示。与框架柱不同之处在于，受力后将力通过剪力墙传递给基础。

(a)

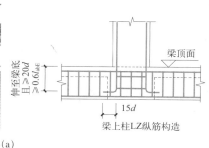

(b)

图 1-85　梁上柱与剪力墙上柱
(a) 梁上柱；(b) 剪力墙上柱

【提醒】编号时，当柱的总高、分段截面尺寸和配筋均对应相同，仅分段截面与轴线的关系不同时，仍可将其编为同一柱号。如图1-86所示，①轴的柱编号为KZ1，而由于©轴柱的总高、截面尺寸和配筋与①轴处均对应相同，仅该柱截面与轴线关系尺寸与①轴处KZ1不同，故©轴处柱编号仍编为KZ1，但需注明该柱截面与轴线关系几何参数。

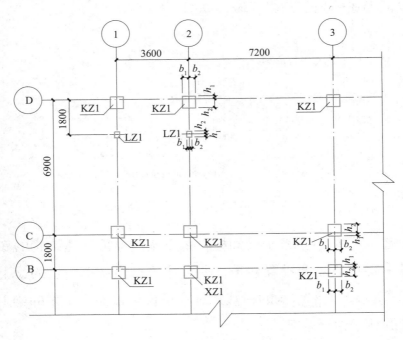

图 1-86 柱编号表示方法

【例1-31】柱编号识读

根据图1-75柱平法施工图可知：本工程1～6层有两种类型柱，分别是1号框架柱（KZ1）、1号梁上柱（LZ1）；其中，在®×②轴线处的1号框架柱内还设有1号芯柱（XZ1）。

对于芯柱，根据结构需要，可以在某些框架柱的一定高度范围内，在其内部的中心位置设置，进行柱编号时分别引注其柱编号和芯柱编号，如图1-87所示。

（3）识读柱段起止标高

各柱段的起止标高，自柱根部以上以变截面位置或截面未变但配筋改变处为界分段注写。

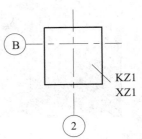

图 1-87 芯柱的编号注写

　　框架柱和转换柱的根部标高为基础顶面标高；芯柱的根部标高为根据结构实际需要而定的起始位置标高；梁上柱的根部标高为梁顶面标高；剪力墙上柱的根部标高分为两种：当柱纵筋锚固在墙顶部时，其根部标高为墙顶面标高；当柱与剪力墙重叠一层时，其根部标高为墙顶面往下一层的结构层楼面标高。

　　【例 1-32】柱段起止标高识读

　　由表 1-13 可知：KZ1 柱高从 −0.030 ～ 26.670，总高度 26.70m，但由于 KZ1 在柱的高度内截面尺寸分别为 600mm×600mm、500mm×500mm，在柱的高度内配筋也不同，故按 "−0.030 ～ 12.570" "12.570 ～ 26.670" 两个柱段分别注写起止标高，以示区别。

柱表

表 1-13

柱号	标高	$b×h$（圆柱直径 D）	b_1	b_2	h_1	h_2	全部纵筋	角筋	b 边一侧中部筋	h 边一侧中部筋	箍筋类型号	箍筋	备注
KZ1	−0.030 ～ 12.570	600×600	300	300	150	450	16 ⏀ 25				1(4×4)	⏀10@100/200	
	12.570 ～ 26.670	500×500	250	250	150	350		4 ⏀ 25	2 ⏀ 20	2 ⏀ 20	1(4×4)	⏀10@100/200	
XZ1	−0.030 ～ 4.170						8 ⏀ 20				按标准构造详图	⏀10@100	②×Ⓑ 轴 KZ1 中设置
…	…	…	…	…	…	…	…	…	…	…			

　　根据柱平面布置图和柱表，在 Ⓑ × ② 轴 KZ1 内设置 XZ1，起止标高为 −0.030 ～ 4.170。

　　（4）识读柱截面尺寸及与轴线关系的几何参数

　　以矩形柱、圆形柱为例。

　　矩形柱：注写柱截面尺寸 $b×h$ 及与轴线关系的几何参数代号 b_1、b_2、h_1、h_2 的具体数值，须对应于各段柱分别注写，其中 $b=b_1+b_2$，$h=h_1+h_2$，如图 1-88（a）所示。

　　圆柱：圆柱截面尺寸在 "圆柱直径 D" 一栏中表示。圆柱与轴线关系的几何参数代号同样为 b_1、b_2、h_1、h_2，其中 $d=b_1+b_2=h_1+h_2$，如图 1-88（b）所示。

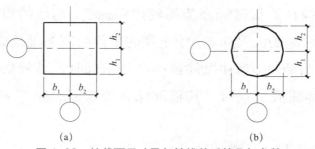

图 1-88　柱截面尺寸及与轴线关系的几何参数

【例 1-33】柱截面尺寸及与轴线关系尺寸识读

表 1-14

柱表

柱号	标高	$b \times h$（圆柱直径 D）	b_1	b_2	h_1	h_2	全部纵筋	角筋	b 边一侧中部筋	h 边一侧中部筋	箍筋类型号	箍筋	备注
KZ1	$-0.030 \sim 12.570$	600×600	300	300	150	450	16 ⚫ 25				1(4×4)	φ 10@100/200	
	$12.570 \sim 26.670$	500×500	250	250	150	350		4 ⚫ 25	2 ⚫ 20	2 ⚫ 20	1(4×4)	φ 10@100/200	
XZ1	$-0.030 \sim 4.170$						8 ⚫ 20				按标准构造详图	φ 10@100	②×Ⓑ 轴 KZ1 中设置
…	…						…	…	…	…	…	…	…

根据图 1-75 和表 1-14（以 Ⓑ×③ 轴、标高 $-0.030 \sim 12.570$ 的 KZ1 为例）：KZ1 截面尺寸为 600mm×600mm，与③轴的关系尺寸为 b_1=300mm、b_2=300mm，与 Ⓑ 轴的关系尺寸为 h_1=150mm、h_2=450mm，如图 1-89 所示。

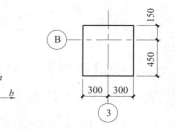

图 1-89　截面与轴线的关系

当截面的某一边收缩变化至轴线重合或偏到轴线的另一侧时，b_1、b_2、h_1、h_2 中的某项为零或负值。如图 1-90 所示（以截面尺寸 $b \times h$=500mm×500mm 为例）：图 1-90（b）为截面形心与轴线重合，b_1=250mm，b_2=250mm；图 1-90（c）为截面偏心，b_1=150mm，b_2=350mm；图 1-90（d）、（e）为截面的某一边收缩变化至轴线重合，对于图 1-90（d），b_1=0mm，b_2=500mm，对于图 1-90（e），b_1=500mm，b_2=0mm；

图 1-90（f）为截面的某一边偏到轴线的左侧，b_1=-100mm，b_2=500mm。

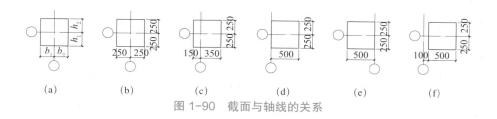

图 1-90　截面与轴线的关系

对于芯柱，截面尺寸按构造确定，并按标准构造详图施工，设计不注；当设计者采用与标准构造详图不同的做法时，应另行注明。芯柱定位随框架柱，不需要注写其与轴线的几何参数，如图 1-75 中 Ⓑ×② 轴线处注写所示。

（5）识读柱纵筋配筋数量

钢筋混凝土受压柱的荷载主要由混凝土承担，设置纵向受力钢筋的目的是：协助混凝土承受压力，以减小构件截面尺寸；承受可能的弯矩以及混凝土收缩和温度变形引起的拉应力；防止构件突然的脆性破坏。

轴心受压柱的纵向受力钢筋应沿截面四周均匀对称布置（图 1-91a），偏心受压柱的纵向受力钢筋放置在弯矩作用方向的两对称边（图 1-91b），圆柱中纵向受力钢筋沿周边均匀布置（图 1-91c）。

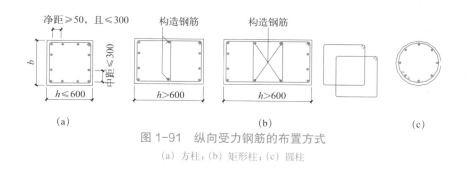

图 1-91　纵向受力钢筋的布置方式
（a）方柱；（b）矩形柱；（c）圆柱

纵向受力钢筋直径 d 不宜小于 12mm，通常采用 12～32mm。一般宜采用根数较少，直径较粗的钢筋，以保证骨架的刚度。方形和矩形截面柱中纵向受力钢筋不少于 4 根，圆柱中纵向钢筋不宜少于 8 根且不应少于 6 根，且沿周边均匀布置。纵向受力钢筋的净距不应小于 50mm，且不宜大于

300mm；在偏心受压柱中垂直于弯矩作用平面的侧面上的纵向受力钢筋及轴心受压柱中各边的纵向受力钢筋，其中距不宜大于 300mm；偏心受压柱的截面高度不小于 600mm 时，在柱的侧面上应设置直径不小于 10mm 的纵向构造钢筋，并相应设置复合箍筋或拉筋，如图 1-91 所示。

对水平浇筑的预制柱，其纵向受力钢筋的最小净距可按梁的有关规定执行。

在柱表中，当柱纵筋直径相同，各边根数也相同时，将纵筋写在"全部纵筋"一栏中；除此以外，柱纵筋分角筋、截面 b 边中部筋和 h 边中部筋三项分别注写（对于采用对称配筋的矩形截面柱，可仅注写一侧中部筋，对称边省略不注）。

关于柱纵筋的构造要求详见《混凝土结构施工图平面整体表示方法制图规则和构造详图（现浇混凝土框架、剪力墙、梁、板）》16G101-1。

【知识拓展】

钢筋混凝土受压柱有对称配筋和非对称配筋两种情况。对称配筋指某个构件的截面中，配筋关于中轴线对称；非对称配筋指某个构件的截面中，配筋关于中轴线两侧配筋量不同，如图 1-92 所示。实际工程中多采用施工方便的对称配筋。

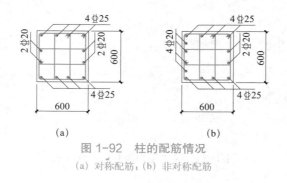

图 1-92　柱的配筋情况
(a) 对称配筋；(b) 非对称配筋

【例 1-34】 柱纵向钢筋识读

根据图 1-75 和表 1-15（以 ⓒ × ③ 轴处 KZ1 为例）：在 -0.030 ~ 12.570 柱段中配置 16 根直径为 25mm 的 HRB400 级钢筋，并沿柱截面周边均匀布置；在 12.570 ~ 26.670 柱段中，角部配置 4 根直径为 25mm 的 HRB400 级钢筋，b

边一侧中部配置 2 根直径为 20mm 的 HRB400 级钢筋，h 边一侧中部配置 2 根直径为 20mm 的 HRB400 级钢筋，截面配筋图如图 1-93 所示。

柱表

表 1-15

柱号	标高	$b \times h$（圆柱直径 D）	b_1	b_2	h_1	h_2	全部纵筋	角筋	b 边一侧中部筋	h 边一侧中部筋	箍筋类型号	箍筋	备注
KZ1	$-0.030 \sim$ 12.570	600×600	300	300	150	450	16⽥25				1(4×4)	φ10@100/200	
	12.570 $\sim$ 26.670	500×500	250	250	150	350		4⽥25	2⽥20	2⽥20	1(4×4)	φ10@100/200	
XZ1	$-0.030 \sim$ 4.170						8⽥20				按标准构造详图	φ10@100	②×Ⓑ轴 KZ1 中设置
…	…	…	…	…	…	…	…	…	…	…	…	…	

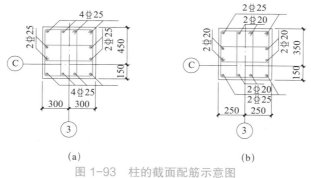

(a)　　　　　　　　(b)

图 1-93　柱的截面配筋示意图

(a) -0.030 ~ 12.570 柱段；(b) 12.570 ~ 26.670 柱段

（6）识读柱箍筋类型与配筋数量

钢筋混凝土柱箍筋的作用是：连接纵向钢筋形成钢筋骨架；作为纵筋的支点，减少纵向钢筋的纵向弯曲变形；承受柱的剪力。

箍筋的直径不应小于 $d/4$，且不小于 6 mm（d 为纵向钢筋最大直径）；箍筋的间距不应大于 400mm 及不应大于构件截面的短边尺寸，且不应大于 15d（d 为纵向钢筋最小直径），如图 1-94 所示。

箍筋应做成封闭式；对圆柱中的箍筋，搭接长度不应小于规范规定的锚固长度，且末端应做成 135° 弯钩，弯钩平直段长度不应小于 5d（d 为箍筋直径），如图 1-95 所示。

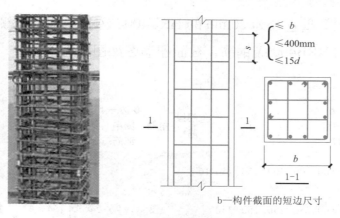

图 1-94　柱中箍筋间距构造要求

当柱截面短边尺寸大于 400mm 且各边纵向钢筋多于 3 根时，或当柱截面短边尺寸不大于 400mm 但各边纵向钢筋多于 4 根时，应设置复合箍筋。复合箍筋形式详见《混凝土结构施工图平面整体表示方法制图规则和构造详图（现浇混凝土框架、剪力墙、梁、板）》16G101-1。

图 1-95　封闭式箍筋及箍筋末端弯钩构造

柱中全部纵向受力钢筋的配筋率大于 3% 时，箍筋直径不应小于 8mm，间距不应大于 10d，且不应大于 200mm。箍筋末端应做成 135° 弯钩，且弯钩末端平直段长度不应小于 10d，其中 d 为纵向钢筋最小直径。

【知识拓展】

配筋率是钢筋混凝土柱中纵向受力钢筋的面积与构件的有效面积之比（轴心受压构件为全截面的面积）。

在配有螺旋式或焊接环式箍筋的柱中，如在正截面受压承载力计算中考虑间接钢筋的作用时，箍筋间距不应大于 80mm 及 $d_{cor}/5$，且不应小于 40mm，d_{cor} 为按箍筋内表面确定的核心截面直径，如图 1-96 所示。

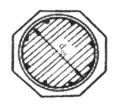  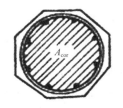 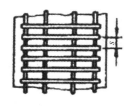

(a)　　　　　　　　　　　　　　　　　　　　(b)

图 1-96　螺旋箍筋柱配筋方式

（a）螺旋式箍筋柱；（b）焊接环式箍筋柱

◆　识读箍筋类型号及箍筋肢数

常见柱箍筋类型及类型号如图 1-97 所示。

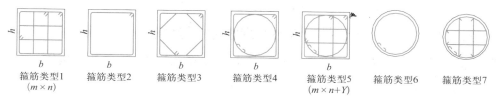

箍筋类型1　　箍筋类型2　　箍筋类型3　　箍筋类型4　　箍筋类型5　　箍筋类型6　　箍筋类型7
（m×n）　　　　　　　　　　　　　　　　　　　　　　（m×n+Y）

图 1-97　常见柱箍筋类型及类型号

在图 1-97 中：箍筋类型 1（$m \times n$），箍筋肢数可有多种组合；箍筋类型 5（$m \times n + Y$），Y 为圆形箍筋。

箍筋类型图中截面尺寸 b、h 与柱表中相对应。当为抗震设计时，确定箍筋肢数时要满足对柱纵筋"隔一拉一"以及箍筋肢距的要求。

【例 1-35】

柱表　　　　　　　　　　　　　　　　表 1-16

柱号	标高	$b \times h$（圆柱直径 D）	b_1	b_2	h_1	h_2	全部纵筋	角筋	b 边一侧中部筋	h 边一侧中部筋	箍筋类型号	箍筋	备注
KZ1	$-0.030 \sim 12.570$	600×600	300	300	150	450	16 ⏀ 25				1(4×4)	⏀10@100/200	
	$12.570 \sim 26.670$	500×500	250	250	150	350		4 ⏀ 25	2 ⏀ 20	2 ⏀ 20	1(4×4)	⏀10@100/200	
XZ1	$-0.030 \sim 4.170$						8 ⏀ 20				按标准构造详图	⏀10@100	②×Ⓑ轴 KZ1 中设置
…	…	…	…	…	…	…	…	…	…	…	…	…	…

根据图 1-75 和表 1-16（以 KZ1 为例）：KZ1 的箍筋类型为 1（4×4），其形式如图 1-98 所示。

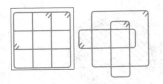

箍筋类型 1（4×4）

图 1-98　箍筋类型图

◆　识读柱箍筋配置数量

箍筋配置数量注写时应包括钢筋级别、直径与间距。

柱箍筋间距及图示方法相关规定如下：

用"/"区分柱端箍筋加密区与柱身非加密区长度范围内箍筋的不同间距，柱端箍筋加密区与柱身非加密区长度范围如图 1-99（a）所示。如 φ10@100/250，表示箍筋为 HPB300 级钢筋，直径为 10mm，加密区间距为 100mm，非加密区间距为 250mm，如图 1-100（b）所示。

当柱纵筋采用搭接连接，在柱纵筋搭接长度范围内箍筋直径不小于 $d/4$（d 为搭接钢筋最大直径），间距不应大于 100mm 及 $5d$（d 为搭接钢筋最小直径），如图 1-99（b）所示。

当箍筋沿柱全高为一种间距时，则不使用"/"。

如 φ8@100，表示沿柱全高范围内箍筋均为 HPB300，钢筋直径为 8mm，间距为 100mm，如图 1-100（a）所示。

码 1-12　柱箍筋加密区范围

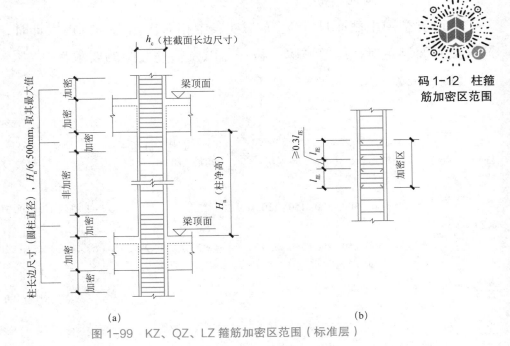

（a）

（b）

图 1-99　KZ、QZ、LZ 箍筋加密区范围（标准层）

当圆柱采用螺旋箍筋时，需在箍筋前加"L"。如：Lφ10@100/200，表示采用螺旋箍筋，HPB300 级钢筋，直径为 10mm，加密区间距为 100mm，非加密区间距为 200mm。

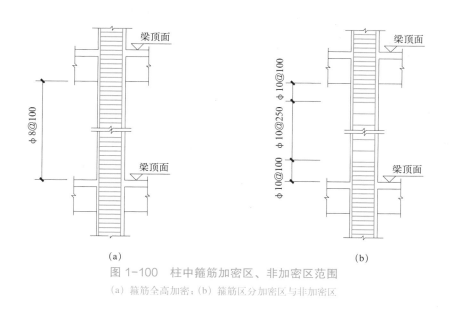

(a)   (b)

图 1-100 柱中箍筋加密区、非加密区范围

(a) 箍筋全高加密；(b) 箍筋区分加密区与非加密区

【例 1-36】

柱表   表 1-17

柱号	标高	$b×h$（圆柱直径 D）	b_1	b_2	h_1	h_2	全部纵筋	角筋	b 边一侧中部筋	h 边一侧中部筋	箍筋类型号	箍筋	备注
KZ1	−0.030～12.570	600×600	300	300	150	450	16Φ25				1(4×4)	φ10@100/200	
	12.570～26.670	500×500	250	250	150	350		4Φ25	2Φ20	2Φ20	1(4×4)	φ10@100/200	
XZ1	−0.030～4.170						8Φ20				按标准构造详图	φ10@100	②×Ⓑ轴 KZ1 中设置
…	…	…	…	…	…	…	…	…	…	…	…	…	…

根据图 1-75 和表 1-17：KZ1 在 −0.030～26.670 柱段的箍筋为 φ10@100/200，即箍筋为 HPB300 级钢筋，直径 10mm，加密区间距为 100mm，非加密区间距为 200mm。XZ1 在 −0.030～4.170 柱段的箍筋为

φ10@100，即箍筋为 HPB300 级钢筋；直径为 10mm，间距为 100mm，沿柱全高加密。

如果通过上述方法还有未表达的内容，则在柱表中的备注一栏说明。如在柱号 XZ1 的备注一栏中："② × Ⓑ 轴 KZ1 中设置" 表示 XZ1 仅在③ × Ⓑ 轴处 KZ1 中、标高为 −0.030 ～ 4.170 柱段中设置。

【能力测试】

一、基础知识

1. 如下表所示，本工程地上_____层，地下_____层。地下1 层的结构标高为_____，层高为_____，上部结构的嵌固标高为_____。

屋面	21.270	
5	17.070	4.20
4	12.870	4.20
3	8.670	4.20
2	4.470	4.20
1	− 0.030	4.50
− 1	− 4.530	4.50
− 2	− 9.030	4.50
层号	标高 （m）	层高 （m）

注：上部结构嵌固部位：−0.030。

2. 列表注写方式，系在柱平面布置图上，分别在同一编号的柱中选择一个（有时需要选择几个）截面标注_____。

3. 柱编号由_____和_____组成，如 LZ1 表示_____。在图 1-101 中，柱的类型共有____种，其中 KZ1 截面尺寸为_____，全部纵筋为_____，箍筋为_____；KZ2 截面尺寸为_____，角筋为_____，b 边一侧中部筋为_____，h 边一侧中部筋为_____，箍筋为_____。

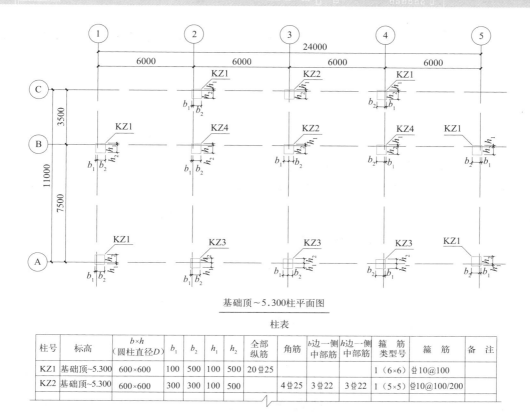

基础顶~5.300柱平面图

柱表

柱号	标高	$b \times h$（圆柱直径D）	b_1	b_2	h_1	h_2	全部纵筋	角筋	b边一侧中部筋	h边一侧中部筋	箍筋类型号	箍筋	备注
KZ1	基础顶~5.300	600×600	100	500	100	500	20Φ25				1（6×6）	Φ10@100	
KZ2	基础顶~5.300	600×600	300	300	100	500		4Φ25	3Φ22	3Φ22	1（5×5）	Φ10@100/200	

图 1-101　基础顶~5.300 柱平面布置图

4. 在柱表中，注写各段柱的起止标高时，应自柱根部往上以_____或_____为界分段注写。

5. 在柱表中，当柱纵筋直径相同，各边根数也相同时，将纵筋写在_____一栏中；除此以外，柱纵筋分_____、_____和_____三项分别注写。

6. 根据图 1-102 柱截面配筋示意图，将 KZ1、KZ2 的柱纵筋填入下表中。

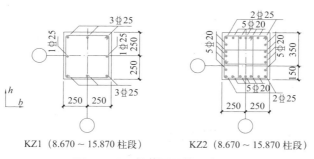

KZ1（8.670～15.870柱段）　　KZ2（8.670～15.870柱段）

图 1-102　柱截面配筋示意图

柱号	全部纵筋	角筋	b 边一侧中部筋	h 边一侧中部筋
KZ1				
KZ2				

7. 注写柱箍筋时，应注写_____及_____，柱箍筋注写时，包括_____、_____、_____。用"/"区分柱端箍筋加密区与柱身非加密区长度范围内箍筋的不同间距。如 ϕ10@100/200，表示_____。当箍筋沿柱全高为一种间距时，则不使用"/"，如 ϕ10@100 表示_____。

8. 当圆柱采用螺旋箍筋时，需在箍筋前加"L"。如 LΦ10@100/200，表示_____。

9. 在柱平面布置图中，对于矩形柱，需对应于各段柱分别注写_____及与轴线关系的几何参数代号_____、_____和_____、_____的具体数值。

10. 在下面的柱表中，柱段起止标高为 −0.030 ~ 4.470，KZ1 的截面尺寸为_____，全部纵筋_____，箍筋_____，箍筋类型号为_____；柱段起止标高为 4.470 ~ 22.170，KZ1 的截面尺寸为_____，角筋_____，b 边一侧中部筋_____，h 边一侧中部筋_____，箍筋_____，箍筋类型号为_____。

柱号	标高	b×h（圆柱直径 D）	b_1	b_2	h_1	h_2	全部纵筋	角筋	b 边一侧中部筋	h 边一侧中部筋	箍筋类型号	箍筋	备注
KZ1	−0.030 ~ 4.470	650×650	325	325	150	500	20ϕ25				1(4×4)	ϕ10@100/200	
	4.470 ~ 22.170	550×550	275	275	150	400		4ϕ25	3ϕ20	3ϕ20	1(4×4)	ϕ10@100	
...	...	...	...	...	...	...	...	...	...	...	...	...	...

二、图纸抄绘

1. 活动内容：柱平法施工图抄绘。

2. 抄绘要求：

码 1-13　任务 1.3.1 能力测试参考答案

图幅：A3；

比例：1∶100；

线型、文字等：按照《房屋建筑制图统一标准》GB 50001-2010 及《建筑结构制图标准》GB/T 50105-2010 相关要求执行。

3. 活动要求：学生在抄绘施工图过程中，如果有不懂之处先相互讨论解决，学生之间不能解决的问题时需做好记录，并将问题反馈给教师。

【能力拓展】

组织参观钢筋混凝土结构房屋施工现场，在教师指导下，对照结构施工图分组学习现场柱钢筋绑扎施工。

任务 1.3.2　截面注写方式施工图识读

【任务描述】

> 通过本任务的学习，学生能够：理解截面注写方式柱平面施工图的表示内容、绘制方法；理解截面配筋图的画法、柱截面尺寸、柱纵筋（角筋、中部筋）、柱箍筋的表示方法；能正确识读如图 1-103 所示的截面注写方式柱平法施工图。

【学习支持】

一、截面注写方式图示方法

截面注写方式，系在柱平面布置图的柱截面上，分别在同一编号的柱中选择一个截面，以直接注写截面尺寸和配筋具体数值的方式来表达柱平法施工图，如图 1-103 所示。

二、截面注写方式施工图识读

1. 识读图纸适用范围

如图 1-103 柱平法施工图示例所示，本图适用于起止标高为 −0.030 ～ 12.570 的柱段。图纸左侧表格的识读同列表注写方式柱平法施工图。

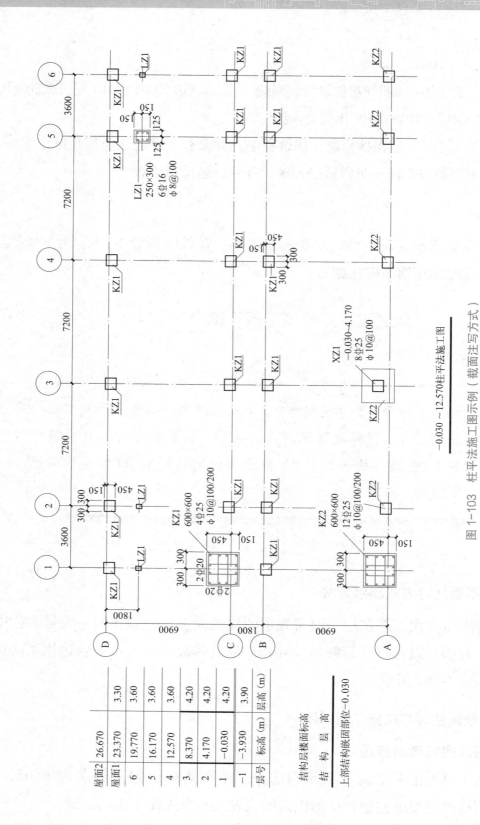

图 1-103 柱平法施工图示例（截面注写方式）

2. 识读柱编号

除芯柱之外的所有柱截面按列表注写方式进行编号，即柱编号由类型代号和序号组成，如柱编号为 KZ3，表示第 3 号框架柱。

对于芯柱，首先按照列表注写方法的规定进行柱编号，在其编号后注写芯柱的起止标高、全部纵筋及箍筋的具体数值，如图 1-104 所示。

在截面注写方式中，如柱的分段截面尺寸和配筋均相同，仅分段截面与轴线的关系不同时，可将其编为同一柱号。但此时应在未画配筋的柱截面上注写该柱截面与轴线关系的具体尺寸。

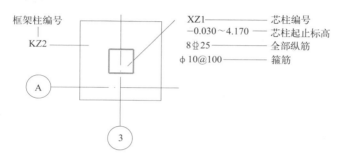

图 1-104　芯柱的注写内容

【例 1-37】柱编号方法

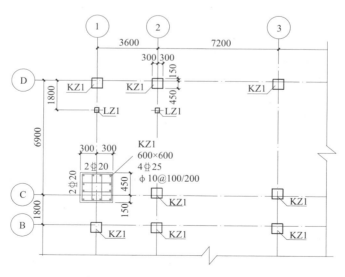

图 1-105　柱的编号方法

如图 1-105 所示，在 ① × ◎ 轴处详细绘制了 KZ1 的截面配筋图，而在 ② × ① 轴处框架柱的截面配筋、截面尺寸等信息与 ① × ◎ 轴处框架柱完全相同，仅柱截面与轴线关系的具体尺寸与 ① × ◎ 轴 KZ1 不同，故 ② × ① 轴处柱的编号仍编为 KZ1，但需注明这些位置处柱截面与轴线关系的具体尺寸。

如图 1-103 柱平法施工图示例所示，柱的类型有 KZ1、KZ2、LZ1 三种类型，其中在 ③ × ④ 轴线处 KZ2 中设有 XZ1，起止标高为 −0.030 ~ 4.170m。

3. 柱截面配筋图的图示方法、内容及识读

从相同编号的柱中选择一个截面，按另一种比例原位放大绘制柱截面配筋图，并在各配筋图上继其编号后再注写截面尺寸 $b×h$、角筋或全部纵筋（当纵筋采用一种直径且能图示清楚时）、箍筋的具体数值（箍筋的注写方式及对柱纵筋搭接长度范围的箍筋间距要求同列表注写方式），以及在柱截面配筋图上标注柱截面与轴线关系的具体数值（b_1、b_2、h_1、h_2）。

【例 1-38】柱截面配筋图图示与识读

（1）当角筋、中部筋规格不同时

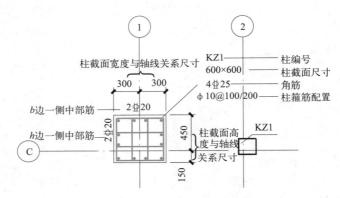

图 1-106　柱截面配筋图注写内容（角筋、中部筋规格不同）

图 1-106 表示：1 号框架柱；截面尺寸 $b×h$=600mm×600mm，与 ① 号定位轴线之间的关系尺寸 $b_1=b_2$=300mm，与 ◎ 号定位轴线之间的关系尺寸 h_1=150mm，h_2=450mm；该柱角筋为 4 ± 25，b 边、h 边一侧中部筋各配置 2 ± 20；箍筋类型为 1（4×4）的复合箍筋，配筋为 φ10@100/200，加密区间距为 100mm，非加密区间距为 200mm。

【提醒】当纵筋采用两种直径时，须再注写截面各边中部筋的具体数值（对

于采用对称配筋的矩形截面柱，可仅在一侧注写中部筋，对称边省略不注）。

（2）当全部纵筋采用一种直径且能图示清楚时

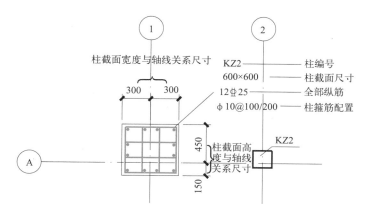

图 1-107　柱截面配筋图注写内容（全部纵筋一种规格）

图 1-107 表示：2 号框架柱；截面尺寸 $b \times h$=600mm×600mm；与①号定位轴线之间的关系尺寸 $b_1=b_2$=300mm，与Ⓐ号定位轴线之间的关系尺寸 h_1=150mm，h_2=350mm；该柱纵向钢筋为 12Φ25，每边根数为 4 根；箍筋类型为 1（4×4）的复合箍筋，配筋为 ϕ10@100/200，加密区间距为 100mm，非加密区间距为 200mm。

芯柱截面尺寸按构造确定，并按标准构造详图施工，图纸上不注。当设计者采用与本构造详图不同的做法时，应另行注明，如图 1-103 中 KZ2 里的 XZ1 所示。芯柱定位随框架柱，不需要注写其与轴线的几何关系。

三、钢筋混凝土柱构造

1. KZ 中柱柱顶纵向钢筋构造，如图 1-108 所示。

码 1-14　KZ 中柱柱顶纵向钢筋构造

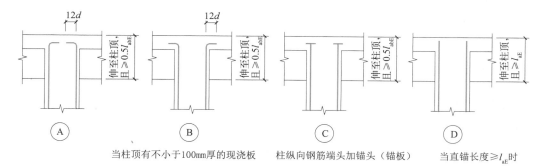

图 1-108　KZ 中柱柱顶纵向钢筋构造

2. KZ 边柱和角柱柱顶纵向钢筋构造，如图 1-109 所示。

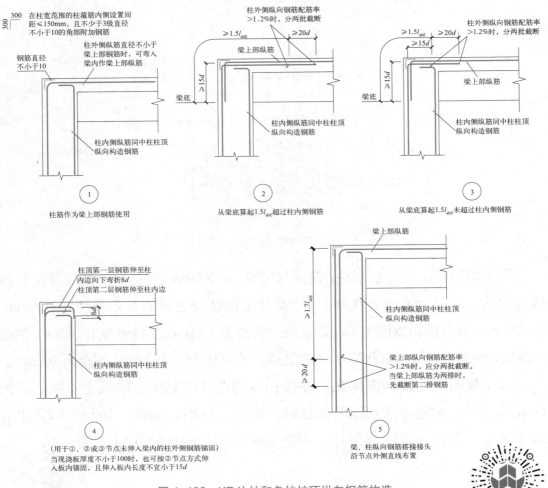

图 1-109　KZ 边柱和角柱柱顶纵向钢筋构造

KZ 柱变截面位置纵向钢筋构造及 KZ 边柱、角柱柱顶等截面伸出时纵向钢筋构造详见 16G101－1，此处略。

码 1-15　KZ 边柱和角柱柱顶纵向钢筋构造

【能力测试】

一、识图练习

1. 截面注写方式，系在柱平面布置图的柱截面上，分别在同一编号的柱中选择一个截面，以直接注写＿＿＿＿＿＿和＿＿＿＿＿＿的方式来表达柱平法施工图。

2. 从相同编号的柱中选择一个截面，按另一种比例原位放大绘制柱截面配筋图，并在各配筋图上继其编号后再注写_____、_____、_____，以及在柱截面配筋图上标注_____。

3. 根据图 1-110 填空。

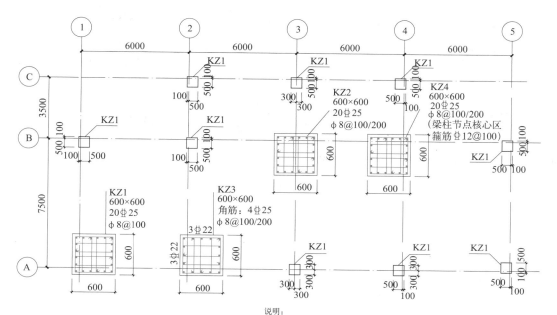

基础顶～5.300柱配筋图

说明：
1. 材料：柱混凝土强度等级：C30；钢筋：HPB300-φ，HRB400-Φ。
2. 柱配筋及构造详见《混凝土结构施工图平面整体表示方法制图规则和构造详图》（现浇混凝土框架、剪力墙、梁、板）16G101-1；框架柱KZ抗震等级三级。
3. 本图纸柱编号不与其他图纸柱编号关联。
4. 其他见结构总说明。

图 1-110　柱平法截面注写方式施工图示例

（1）本图适用于起止标高为_____的柱平面配筋图。

（2）该图中，柱的类型有_____、_____、_____、_____四种。

（3）1 号框架柱截面尺寸 $b \times h$ 为_____，全部纵筋为_____，箍筋类型号为_____，箍筋为_____，在本图中有_____根。

（4）4 号框架柱截面尺寸 $b \times h$ 为_____，全部纵筋为_____，箍筋类型号为_____，箍筋为_____，梁柱节点核心区箍筋配置为_____，在本图中有_____根。

（5）3 号框架柱的截面尺寸为_____，角部纵筋为_____，b 边一侧中部筋为_____，h 边一侧中部筋为_____，箍筋为_____。

4. 柱相邻纵向钢筋连接接头相互错开，在同一截面内钢筋接头面积百分率不宜大于_____。

5. 柱纵筋的连接方式有_____、_____和_____。

二、作图题

根据图 1-111 及柱表，绘制 KZ1 的截面
配筋图，比例为 1∶10。

码 1-16　任务 1.3.2 能力测试参考答案

柱号	标高	$b \times h$（圆柱直径 D）	b_1	b_2	h_1	h_2	全部纵筋	角筋	b 边一侧中部筋	h 边一侧中部筋	箍筋类型号	箍筋	备注
KZ1	−0.030 ～ 4.470	550×550	275	275	150	400		4 Φ 25	3 Φ 20	3 Φ 20	1(4×4)	Φ10@100	
...	...	...	...	...	...	...	...	...	...	...	...	...	...

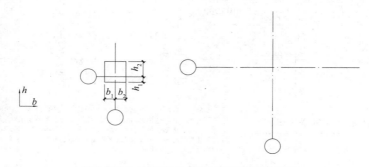

图 1-111　柱截面与轴线关系尺寸示意图

【能力拓展】

柱平法施工图测绘

一、活动描述

通过本学习活动，学生能够：进一步掌握钢筋混凝土框架结构柱平法
施工图的表示方法和制图规则，正确识读柱平法施工图；按照测绘步骤和
方法及《建筑结构制图标准》GB/T 50105-2010、《混凝土结构施工图平面
整体表示方法制图规则和构造详图（现浇混凝土框架、剪力墙、梁、板）》
16G101-1 等要求绘制柱平法施工图。

根据某楼层钢筋混凝土框架结构模型，分别采用列表注写方式和截面注
写方式绘制柱平法施工图。

二、活动分工

分组及分工：以 4～5 人为 1 组，每组选 1 名组长，按绘制草图、丈量尺寸、记录钢筋信息、校对、绘制 AutoCAD 图纸等工作进行任务分工。

三、活动步骤

1. 领取测量工具及用品（5m 卷尺、游标卡尺、绘图工具、记录板、记录纸等）；

2. 绘制柱平面布置图并校对；

3. 丈量尺寸及记录钢筋信息，记录在柱平面布置图上并校对；

4. 测绘完成后全体小组成员在组长的带领下用 AutoCAD 软件共同绘制一张 A3 幅面的柱平法施工图；

5. 校对无误后，打印图纸并提交。

四、成果要求

1. 比例：1∶100；

2. 图纸要求：按照《房屋建筑制图统一标准》GB/T 50001-2017 及《建筑结构制图标准》GB/T 50105-2010、《混凝土结构施工图平面整体表示方法制图规则和构造详图（现浇混凝土框架、剪力墙、梁、板）》16G101-1 相关规定绘制。

项目 1.4　剪力墙平法施工图识读

【项目概述】

码 1-17　项目 1.4 导读

通过本项目的学习，学生能够：了解剪力墙的类型和构造；理解剪力墙平法施工图制图规则，会根据国家建筑标准设计图集查阅标准构造详图，识读剪力墙平法施工图；能按照《建筑结构制图标准》GB/T 50105-2010绘制剪力墙平法施工图。

任务 1.4.1　列表注写方式施工图识读

【任务描述】

在工业与民用建筑中，剪力墙是混凝土结构多、高层建筑中不可缺少的基本构件，它与梁、板、柱等共同组成建筑物的受力体系。剪力墙结构是用钢筋混凝土墙板来代替框架结构中的梁柱，以承担各类荷载引起的内力，并能有效控制结构的水平力，在高层建筑中应用广泛，是高层建筑的主要竖向承重构件，如图 1-112 剪力墙的应用所示。

通过本任务的学习，学生能够：了解剪力墙的概念；识记剪力墙的类别；理解剪力墙平面布置图的绘制方法、剪力墙柱表各部分注写内容及含义、剪力墙身表各部分注写内容及含义、剪力墙梁表各部分注写内容及含义、剪力墙洞口的表示方法、地下室外墙的表示方法、剪力墙结构配筋构造；能正确识读列表注写方式剪力墙平法施工图（图 1-113）。

图 1-112　剪力墙的应用

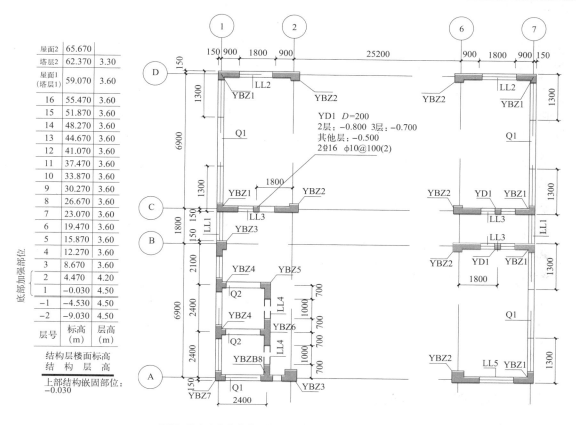

说明：约束边缘构件非阴影区拉筋为 φ10@200@200 矩形。

剪力墙身表（部分）

编号	标高	墙厚	水平分布筋	垂直分布筋	拉筋（矩形）
Q1	−0.030 ～ 30.270	300	$\phi12@200$	$\phi12@200$	$\phi6@600@600$
	30.270 ～ 59.070	250	$\phi10@200$	$\phi10@200$	$\phi6@600@600$

剪力墙梁表（部分）

编号	所在楼层号	梁顶相对标高高差	梁截面 $b \times h$	上部纵筋	下部纵筋	箍筋
LL1	2 ～ 9	0.800	300×2000	4ϕ22	4ϕ22	$\phi10@100$（2）
	10 ～ 16	0.800	250×2000	4ϕ20	4ϕ22	$\phi10@100$（2）
LL2	3	−1.200	300×2520	4ϕ20	4ϕ22	$\phi10@150$（2）
	4	−0.900	300×2070	4ϕ20	4ϕ22	$\phi10@150$（2）

图 1-113 剪力墙平法施工图（列表注写方式）（一）

剪力墙柱表（部分）

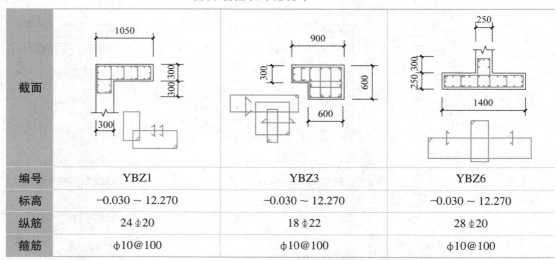

截面			
编号	YBZ1	YBZ3	YBZ6
标高	−0.030～12.270	−0.030～12.270	−0.030～12.270
纵筋	24 ◐20	18 ◐22	28 ◐20
箍筋	φ10@100	φ10@100	φ10@100

图 1-113　剪力墙平法施工图（列表注写方式）（二）

【学习支持】

一、剪力墙的概念和类别

1. 剪力墙的概念

剪力墙是指在框架结构内增设的抵抗水平剪力的墙体。因高层建筑所要抵抗的水平剪力主要是由地震作用引起的，故剪力墙又称抗震墙。一般来说，钢筋混凝土墙都是剪力墙。

剪力墙结构由于承受竖向力、水平力的能力均较大，因此可以用于建造比框架结构更高的建筑物。剪力墙是建筑物的分隔墙和围护墙，因此墙体的布置必须同时满足建筑平面布置和结构布置的要求，剪力墙的间距有一定限制，故只能用于小房间为主的建筑物，如住宅、宾馆、宿舍等。

2. 剪力墙的分类

（1）按剪力墙截面的高厚比，分为一般剪力墙和短肢剪力墙。

短肢剪力墙是指截面的高厚比为 5～8 的剪力墙，短肢剪力墙主要布置在房间分隔墙的交点处，并在各墙肢间设置连系梁形成整体。常用的剪力墙形式有"T"字形、"L"形、"十"字形、"Z"字形、折线形、"一"字形。一般剪力墙是指墙肢截面高度与厚度之比大于 8 的剪力墙。

（2）按剪力墙截面形状，可分为"一"字形、带翼墙的剪力墙、带端柱的剪力墙。当剪力墙端部有相垂直的墙体时，作为翼墙其长度不小于墙厚的 3 倍，作为端柱其截面边长不小于墙厚的 2 倍。

（3）按剪力墙片的数量及开口情况，可分为不开洞的实体墙、有一排或多排洞口的联肢墙、框支剪力墙、嵌在框架内的有边框剪力墙以及由剪力墙组成的筒。

二、剪力墙平法施工图的表示方法

剪力墙平法施工图是在剪力墙平面布置图上采用列表注写方式或截面注写方式表达的施工图。

剪力墙平面布置图主要包括两部分：剪力墙平面布置图和剪力墙各类构造和节点构造详图。

剪力墙平面布置图可采用适当比例单独绘制，也可与柱或梁平面布置图合并绘制。当剪力墙较复杂或采用截面注写方式时，应按标准层分别绘制剪力墙平面布置图。对于轴线未居中的剪力墙（包括端柱），应标注其偏心定位尺寸。

剪力墙由剪力墙柱、剪力墙身、剪力墙梁三类构件组成。

1. 剪力墙身

剪力墙身就是一道钢筋混凝土墙，墙身厚度应满足现行标准《混凝土结构设计规范》GB 50010 的规定，当剪力墙厚度大于 140mm 时，其竖向和水平分布筋不应少于双排布置。剪力墙身的钢筋有：竖向钢筋、水平钢筋、拉筋，如图 1-114 剪力墙身配筋图所示。

2. 剪力墙柱

剪力墙柱分为两大类：暗柱和端柱。暗柱的宽度等于墙的厚度，所以暗柱隐藏在墙内看不见。端柱的宽度比墙厚度要大，图集中把暗柱和端柱统称为"边缘构件"，这是因为这些构件被设置在墙肢的边缘部位。

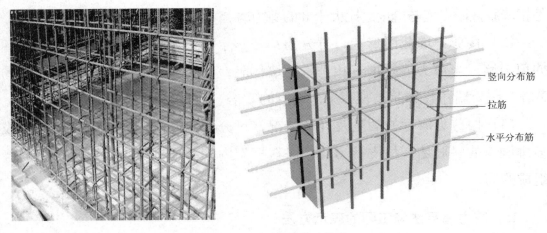

图 1-114　剪力墙身配筋图

边缘构件又分为两大类，即构造边缘构件和约束边缘构件。构造边缘构件包括构造边缘暗柱、构造边缘端柱、构造边缘翼墙、构造边缘转角墙四种，如图 1-115 所示。约束边缘构件包括约束边缘暗柱、约束边缘端柱、约束边缘翼墙、约束边缘转角墙四种，如图 1-116 所示。

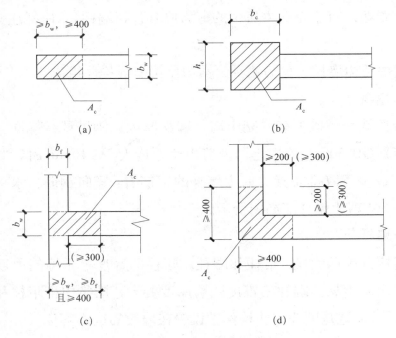

图 1-115　构造柱边缘构件（括号内数值用于高层建筑）

（a）构造边缘暗柱；（b）构造边缘端柱；（c）构造边缘翼墙；（d）构造边缘转角墙

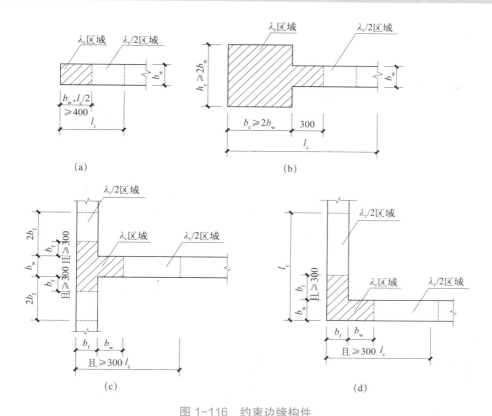

图 1-116　约束边缘构件

(a) 约束边缘暗柱；(b) 约束边缘端柱；(c) 约束边缘翼墙；(d) 约束边缘转角墙

剪力墙柱的钢筋包括纵向钢筋和横向箍筋，其连接方式与柱相同。

3. 剪力墙梁

剪力墙梁包括连梁、暗梁和边框梁三种。

连梁：连梁是指两端与剪力墙相连且跨高比小于 5 的梁，其实是一种特殊的墙身，是上下楼层窗（门）洞口之间的那部分窗间墙。

暗梁：框剪结构中的剪力墙在楼层处设置暗梁，作用是与暗柱形成框架，防止剪力墙在发生地震时产生穿越楼板的通缝，避免剪力墙过早破坏。其与暗柱有一些共同性，因为它们都是隐藏在墙身内部看不见的构件。它们都是墙身的一个组成部分。

边框梁：边框梁是指在剪力墙中部或顶部布置的、比剪力墙的厚度还宽的"梁"或"暗梁"，此时不叫连梁、暗梁而改称为边框梁。

【知识拓展】

图 1-117 为剪力墙的示意图，请识读剪力墙中的各类构件。

三、列表注写方式平法施工图识读

列表注写方式是指分别在剪力墙柱表、剪力墙身表和剪力墙梁表中，对应于剪力墙平面布置图上的编号，用绘制截面配筋图并注写几何尺寸与配筋具体数值的方式，来表示剪力墙平法施工图。

列表注写方式平法施工图包括剪力墙平面布置图、剪力墙柱表、剪力墙身表和剪力墙梁表及有关说明。识图可按以下步骤进行：

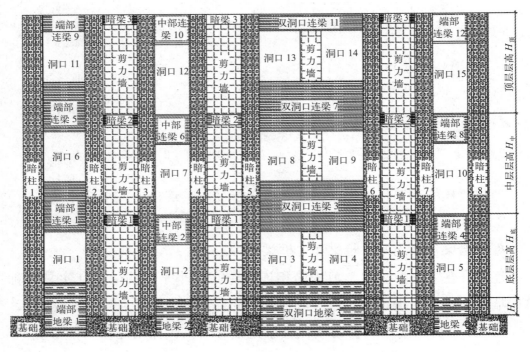

图 1-117 剪力墙

1. 识读剪力墙平面布置图

在剪力墙平法施工图中，应注明本图纸的适用范围，见图名和结构层楼面标高、结构层层高表。具体的识图方法同柱平法施工图。

在剪力墙平面布置图上标注剪力墙柱、剪力墙身和剪力墙梁并同时编号，其中剪力墙柱用阴影表示。

【例 1-39】识读图 1-113 可知：

（1）该图的适用范围是标高 −0.030 ～ 12.270m，1 ～ 3 楼的剪力墙。

（2）建筑物的总高度是 65.7m，地下 2 层，层高为 4.5m，地上第 1 层层高 4.5m，第 2 层层高 4.2m，其他层 3.6m，共 16 层。

（3）YBZ1 为 1 号约束边缘转角墙，共有 6 个；YBZ2 为 2 号约束边缘端柱，共有 6 个；YBZ3 为 3 号约束边缘端柱，共有 2 个；YBZ4 为 4 号约束边缘翼墙，共有 2 个；YBZ5 为 5 号约束边缘转角墙，有 1 个；YBZ6 为 6 号约束边缘翼墙，有 1 个；YBZ7 为 7 号约束边缘转角墙，有 1 个。Q1 为 1 号剪力墙身，共有 5 个；Q2 为 2 号剪力墙身，共有 2 个。LL1 为 1 号连梁，共有 2 个；LL2 为 2 号连梁，共有 2 个；LL3 为 3 号连梁，共有 3 个，每个 LL3 中间都有一个 YD1（1 号圆形洞口）；LL4 为 4 号连梁，共有 2 个。具体定位尺寸如图 1-113 所示。

【知识拓展】

建筑高度是指建筑物室外地坪面至外墙顶部的总高度。

2. 识读剪力墙柱表

剪力墙柱表主要包括以下内容：

（1）墙柱编号，绘制该墙柱的截面配筋图，标注墙柱几何尺寸。

墙柱编号：由墙柱类型代号和序号组成，见表 1-18。

墙柱编号

表 1-18

墙柱类型	代号	序号
约束边缘构件	YBZ	××
构造边缘构件	GBZ	××
非边缘暗柱	AZ	××
扶壁柱	FBZ	××

墙柱的截面配筋图：绘制该墙柱截面的纵向受力钢筋位置和表示箍筋类型。

墙柱的几何尺寸：约束边缘构件、构造边缘构件需注明阴影部分的尺寸，扶壁柱和非边缘暗柱需标注几何尺寸。

（2）各段墙柱的起止标高，自墙柱根部往上以变截面位置或截面未变但配筋改变处为界分段注写。墙柱根部标高一般指基础顶面标高（如为框支剪力墙结构则为框支梁顶面标高）。

（3）各段墙柱的纵向钢筋和箍筋，注写值应与在表中绘制的截面配筋图一致。纵向钢筋注写总配筋值；墙柱箍筋的注写方式与柱箍筋相同。约束边缘构件除注写阴影部位内的箍筋外，尚需注写非阴影区内布置的拉筋（或箍筋）。

【例1-40】识读表1-19剪力墙柱表实例。

−0.030～12.270部分剪力墙柱表实例 表1-19

截面	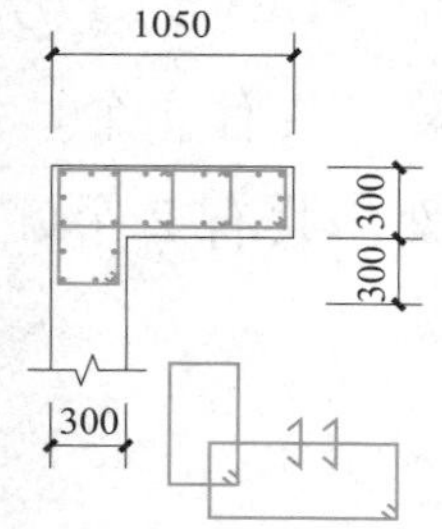	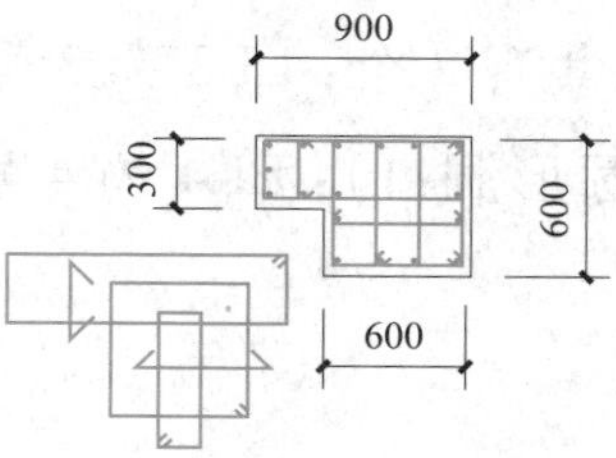	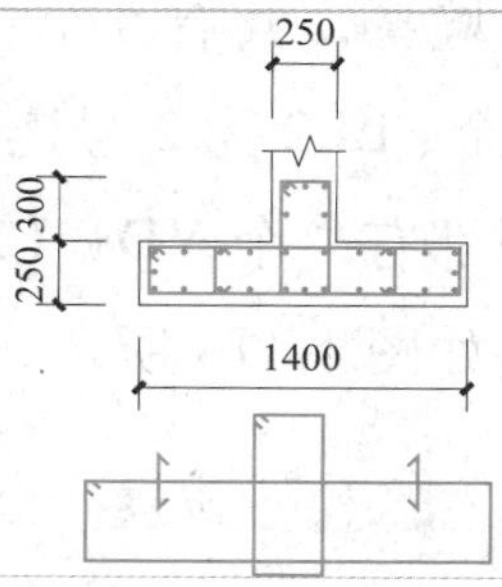
编号	YBZ1	YBZ3	YBZ6
标高	−0.030～12.270	−0.030～12.270	−0.030～12.270
纵筋	24ϕ20	18ϕ22	23ϕ20
箍筋	ϕ10@100	ϕ10@100	ϕ10@100

由剪力墙柱表可见：

（1）标高范围 −0.030～12.270m，查看图1-113左侧结构层楼面标高可知是1～3楼的部分剪力墙柱表。

（2）YBZ1为1号约束边缘转角墙（图1-116），纵向受力钢筋为24根直径20mm的HRB400级钢筋，箍筋为直径10mm的HPB300级钢筋，间距100mm，纵向受力钢筋的位置和箍筋的形式见表中截面图。

（3）YBZ3为3号约束边缘端柱（图1-116），纵向受力钢筋为18根直径22mm的HRB400级钢筋，箍筋为直径10mm的HPB300钢筋，间距100mm，纵向受力钢筋的位置和箍筋的形式见表中截面图。

（4）YBZ6为6号约束边缘翼墙（图1-116），纵向受力钢筋为23根直径20mm的HRB400级钢筋，箍筋为直径10mm的HPB300钢筋，间距

100mm，纵向受力钢筋的位置和箍筋的形式见表中截面图。

3. 识读剪力墙身表

剪力墙身表主要包括以下内容：

（1）墙身编号

墙身编号，由墙身代号、序号及墙身所配置的水平与竖向分布筋的排数组成。

$$Q×× （×排）$$

当墙身所设置的水平与竖向分布筋的排数为 2 时，可以不注。

【例 1-41】

Q1（3 排）表示 1 号剪力墙，墙身设置的水平与竖向分布筋的排数为 3 排。

Q3 表示 3 号剪力墙，墙身设置的水平与竖向分布筋的排数为 2 排。

【知识拓展】

分布钢筋网的排数规定见表 1-20。钢筋的分布情况如图 1-118 剪力墙身配筋图所示。

剪力墙分布钢筋网的排数   表 1-20

剪力墙厚度（mm）	剪力墙分布钢筋网的排数
$b \leqslant 400mm$	应配置双排
$400mm < b \leqslant 700mm$	宜配置三排
$b > 700mm$	宜配置四排

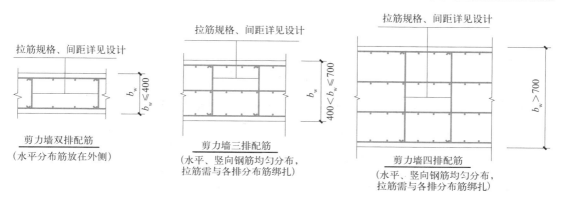

图 1-118　剪力墙身配筋图

（2）各段墙身起止标高

自墙身根部以上变截面位置或截面未变但配筋改变处为界分段注写。墙身根部标高一般指基础顶面标高（部分框支剪力墙结构则为框支梁的顶面标高）。

（3）水平分布钢筋、竖向分布钢筋和拉结筋的具体数值

注写数值为一排水平分布钢筋和竖向分布钢筋的规格与间距，具体设置排数已在墙身编号后表达。

拉结筋应注明布置方式"矩形"或"梅花"，如图 1-119 所示。

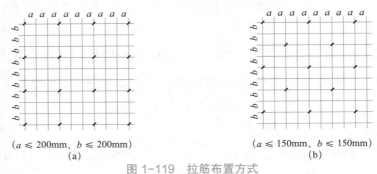

($a \leq 200mm$、$b \leq 200mm$)　　　　　($a \leq 150mm$、$b \leq 150mm$)

(a)　　　　　　　　　　　　　　(b)

图 1-119　拉筋布置方式

(a) 拉结筋 @$3a3b$ 矩形；(b) 拉结筋 @$4a4b$ 梅花

【例 1-42】识读表 1-21 剪力墙身表实例。

剪力墙身表实例　　　　　　　　　　　表 1-21

编号	标高（m）	墙厚（mm）	水平分布筋	垂直分布筋	拉筋（矩形）
Q1	−0.030～30.270	300	⏀12@200	⏀12@200	⏀6@600@600
	30.270～59.070	250	⏀10@200	⏀10@200	⏀6@600@600

从在剪力墙身表中可见：

（1）Q1 为 1 号剪力墙，墙身设置的水平与竖向分布筋的排数为 2 排。

（2）剪力墙身的高度从 −0.030～59.070m，总高度 59.1m，但由于整个剪力墙身的厚度分别为 300、250mm，水平分布筋、竖向分布筋的数量也不同，故分为 −0.030～30.270m，30.270～59.070m 两个标高段注写。

（3）标高 −0.030～30.270m 段，墙厚 300mm，水平分布筋为⏀12@200，垂直分布筋为⏀12@200，拉结筋为⏀6@600@600，矩形布置。

（4）标高 30.270～59.070m 段，墙厚 250mm，水平分布筋为⏀10@200，

垂直分布筋为ϕ10@200，拉结筋为ϕ6@600@600，矩形布置。

（5）由表 1-21 可知 Q1 与①轴的定位关系，标高 30.270m 以下的墙厚为 300mm，以上为 250mm，Δ=300−250=50mm，大于 30mm，所以其变截面处的构造如图 1-121（a）所示。竖向分布筋放在内侧，水平分布筋放在外侧，具体配筋及构造如图 1-120 所示。

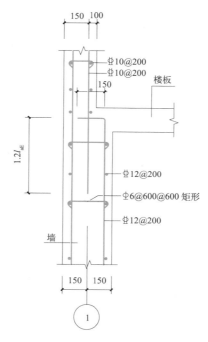

图 1-120　剪力墙 Q1 变截面处构造详图

【知识拓展】

剪力墙变截面处竖向分布钢筋的构造，如图 1-121 所示。

码 1-18　剪力墙变截面处竖向钢筋构造

4. 识读剪力墙梁表

剪力墙梁表主要包括以下内容：

（1）墙梁编号

剪力墙梁编号，由墙梁类型代号和序号组成，见表 1-22。

（2）墙梁所在楼层号。

（3）墙梁顶面标高高差。

墙梁顶面标高高差指相对于墙梁所在结构层楼面标高的高差值，墙梁标高大于楼面标高为正值，反之为负值，当无高差时不注。

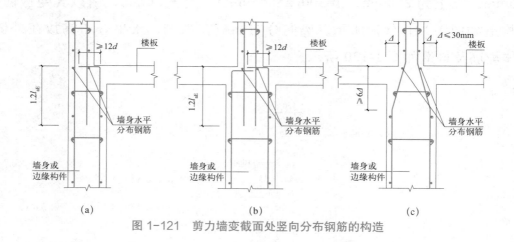

图 1-121　剪力墙变截面处竖向分布钢筋的构造

墙梁编号　　　　　　　　　　　　　　　表 1-22

墙梁类型	代号	序号
连梁	LL	××
连梁（对角暗撑配筋）	LL（JC）	××
连梁（交叉斜筋配筋）	LL（JX）	××
连梁（集中对角斜筋配筋）	LL（DX）	××
连梁（跨高比不小于5）	LLK	××
暗梁	AL	××
边跨梁	BKL	××

（4）墙梁截面尺寸 $b \times h$，上部纵筋、下部纵筋和箍筋的具体数值。

墙梁侧面纵筋：当墙中水平筋满足要求，就不用单独设置梁侧面筋，表中不标注；当不能满足时，表中应补充注明梁侧面纵筋的具体数值。

【例 1-43】识读表 1-23 剪力墙梁表实例。

剪力墙梁表实例　　　　　　　　　　　　表 1-23

编号	所在楼层号	梁顶相对标高高差（m）	梁截面 $b \times h$（mm）	上部纵筋	下部纵筋	箍筋
LL1	2～9	0.800	300×2000	4⊉22	4⊉22	⊉10@100（2）
	10～16	0.800	250×2000	4⊉20	4⊉22	⊉10@100（2）
LL2	3	−1.200	300×2520	4⊉20	4⊉22	⊉10@150（2）
	4	−0.900	300×2070	4⊉20	4⊉22	⊉10@150（2）

由表 1-23 可见：

（1）LL1 为 1 号连梁，由于连梁的截面尺寸、梁顶相对标高高差不同，将梁按 2～9 层、10～16 层分别列表表示。2 号连梁，按 3 层、4～9 层、10～16 层分别列表表示。

（2）LL1 在 2～9 层时，连梁相对于墙梁所在结构层楼面标高高出 0.800m，连梁宽 300mm，高 2000mm，梁上部纵筋为 4 根直径为 22mm 的 HRB400 级钢筋，下部纵筋为 4 根直径为 22mm 的 HRB400 级钢筋，箍筋直径为 10mm 的 HPB300 级钢筋，间距为 100mm 的双肢箍。梁侧面构造钢筋同墙身水平分布钢筋。10～16 层除了梁的截面宽度是 250mm 和上部纵筋是 4ϕ20 与 2～9 层不同外，其他都相同。

（3）LL1 具体构造如图 1-122 所示。

（4）LL1 在 3 层时，连梁相对于墙梁所在结构层楼面标高低 1.200m，连梁宽 300mm、高 2520mm，梁上部纵筋为 4ϕ20，下部纵筋为 4ϕ22，箍筋为

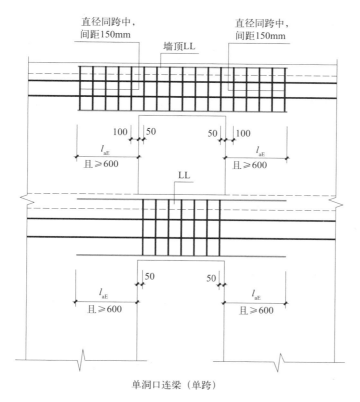

图 1-122 剪力墙梁 LL1 构造详图

码 1-19 连梁配筋构造

φ10@150（2）的双肢箍。梁侧面构造钢筋同墙身水平分布钢筋。

5. 识读剪力墙洞口的表示方法

无论采用列表注写方式还是截面注写方式，剪力墙上洞口均可在剪力墙平面布置图上原位表达。

（1）在剪力墙平面布置图上绘制洞口示意，并标注洞口中心的平面定位尺寸。

（2）在洞口中心位置引注以下内容：

◆ 洞口编号

矩形洞口为 JD××（×× 为序号），圆形洞口为 YD××（×× 为序号）。

◆ 洞口几何尺寸

矩形洞口为洞宽 × 洞高，圆形洞口为洞口直径 D。

◆ 洞口中心相对标高

洞口中心标高为相对于结构层楼（地）面标高的洞口中心高度。当其高于结构层楼面时为正值，低于结构层楼面时为负值。

◆ 洞口每边补强钢筋

当矩形洞口的洞宽、洞高均不大于 800mm 时，此项注写为洞口每边补强纵筋的具体数值，当洞口的宽高两个方向补强钢筋不同时，可分别注写，以"/"分开。洞口每边补强钢筋按构造配置时可以不注，可按标准构造详图设置。具体构造如图 1-123 所示。

码 1-20　剪力墙洞口补强构造

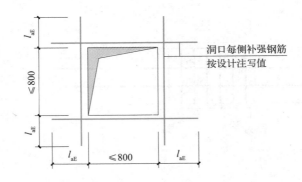

洞口每侧补强钢筋按设计注写值

矩形洞宽和洞高均不大于800mm时洞口补强纵筋构造

图 1-123　矩形洞宽、洞高均不大于 800mm 时洞口补强纵筋构造

【例 1-44】

（1）"JD2　450×400　+3.100　3ϕ14"表示 2 号矩形洞口，洞宽 450mm，洞高 400mm，洞口中心距结构层楼面高 3100mm，洞口每边补强钢筋为 3ϕ14。

（2）"JD3　400×300　+3.100"表示 3 号矩形洞口，洞宽 400mm，洞高 300mm，洞口中心距结构层楼面高 3100mm，洞口每边补强钢筋按构造布置。

（3）"JD4　800×400　+3.100　3ϕ18/3ϕ14"表示 4 号矩形洞口，洞宽 800mm，洞高 400mm，洞口中心距结构层楼面高 3100mm，洞口宽度方向补强钢筋为 3ϕ18，洞口高度方向补强钢筋为 3ϕ14。

当矩形或圆形洞口的洞宽或直径大于 800mm 时，在洞口的上、下需设置补强暗梁，此项注写为洞口上、下每边暗梁的纵筋与箍筋的具体数值（在标准构造详图中，补强暗梁梁高一律定为 400mm，施工时按标准构造详图取值，设计不注。当设计者采用与该结构详图不同的做法时，应另行注明）；圆形洞口时需注写环向加强钢筋的具体数值。当洞口上、下边为剪力墙连梁时，此项不注；洞口竖向两侧按边缘构件配筋，也不在此项表达。具体构造如图 1-124、图 1-125 所示。

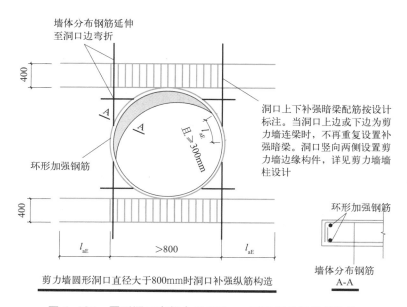

图 1-124　圆形洞口直径大于 800mm 时洞口补强纵筋构造

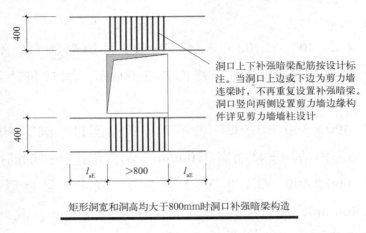

洞口上下补强暗梁配筋按设计标注。当洞口上边或下边为剪力墙连梁时，不再重复设置补强暗梁。洞口竖向两侧设置剪力墙边缘构件详见剪力墙墙柱设计

矩形洞宽和洞高均大于800mm时洞口补强暗梁构造

图 1-125　矩形洞口洞宽和洞高均大于 800mm 时洞口补强暗梁构造

【例 1-45】

（1）"JD5 1800×2100　+1.800　6ϕ20　ϕ8@150"表示 5 号矩形洞口，洞宽 1800mm，洞高 2100mm，洞口中心距结构层楼面高 1800mm，洞口上下补强暗梁，每边暗梁纵筋为 6ϕ20，箍筋为 ϕ8@150。

（2）"YD5 1000　+1.800　6ϕ20　ϕ8@150　2ϕ16"表示 5 号圆形洞口，直径 1000mm，洞口中心距结构层楼面高 1800mm，洞口上下补强暗梁，每边暗梁纵筋为 6ϕ20，箍筋为 ϕ8@150，环向加强钢筋 2ϕ16。

当圆形洞口设置在墙身或暗梁、边框梁位置，且洞口直径不大于 300mm 时，此项注写洞口上下左右每边布置的补强纵筋的配筋。具体构造如图 1-126 所示。

当圆形洞口设置在连梁中部 1/3 范围（且圆洞直径不应大于 1/3 梁高）时，需注写在圆洞上下水平设置的每边补强纵筋与箍筋。具体构造如图 1-127 所示。

当圆形洞口直径大于 300mm，但不大于 800mm 时，其加强钢筋在标准构造详图中系按照圆外切正六边形的边长向布置（请参考对照图集 16G101-1 中相应的标准构造详图），设计仅需注写六边形中一边补强钢筋的具体数值。具体构造如图 1-128 所示。

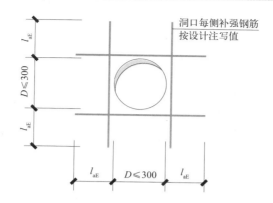

剪力墙圆形洞口直径
不大于300mm时补强纵筋构造

图 1-126　圆形洞口直径不大于 300mm 时补强纵筋构造

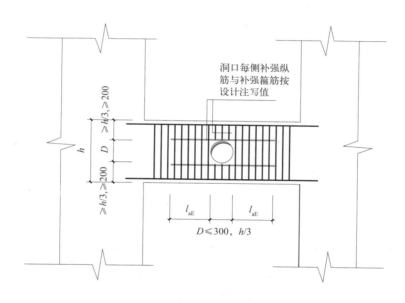

连梁中部圆形洞口补强钢筋构造

（圆形洞口预埋钢套）

图 1-127　连梁中部圆形洞口补强钢筋构造

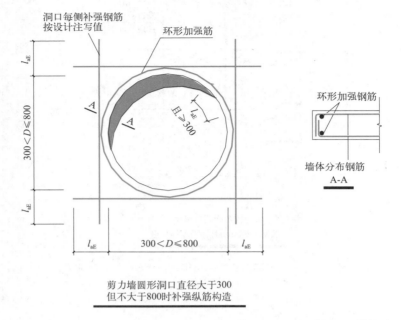

图 1-128　圆形洞口直径大于 300mm 小于等于 800mm 时补强纵筋构造

【知识拓展】

在建筑物实际应用中的剪力墙洞口配筋图和剪力墙柱、墙的配筋图如图
1-129、图 1-130 所示。

【例 1-46】 识读图 1-131 洞口在剪力墙平面布置图上原位表达。

图 1-129　剪力墙洞口的配筋图

图 1-130　剪力墙柱、墙身的配筋图

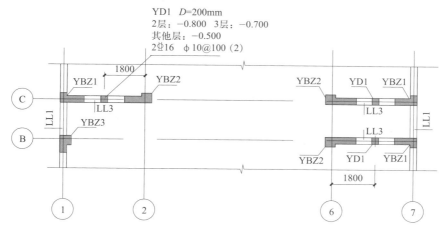

图 1-131　洞口在剪力墙平面布置图上原位表达

　　从图 1-131 可见：

　　（1）洞口在剪力墙平面布置图上原位表达。洞口中心离右侧轴线 1800mm。

　　（2）YD1 为 1 号圆形洞口，直径为 200mm，2 层洞口中心低于本层结构层楼面 800mm，3 层洞口中心低于本层结构层楼面 700mm，其他层洞口中心低于本层结构层楼面 500mm。结合表 1-23 剪力墙梁表实例可知，该圆形洞口设置在 LL3 中部，即该圆形洞口上下水平设置的每边补强纵筋为 2 根直径为 16mm 的 HRB400 级钢筋，补强箍筋为 φ10 @ 100 的双肢箍筋。

（3）圆形洞口设在 LL3 的中间，具体构造如图 1-132 所示。

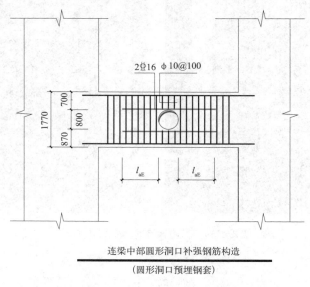

连梁中部圆形洞口补强钢筋构造

（圆形洞口预埋钢套）

图 1-132　剪力墙洞口的构造详图

【知识拓展】

为了使钢筋和混凝土能够可靠地共同工作，钢筋在混凝土中必须要有可靠的锚固。抗震锚固长度 l_{aE} 的具体数值见 16G101-1。

6. 识读地下室外墙的表示方法

地下室外墙平面注写方式包括集中标注和原位标注两部分内容。

（1）识读地下室外墙集中标注

◆　地下室外墙编号，由墙身代号、序号、墙身长度组成。

$$DWQ\times\times\ （\times\times\sim\times\times\ 轴）$$

◆　地下室外墙厚度 $b_w=\times\times\times$。

◆　地下室外墙的外侧、内侧贯通筋和拉筋。

以 OS 代表外墙外侧贯通筋。其中，外侧水平贯通筋以 H 打头注写，外侧竖向贯通筋以 V 打头注写。

以 IS 代表外墙内侧贯通筋。其中，内侧水平贯通筋以 H 打头注写，内侧竖向贯通筋以 V 打头注写。

以 tb 打头注写拉结筋直径、强度等级及间距，并注明"矩形"或"梅花"。

【例 1-47】

DWQ3（①‐⑤），b_{w}=300mm

OS：Hϕ18@200，Vϕ20@200

IS：Hϕ16@200，Vϕ18@200

tb：ϕ6@400@400 矩形

表示 3 号地下室外墙，长度范围从①~⑤轴，墙厚 300mm；地下室外墙外侧水平贯通筋为 ϕ18@200，竖向贯通筋为ϕ20@200；地下室外墙内侧水平贯通筋为 ϕ16@200，竖向贯通筋为 ϕ18@200；拉结筋为 ϕ6，矩形布置，水平间距为 400mm，竖向间距为 400mm。

（2）识读地下室外墙原位标注

原位标注地下室外墙外侧配置的水平非贯通筋和竖向非贯通筋。

当配置水平非贯通筋时，在地下室外墙外侧绘制粗实线段代表水平非贯通筋，在其上注写钢筋编号并以 H 打头注写钢筋强度等级、直径、分布间距，以及自支座中线向两边跨内的伸出长度值。当支座中线向两侧对称伸出时，可仅在单侧标注跨内伸出长度，另一侧不注，此种情况下非贯通筋总长度为标注长度的 2 倍。边支座处非贯通钢筋的伸出长度值从支座外边缘算起。

地下室外墙外侧非贯通筋通常采用"隔一布一"方式与集中标注的贯通筋间隔布置，其标注间距应与贯通筋相同，两者组合后的实际分布间距为各自标注间距的 1/2。

当在地下室外墙外侧底部、顶部、中层楼板位置配置竖向非贯通筋时，应补充绘制地下室外墙竖向剖面图并在其上原位标注。表示方法为在地下室外墙竖向剖面图外侧绘制粗实线段代表竖向非贯通筋，在其上注写钢筋编号并以 V 打头注写钢筋强度等级、直径、分布间距，以及向上（下）层的伸出长度值，并在外墙竖向剖面图名下注明分布范围（××~××轴）。

地下室外墙外侧水平、竖向非贯通筋配置相同者，可仅选择一处注写，其他可仅注写编号。

当在地下室外墙顶部设置水平通长加强钢筋时应注明。

【例1-48】识读图1-133地下室外墙平法施工图。

从地下室外墙平法施工图中可见：

（1）DWQ1为1号地下室外墙，长度范围为①—⑥轴，墙厚250mm；地下室外墙外侧水平贯通筋为 ⚑18@200，竖向贯通筋是 ⚑20@200；地下室外墙内侧水平贯通筋为 ⚑16@200，竖向贯通筋为 ⚑18@200；拉结筋是 φ6，矩形布置，水平间距400mm，竖向间距400mm。

（2）原位标注①号钢筋是地下室外墙外侧水平非贯通筋 ⚑18@200，向跨内伸出长度为2400mm。②号钢筋是地下室外墙外侧水平非贯通筋 ⚑18@200，向两边对称伸出长度为2000mm。

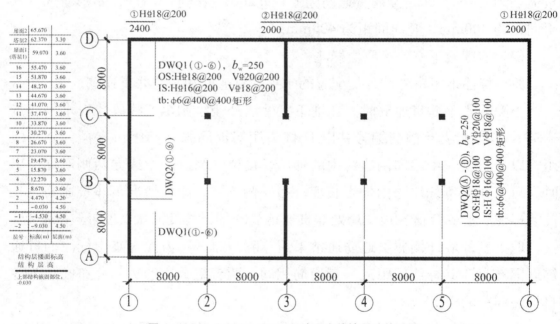

图1-133　−9.030～−4.500地下室外墙平法施工图

【能力测试】

一、基础知识

1. 剪力墙由_____、_____、_____三类构件组成。

2. 约束边缘构件包括_____、_____、_____、约束边缘转角墙四种。填写下图的柱名。

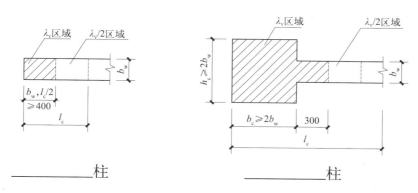

_____柱　　　　　　　　_____柱

3. 剪力墙拉筋的布置方式有_____或_____。

4. 墙身编号，由_____、_____以及墙身所配置的水平与竖向分布钢筋的排数组成。

5. 在剪力墙柱表中表达的内容包括：墙身编号、该墙柱的截面配筋图、标注墙柱几何尺寸、_____、_____。

6. 在洞口中心位置引注包括：洞口编号、_____、_____、_____共四项内容。

7. 洞口 JD2 450×350+2.800 3±16 表示：_____。

8. 当矩形洞口的洞宽大于 800mm 时，在洞口的上、下需设置_____。

9. 当剪力墙厚度等于 600mm 时，分布钢筋网的排数为_____排。

10. 识读剪力墙梁表实例，并完成下列填空。

编号	所在楼层号	梁顶相对标高高差	梁截面 b×h	上部纵筋	下部纵筋	箍筋
LL2	3	-1.200	300×2520	4±20	4±22	φ10@150 (2)
	4～9	-0.900	300×2070	4±20	4±22	φ10@150 (2)
	10～16	-0.900	300×1770	4±20	4±22	φ10@150 (2)

位于 3 层的 2 号连梁的截面尺寸为_____，梁顶相对本结构层的标高为_____，上部纵筋为_____，下部纵筋为_____，箍筋为_____。

位于 12 层的 2 号连梁的截面尺寸为_____，梁顶相对本结构层的标高为_____，上部纵筋为_____，下部

码1-21　任务1.4.1
能力测试参考答案

纵筋为_____，箍筋为_____。

11. 地下室外墙集中标注中 OS 代表_____，IS 代表_____，以 tb 打头注写拉结筋_____、_____及_____。其中水平贯通筋以_____打头注写，竖向贯通筋以_____打头注写。

二、图纸抄绘

1. 活动内容：剪力墙平法施工图绘制练习——抄绘图 1-113。

2. 抄绘要求

图幅：A2；

比例：1∶100；

线型、文字等：按照《房屋建筑制图统一标准》GB/T 50001–2017 及《建筑结构制图标准》GB/T 50105–2010 的规定绘制。

3. 活动要求：学生在抄绘施工图过程中，如果有不懂的地方先相互讨论解决，学生之间不能解决的问题需做好记录，并将问题反馈给教师。

【能力拓展】

组织参观钢筋混凝土结构房屋施工现场，在教师指导下，对照结构施工图分组学习现场剪力墙钢筋绑扎施工。

任务 1.4.2　截面注写方式施工图识读

【任务描述】

通过本任务的学习，学生能够：了解剪力墙截面注写方式的表述内容；能正确识读截面注写方式剪力墙平法施工图，如图 1-134 所示。

【学习支持】

一、剪力墙截面注写方式的表示方法

剪力墙截面注写方式指在分标准层绘制的剪力墙平面布置图上，以直接在墙柱、墙身、墙梁上注写截面尺寸和配筋具体数值的方式来表达的剪力墙

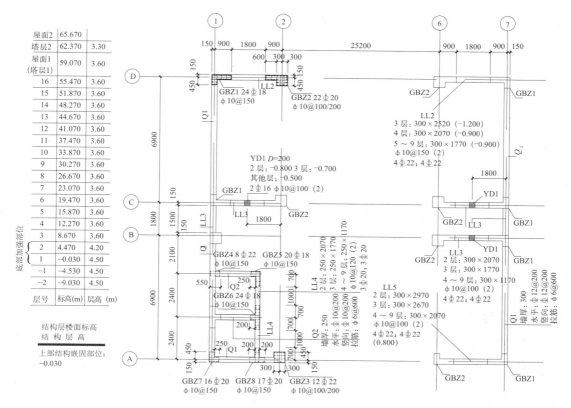

图 1-134　12.270～30.270 剪力墙平法施工图

平法施工图。

　　选用适当比例原位放大绘制剪力墙平面布置图，其中对墙柱绘制配筋截面图；对所有墙柱、墙身、墙梁分别按规定进行编号，并分别在相同编号的墙柱、墙身、墙梁中选择一根墙柱、一道墙身、一根墙梁进行注写。

二、剪力墙截面注写方式平法施工图识读

1. 识读剪力墙柱

　　从相同编号的墙柱中选择一个截面，注明几何尺寸，标注全部纵筋及箍筋的具体数值。对于约束边缘构件，除需注明阴影部分具体尺寸外，还需注明约束边缘构件沿墙肢长度 l_c。

　　【例 1-49】识读图 1-135 剪力墙柱截面注写实例。

　　在剪力墙柱截面图中可见：

　　GBZ1 为构造边缘转角墙，全部纵筋为 24 ϕ 18，具体位置如图 1-135 所

示，箍筋为 φ10@150，箍筋类型如图 1-135 所示。

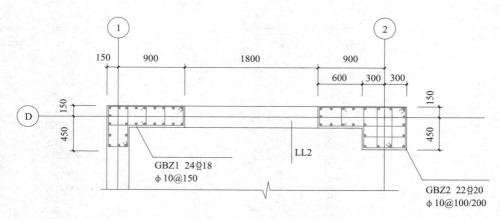

图 1-135　剪力墙柱截面注写实例

2. 识读剪力墙身

从相同编号的墙身中选择一道墙身，按顺序引注的内容为：墙身编号（应包括注写在括号内墙身所配置的水平与竖向分布钢筋的排数）、墙厚尺寸，水平分布钢筋、竖向分布钢筋和拉结筋的具体数值。

【例 1-50】识读图 1-136 剪力墙墙身截面注写实例。

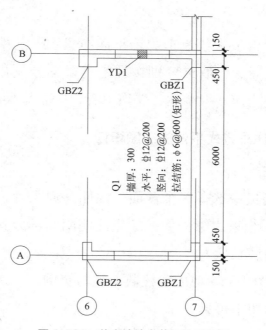

图 1-136　剪力墙墙身截面注写实例

由剪力墙墙身截面图中可见：

Q1 为 1 号剪力墙身，墙厚为 300mm，水平分布筋为 Φ12@200，垂直分布筋为 Φ12@200，拉筋为 φ6@600，矩形布置。

3. 识读剪力墙梁

从相同编号的墙梁中选择一根墙梁，按顺序引注的内容为：墙梁编号、墙梁截面尺寸 $b \times h$、墙梁箍筋、上部纵筋、下部纵筋和墙梁顶面标高高差。

当墙身水平分布筋不能满足连梁、暗梁及边框梁的梁侧面纵向构造钢筋的要求时，应补充注明梁侧面纵筋的具体数值；注写时以大写字母 N 打头，接续注写钢筋强度等级、直径与间距。如 N Φ12@120，表示墙梁两个侧面纵筋对称布置，钢筋为 HRB400 级，直径为 12mm，间距为 120mm。

【例 1-51】识读图 1-137 剪力墙梁截面注写实例。

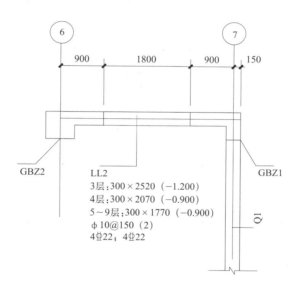

图 1-137 剪力墙梁截面注写实例

由图 1-137 可见：

LL2 为 2 号连梁，由于连梁的截面尺寸、梁顶相对标高高差不同，将梁按 3 层、4 层、5～9 层分别标注。LL2 在 3 层时，连梁相对于墙梁所在结构层楼面标高低 1.200m，连梁宽 300mm，高 2520mm，梁上部纵筋为 4 根直径 22mm 的 HRB400 级钢筋，下部纵筋为 4 根直径 22mm 的 HRB400 级钢筋，箍筋为直径 10mm 的 HPB300 级钢筋，间距为 150mm 的双肢箍。梁侧面构造钢筋同墙身水平分布钢筋。

【能力测试】

一、基础知识

1. 剪力墙截面注写方式指在分标准层绘制的剪力墙平面布置图上，以直接在墙柱、墙身、墙梁上注写＿＿＿＿＿＿＿和＿＿＿＿＿＿＿的方式来表达的剪力墙平法施工图。

2. 当墙身水平分布筋不能满足连梁、暗梁及边框梁的梁侧面纵向构造钢筋的要求时，应补充注明梁侧面纵筋的具体数值；注写时以大写字母 N 打头，接续注写＿＿＿＿＿＿＿与＿＿＿＿＿＿＿。如 N ϕ 12@200 表示：＿＿＿＿＿＿＿＿＿＿＿＿＿＿＿＿＿＿＿＿＿＿＿＿＿＿＿＿＿＿＿＿＿＿＿。

3. 识读图 1-138 剪力墙平法施工图，并完成下列填空。

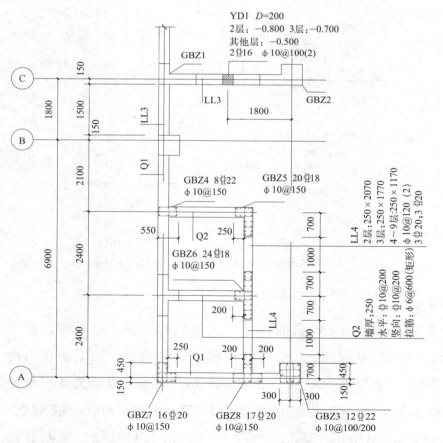

码 1-22　任务 1.4.2
能力测试参考答案

图 1-138　剪力墙平法施工图（示例）

（1）GBZ4 表示＿＿＿＿＿＿，截面尺寸为＿＿＿＿＿＿，全部纵筋为＿＿＿＿＿＿，箍筋为＿＿＿＿＿＿。

（2）Q2 表示＿＿＿＿＿＿，墙身设置的水平与竖向分布筋的排数为＿＿＿＿＿＿排。该剪力墙身厚度为＿＿＿＿＿＿，水平分布筋为＿＿＿＿＿＿，竖向分布筋为＿＿＿＿＿＿，拉筋为＿＿＿＿＿＿。

（3）LL4 表示＿＿＿＿＿＿，位于 3 层的 LL4 截面尺寸为＿＿＿＿＿＿，上部纵筋为＿＿＿＿＿＿，下部纵筋为＿＿＿＿＿＿，箍筋为＿＿＿＿＿＿。

二、图纸抄绘

1. 活动内容：剪力墙平法施工图绘制练习——抄绘图 1-134 12.270～30.270m 剪力墙平法施工图。

2. 抄绘要求：

图幅：A2；

比例：1∶100；

线型、文字等：按照《房屋建筑制图统一标准》GB/T 50001-2017 及《建筑结构制图标准》GB/T 50105-2010 规定绘制。

3. 活动要求：学生在抄绘施工图过程中，如果有不懂之处先相互讨论解决，学生之间不能解决的问题需做好记录，并将问题反馈给教师。

项目 1.5　梁平法施工图识读

【项目概述】

码 1-23　项目 1.5 导读

　　通过本项目的学习，学生能够：了解钢筋混凝土梁的类型和构造要求；掌握钢筋混凝土框架梁平法施工图的表示方法和制图规则；会根据国家建筑标准设计图集查阅标准构造详图，并正确识读梁平法施工图。

任务 1.5.1　平面注写方式施工图识读

【任务描述】

　　建筑结构中，梁是典型的受弯构件，主要承受楼板传来的荷载。钢筋混凝土梁的形式多种多样，是房屋、桥梁等工程结构中最基本的承重构件，其应用范围极为广泛。钢筋混凝土梁既可作为独立梁，也可与钢筋混凝土板组成整体的梁板式楼盖，或与钢筋混凝土柱组成整体的单层或多层框架结构体系，如图 1-139 所示。

　　通过本任务的学习，学生能够：了解梁的受力特点、梁的截面形式和截面尺寸；记住梁内钢筋的名称、位置、作用和构造要求；理解梁的钢筋保护层的作用和厚度的确定方法；理解平面注写方式梁平面布置图的绘制方法；记住集中标注的内容和表示方法；记住原位标注的内容和表示方法；了解梁内箍筋和纵向钢筋的构造要求；正确识读如图 1-140 所示的平面注写方式梁平法施工图。

(a)　　　　　　　　　　　　　　　(b)

图 1-139　钢筋混凝土梁的应用

(a) 钢筋混凝土桥梁；(b) 钢筋混凝土框架梁

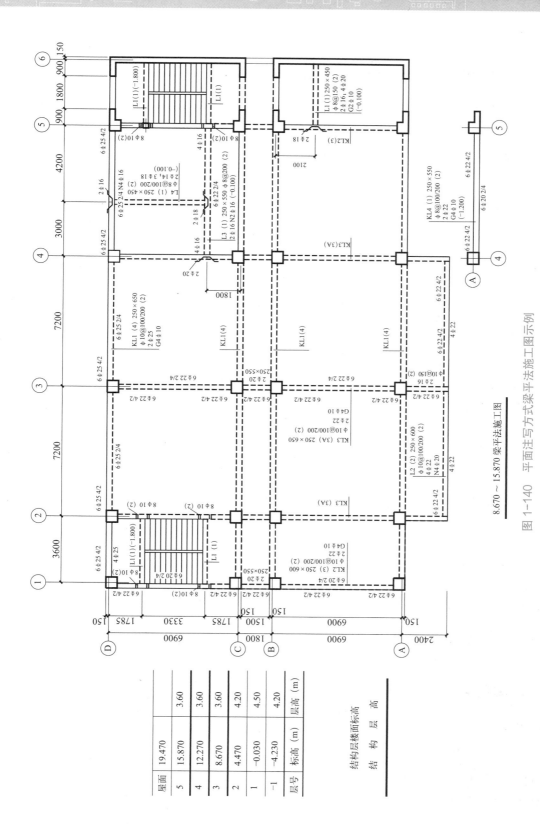

图 1-140　平面注写方式梁平法施工图示例

8.670～15.870 梁平法施工图

层号	标高 (m)	层高 (m)
屋面	19.470	
5	15.870	3.60
4	12.270	3.60
3	8.670	3.60
2	4.470	4.20
1	-0.030	4.50
-1	-4.230	4.20

结构层楼面标高
结 构 层 高

【学习支持】

一、钢筋混凝土梁的类型与构造

1. 梁的类型

（1）钢筋混凝土梁按其截面形式，可分为矩形、T 形、工字形、L 形、倒 T 形和花篮形等，如图 1-141 所示。

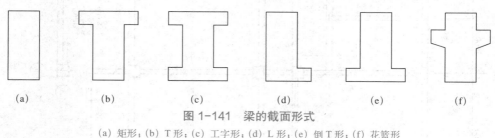

图 1-141　梁的截面形式
(a) 矩形；(b) T 形；(c) 工字形；(d) L 形；(e) 倒 T 形；(f) 花篮形

（2）按其施工方法，分为现浇梁、预制梁和预制现浇叠合梁。

（3）按其配筋类型，分为普通钢筋混凝土梁和预应力混凝土梁。

（4）按其结构计算简图，分为简支梁、外伸梁、悬臂梁等，如图 1-142 所示。

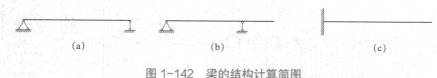

图 1-142　梁的结构计算简图
(a) 简支梁；(b) 外伸梁；(c) 悬臂梁

（5）按其在房屋建筑中的位置，可分为楼层框架梁、屋面框架梁、非框架梁、悬挑梁等，如图 1-143 所示。

2. 梁的受力特点

钢筋混凝土梁是由钢筋和混凝土两种材料组合而成的，梁中常用的纵向受力普通钢筋宜采用 HRB400、HRB500、HRBF400、HRBF500 钢筋。

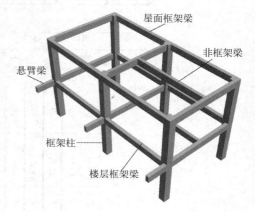

图 1-143　按梁在房屋建筑中的位置分类

由于混凝土的抗拉强度远远低于抗压强度，因而素混凝土结构不能用于承受拉应力的梁。如果在混凝土梁的受拉区内配置钢筋，则混凝土开裂后的拉力就可以由钢筋承担，这样就可以充分发挥混凝土抗压强度较高和钢筋抗拉强度较高的优势，共同抵抗外力的作用，提高混凝土梁的承载能力，如图1-144 所示。

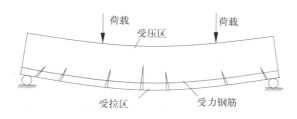

图 1-144　梁的受力情况

【知识拓展】

钢筋与混凝土两种不同性质的材料能有效地共同工作，是由于混凝土硬化后混凝土与钢筋之间产生了粘结力。它由分子力（胶合力）、摩阻力和机械咬合力三部分组成。其中起决定作用的是机械咬合力，约占总粘结力的一半以上。将光圆钢筋的端部做成弯钩，将钢筋焊接成钢筋骨架和网片，均可增强钢筋与混凝土之间的粘结力。为保证钢筋与混凝土之间的可靠粘结和防止钢筋被锈蚀，钢筋周围须有 15～30mm 厚的混凝土保护层。若结构处于有侵蚀性介质的环境，保护层厚度还要加大。

连续梁的受力特点是支座处有负弯矩，跨中有正弯矩；支座按计算应配置负筋，并按计算决定钢筋的切断点；跨中按最大正弯矩配置受拉钢筋，并应根据规范规定的构造要求来决定伸入支座的钢筋长度。

3. 梁的配筋

梁中主要配置纵向受力钢筋、横向钢筋、架立钢筋、侧面纵向钢筋及拉筋、附加箍筋或附加吊筋等，如图 1-145 所示。

（1）纵向受力钢筋

梁的纵向钢筋分为梁下部纵向钢筋、梁支座上部纵向钢筋等。

梁下部纵向钢筋又分为下部贯通筋、不伸入支座的下部纵筋；梁支座上部纵向钢筋又分为上部贯通筋、上部支座负筋。其主要作用为承受弯矩在梁内产生的拉力。

伸入梁支座范围内的钢筋不应少于两根。钢筋直径应符合下列规定：梁高不小于300mm时，直径不应小于10mm；梁高小于300mm时，直径不应小于8mm。

（2）横向钢筋

梁的横向钢筋分为弯起钢筋和箍筋。

弯起钢筋在跨中承受弯矩在梁内产生的拉力，在靠近支座处主要承受由弯矩和剪力共同产生的主拉应力。钢筋的弯起角度宜取45°或60°。

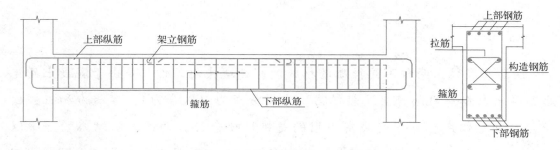

图1-145　梁的配筋示意图

箍筋主要用来承受由弯矩和剪力共同产生的主拉应力以及与纵向钢筋一起形成钢筋骨架。箍筋的直径应符合下列规定：当梁截面高度大于800mm时，不宜小于8mm；当梁截面高度不大于800mm时，不宜小于6mm；梁中配有计算需要的纵向受压钢筋时，箍筋直径尚不应小于$d/4$，其中d为受压钢筋最大直径。梁中箍筋的最大间距宜符合《混凝土结构设计规范》GB 50010-2010（2015年版）的规定。

【知识拓展】

在传统的混凝土结构施工图中，计算梁斜截面的抗剪强度时，通常在梁中配置45°或者60°的弯起钢筋。而在平法制图中，梁中通常不配置这种弯起钢筋，其斜截面的抗剪强度，由加密的箍筋来承受。

（3）架立钢筋

架立钢筋主要用来固定箍筋位置以形成梁的钢筋骨架以及承受由于混凝土收缩和温度变化所引起的应力，防止发生裂缝。当梁的跨度小于 4m 时，直径不宜小于 8mm；当梁的跨度为 4～6m 时，直径不应小于 10mm；当梁的跨度大于 6m 时，直径不宜小于 12mm。

（4）侧面纵向钢筋及拉筋

梁侧面纵向钢筋分为构造钢筋和受扭钢筋。当梁的腹板高度 $h_w \geq 450mm$ 时，为了防止在梁的侧面产生垂直于梁轴线的收缩裂缝，同时加强钢筋骨架的刚度，在梁的两侧沿梁高配置纵向构造钢筋，间距不大于 200mm，截面面积不应小于腹板截面面积（$b \times h_w$）的 0.1%，但当梁宽较大时可适当放松。两根侧面纵向构造钢筋之间用拉筋固定，拉筋直径一般与箍筋相同，间距一般为箍筋的 2 倍。如梁承受扭矩作用，则应按计算配置受扭钢筋，并以受扭钢筋代替构造钢筋。

（5）附加箍筋或附加吊筋

通常在主次梁交接处，主梁承受由次梁传来的集中荷载，由于次梁高度一般比主梁低，使得集中力在主梁梁腹中间的位置，主梁截面为上部受拉，下部受压，冲切的效果使得次梁底以下的主梁梁腹上出现八字形的裂缝，这样在主次梁交界处设置附加箍筋或者吊筋都能限制此裂缝的发展。附加箍筋或吊筋构造如图 1-146 所示。

为了保证钢筋不被锈蚀，同时保证钢筋与混凝土紧密粘结，梁内钢筋的混凝土保护层的最小厚度应符合 16G101-1 的要求。

码 1-24　梁的附加箍筋与附加吊筋构造

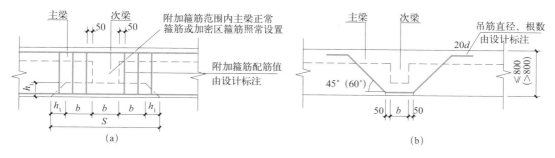

图 1-146　梁内附加箍筋或吊筋构造

（a）附加箍筋构造；（b）附加吊筋构造

二、梁平面注写方式施工图识读

1. 平面注写方式图示方法

平面注写方式，是在梁的平面布置图上，分别在不同编号的梁中各选出一根，采用在梁结构平面图上注写截面尺寸和配筋具体数量的方式来表达梁平法施工图，如图 1-140 所示。

梁平法施工图的注写方式分为平面注写方式或截面注写方式两种。一般的施工图主要采用平面注写方式。

2. 平面注写方式梁平法施工图识读

平面注写包括集中标注与原位标注，集中标注表达梁的通用数值，原位标注则用来表达梁的特殊数值。当集中标注中某项数值不适用于梁的某部位时，则将该项数值在该部位原位标注，在施工时，按照原位标注取值优选原则执行，如图 1-147 所示。

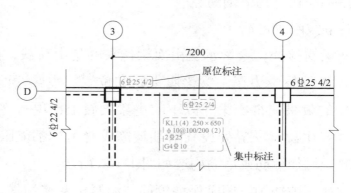

图 1-147　梁的集中标注和原位标注

梁集中标注的内容有：梁编号、梁截面尺寸、梁箍筋、梁上部通长筋或架立筋配置、梁侧面纵向构造钢筋或受扭钢筋配置、梁顶面标高高差等内容依次标注，如图 1-148 所示。其中前五项为必注值，最后一项，当梁与楼板有高差时标注，无高差时则不必标注。

码 1-25　梁的集中标注

（1）识读梁的编号

◆　梁的编号由梁的类型代号、序号、跨数及有无悬挑代号项组成，并应符合表 1-24 的规定。

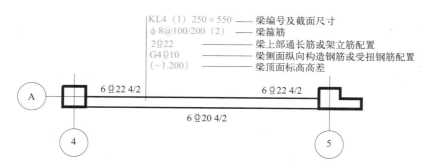

图 1-148　梁的集中标注内容

梁编号　　　　　　　　　　　　　　　　　　　　　表 1-24

梁类型	类型代号	序号	跨数及是否带有悬挑
楼层框架梁	KL	××	(××)、(××A) 或 (××B)
楼层框架扁梁	KBL	××	(××)、(××A) 或 (××B)
屋面框架梁	WKL	××	(××)、(××A) 或 (××B)
框支梁	KZL	××	(××)、(××A) 或 (××B)
托柱转换梁	TZL	××	(××)、(××A) 或 (××B)
非框架梁	L	××	(××)、(××A) 或 (××B)
悬挑梁	XL	××	
井字梁	JZL	××	(××)、(××A) 或 (××B)

注：1. (××A) 为一端有悬挑，(××B) 为两端有悬挑，悬挑不计入跨数；

　　2. 楼层框架扁梁节点核心区代号 KBH；

　　3. 图集 16G101-1 中非框架梁 L、井字梁 JZL 表示端支座为铰接；当非框架梁 L、井字梁 JZL 端支座上部纵筋为充分利用钢筋的抗拉强度时，在梁代号后加"g"。

【例 1-52】

KL1（2A）——表示第 1 号框架梁，2 跨，一端有悬挑。

WKL1（4）——表示第 1 号屋面框架梁，4 跨，无悬挑。

L2（3B）——表示第 3 号非框架梁，3 跨，两端有悬挑。

Lg4（5）——表示第 4 号非框架梁，5 跨，端支座上部纵筋为充分利用钢筋的抗拉强度。

◆　在施工图纸上，当梁的截面尺寸、跨数和配筋等均对应相同时，仅位置与轴线的关系不同时，通常可以将梁编为同一编号，如图 1-149 所示的⑧、ⓒ、ⓓ轴线处的 KL1（4）。

（2）识读梁的截面尺寸

梁截面尺寸标注的格式：

◆ 当梁为等截面梁时，用 $b \times h$ 表示（其中 b 为截面宽度，h 为截面高度）。

【例 1-53】KL1（2A）250×450——表示第 1 号框架梁，2 跨，一端有悬挑，截面为矩形，截面宽度 b=250mm，截面高度 h=450mm。

◆ 当悬挑梁采用变截面高度时（根部和端部高度不同时），用"/"分隔根部与端部的高度值，即 $b \times h_1/h_2$，h_1 为根部高度，h_2 为端部较小的高度，如图 1-150 所示。

当为竖向加腋梁时，用 $b \times h$ Y $C_1 \times C_2$ 表示，其中 C_1 为腋长，C_2 为腋高，如图 1-151 所示；当为水平加腋梁时，一侧加腋时用 $b \times h$ PY $C_1 \times C_2$ 表示，其中 C_1 为腋长，C_2 为腋宽，如图 1-152 所示。加腋部位应在平面图中绘制。

◆ 集中标注梁截面尺寸时，若某跨梁的截面尺寸有变化，则在梁截面变化的这一跨跨中下方原位标注该跨梁的截面尺寸。

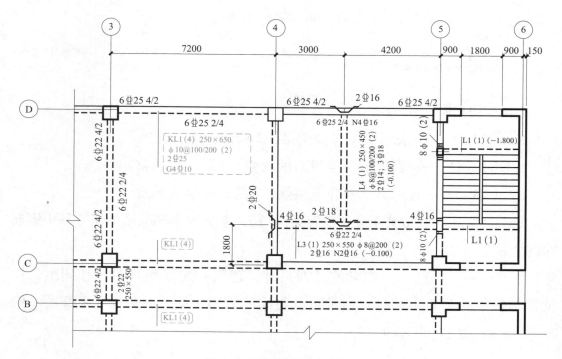

图 1-149　梁编号的表示方法

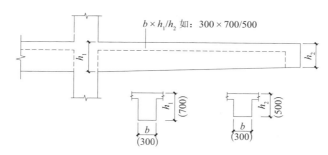

图 1-150 悬挑梁不等高截面尺寸注写示意图

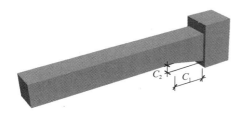

图 1-151 竖向加腋梁

图 1-152 水平加腋梁

【例 1-54】如图 1-153 所示，KL3（3A）的截面尺寸为 250mm×650mm，但中间跨截面尺寸变为 250mm×550mm。

（3）识读梁的箍筋

梁箍筋的表示包括钢筋级别、直径、加密区与非加密区间距及肢数。

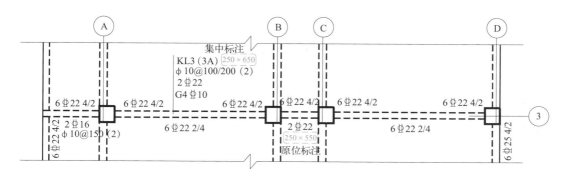

图 1-153 梁尺寸与集中标注不同时的表示方法

◆ 箍筋加密区与非加密区当采用不同间距及肢数用"/"分隔，箍筋肢数写在括号内。

【例 1-55】如某框架梁集中标注中箍筋为"φ8@100（4）/150（2）"，表示箍筋为 HPB300 级钢筋，直径为 8mm，加密区箍筋间距为 100mm，四肢箍；非加密区箍筋间距为 200mm，双肢箍。

◆ 当加密区与非加密区箍筋肢数相同时，则将肢数注写一次，箍筋肢数写在括号内。

【例 1-56】 如图 1-154 所示，梁 KL1（4）集中标注中"φ10@100/200（2）"表示箍筋为 HPB300 级钢筋，直径 10mm，加密区箍筋间距为 100mm，非加密区箍筋间距为 200mm，均为双肢箍。

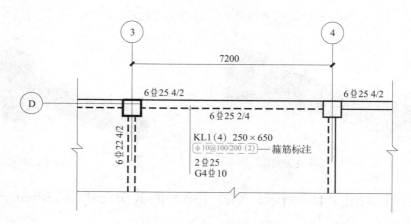

图 1-154 梁的箍筋表示

梁 KL1 箍筋沿跨度方向布置，如图 1-155 所示。

◆ 当梁内箍筋为同一种间距与肢数时，则不需要用"/"分隔。

【例 1-57】 如箍筋表示为"φ8@150（2）"，表示梁箍筋采用 HPB300 级钢筋，直径为 8mm，沿着梁的长度均匀分布，相邻两道箍筋间的间距为 150mm，双肢箍。

◆ 非框架梁、悬挑梁、井字梁采用不同箍筋间距及肢数时，也可用"/"将其分隔，先注写梁支座端部箍筋（包括箍筋的箍数、钢筋级别、直径、间距与肢数），在"/"后注写跨中部分的箍筋间距及肢数。

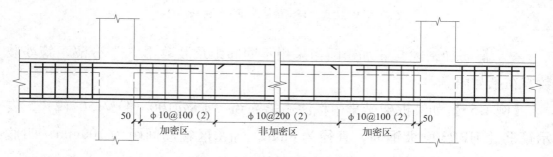

图 1-155 梁的箍筋加密区与非加密区示意图

【例 1-58】"10ϕ8@100（4）/200（2）"表示采用 HPB300 级钢筋，直径为 8mm，梁支座两端各有 10 个四肢箍，间距为 100mm；梁跨中部分箍筋为双肢，间距 200mm。

◆　梁的加密区在每一跨的两侧，支座内不设置箍筋，梁内的第一道箍筋的位置应距离支座边 50mm。加密区范围：若抗震等级为一级，加密区范围大于等于 2 倍梁高与 500mm 中的较大值；若抗震等级为二～四级，加密区取大于等于 1.5 倍的梁高与 500mm 中的较大值，如图 1-156 所示。

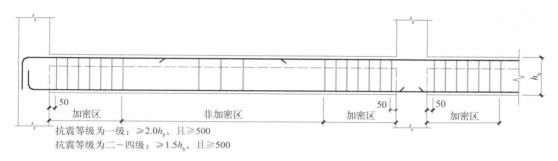

图 1-156　箍筋加密区范围

【知识拓展】

常见箍筋的肢数，如图 1-157 所示。

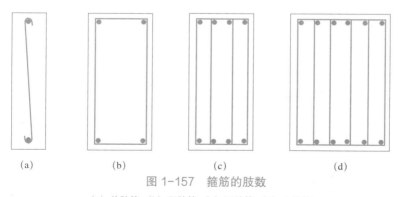

图 1-157　箍筋的肢数

（a）单肢箍；（b）双肢箍；（c）四肢箍；（d）六肢箍

（4）识读梁的上部通长筋或架立筋

◆　当同排纵筋中既有通长钢筋又有架立筋时，应采用"+"将两者相连，注写时须将梁角部纵筋写在"+"的前面，架立筋写在加号后面的括号内，以示不同直径及与通长筋的区别。当全部采用架立筋时，则将其全部写入括号内（因为架立筋与支座纵筋的搭接长度与纵筋之间的搭接长度是不同的）。

【例1-59】图1-158中：在梁上部通长筋或架立筋处2Φ20 + (2Φ12)，表示2Φ20为通长筋，2Φ12为架立筋，梁跨中截面配筋如图1-158所示。

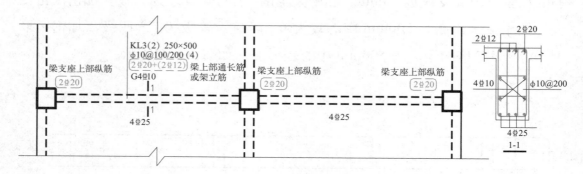

图1-158 梁上部通长筋或架立筋表示方法

◆ 当梁上部纵筋和下部纵筋均为通长筋，且多数跨相同时，可同时标注上部与下部通长筋的配筋值，用"；"将上部与下部通长筋隔开，少数跨不同时，采用原位标注。

【例1-60】如图1-159所示的梁 L1（1）。"2Φ16；4Φ20"表示梁上部配置 2Φ16 通长钢筋，下部配置 4Φ20 通长钢筋。

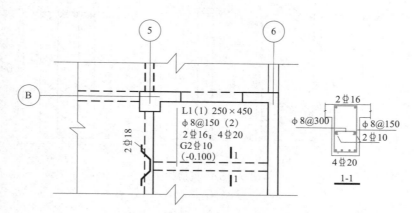

图1-159 当梁上部纵筋和下部纵筋均为通长筋时的表示方法

（5）识读梁侧面纵向构造钢筋或受扭钢筋

◆ 当梁腹板高度大于等于450mm时，须配置纵向构造钢筋，所注规格与根数应符合规范规定。此项注写以大写字母 G 打头，紧跟注写设置在梁两个侧面的总配筋值，且对称配置。

【例 1-61】 图 1-159 中 G2 Φ 10 表示梁两侧每侧各配置 1 根直径为 10mm 的 HRB400 级纵向构造钢筋。

◆ 当梁侧面需配置受扭纵向钢筋时，此项注写值以大写字母 N 打头，紧跟注写配置在梁两个侧面的总配筋值，且对称配置并同时满足梁侧面纵向构造钢筋的间距要求。

【例 1-62】 图 1-160 中 L3（1）侧面钢筋表示为 N2 Φ 16，表示梁每侧各配置 1 根直径为 16mm，HRB400 级受扭纵筋。

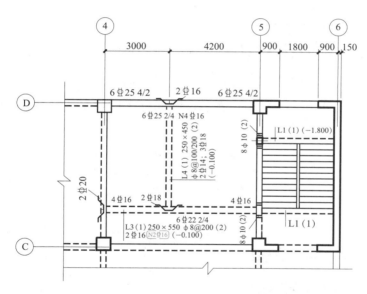

图 1-160　受扭钢筋的表示

【知识拓展】

受扭纵筋应按受拉考虑锚固与搭接，而架立钢筋锚固与搭接长度可取 15d。

框架梁侧面纵向钢筋可分为构造钢筋与受扭钢筋两种，按图集 16G101-1 规定，侧面构造钢筋其搭接与锚固长度可取为 15d：受扭钢筋的搭接长度为 l_l 或 l_{lE}（抗震），锚固长度为 l_a 或 l_{aE}（抗震），锚固方式同框架梁下部纵筋。

◆ 按图集 16G101-1 规定：当梁侧面配置纵向钢筋或受扭钢筋时，为保证梁内钢筋骨架的整体性，梁内应配置拉筋，当梁宽小于等于 350mm 时，拉筋直径为 6mm；梁宽大于 350mm 时，拉筋直径为 8mm。拉筋间距为非加密区箍筋间距的 2 倍。当设有多排拉筋时，上下两排拉筋竖向错开设置，如图 1-161 所示。

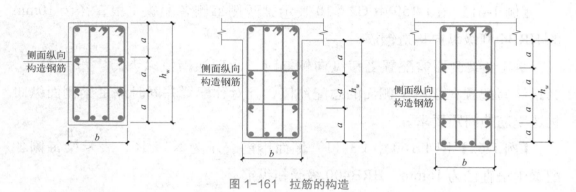

图 1-161　拉筋的构造

（6）识读梁顶面标高高差

梁顶面标高高差指相对于该结构层楼面标高的高差值，对于位于夹层的梁，则指相对于结构夹层楼面标高的高差。有高差时，需将其写入括号内。如图 1-162 所示，L3（1）、L4（1）中（-0.100）表示该梁面标高比该结构层楼面标高低 0.100m。

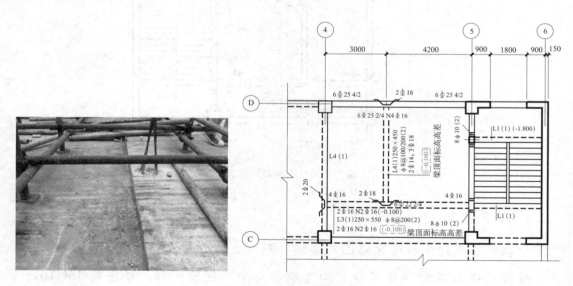

图 1-162　梁顶面标高高差

梁原位标注内容为：梁支座上部纵筋、下部纵筋、附加箍筋或吊筋及对集中标注内容的原位修正信息等，如图 1-163 所示。

码 1-26　梁的原位标注

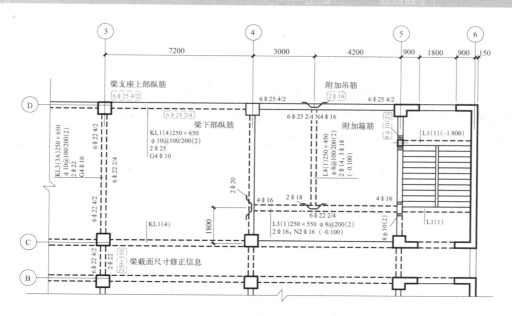

图 1-163　梁原位标注内容

◆　识读梁支座上部纵筋

梁支座上部纵筋，指该部位含通长筋在内的所有纵筋，标注在梁上方该支座处。当上部纵筋多于一排时，用"/"将各排纵筋自上而下分开。当同排纵筋有两种直径时，用"+"将两种直径的纵筋相连，将角部纵筋写在前面。

【例 1-63】如图 1-163 所示，Ⓓ、③号轴线处梁支座上部纵筋为 6 Φ 25 4/2，表示上排钢筋为 4 Φ 25，下排钢筋为 2 Φ 25。

如图 1-164 所示，梁支座上部纵筋为 2 Φ 25+2 Φ 22，表示支座上部纵筋一排共 4 根，2 Φ 25 为角筋，2 Φ 22 置于中部。

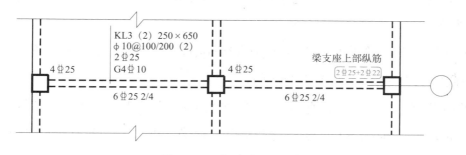

图 1-164　梁支座上部纵筋

当梁中间支座两边的上部纵筋不同时，须在支座两边分别标注；当梁中间支座两边的纵筋相同时，可仅在支座的一边标注配筋值，如图 1-164 所示中间支座位置梁左右侧上部钢筋均为4Φ25。

◆ 识读梁下部纵筋

梁的下部纵筋标注在梁下部跨中位置，如图1-165所示。当下部纵筋多于一排时，用"/"将各排纵筋自上而下分开，当同排纵筋有两种直径时，用"+"将两种直径的纵筋相连，角部纵筋写在前面。当下部纵筋均为通长筋，且集中标注中已注写时，则不需在梁下部重复做原位标注。

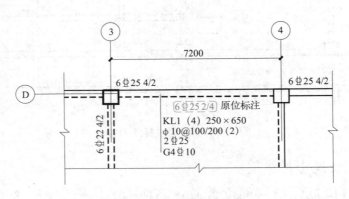

图1-165 梁下部纵筋的表示

【例1-64】如图1-165所示，梁跨中下部纵筋6Φ25 2/4，则表示上一排纵筋为2Φ25，下一排纵筋为4Φ25，且全部伸入支座锚固。

◆ 识读附加箍筋与附加吊筋

在主次梁交接处，将附加箍筋或吊筋直接画在图中的主梁上，用线引注总配筋值（附加箍筋的肢数注在括号内），如图1-166所示。当多数附加箍筋或吊筋相同时，可在梁平法施工图上统一注明，少数与统一注明值不同时，在原位标注。

附加箍筋或吊筋的几何尺寸应按照标准详图，结合其所在位置的主梁和次梁的截面尺寸确定，如图1-167所示。

【例1-65】如图1-166所示，在①轴线KL1与L4交接处，配置了2Φ16附加吊筋；在⑤轴线KL2与L1交接处，配置的附加箍筋为8Φ10双肢箍，在L1两侧各4道，如图1-167所示。

◆ 识读对集中标注内容的原位修正信息

当在梁上集中标注的内容（即梁截面尺寸、箍筋、上部通长筋或架立筋、

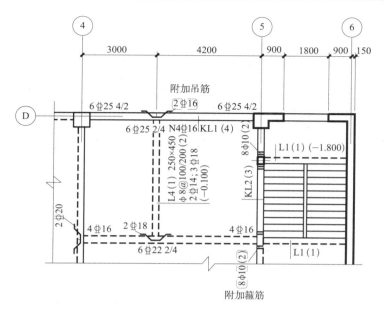

图 1-166　附加箍筋与附加吊筋的原位标注

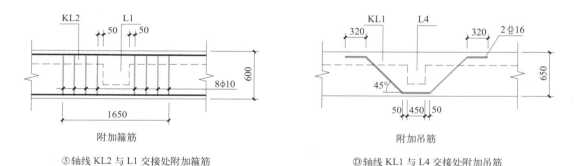

⑤轴线 KL2 与 L1 交接处附加箍筋　　　　　⑩轴线 KL1 与 L4 交接处附加吊筋

图 1-167　附加箍筋与附加吊筋的配筋图

梁侧面纵向构造钢筋或受扭钢筋，以及梁顶面标高高差等）不适用于某跨或某悬挑部分时，则将其不同数值原位标注在该跨或该悬挑部位，施工时应按原位标注数值取用，如图 1-168 所示。

【例 1-66】 在图 1-168 中，根据集中标注信息，KL3 的截面尺寸为 250mm×650mm，但在 ⑧～© 轴线之间根据该跨梁原位标注信息，可知该跨梁截面尺寸为 250mm×550mm；根据集中标注信息，KL3 的箍筋配置为 φ10@100/200（2），但在悬挑部位根据梁原位标注信息，可知该悬挑梁箍筋配置为 φ10@150（2）。

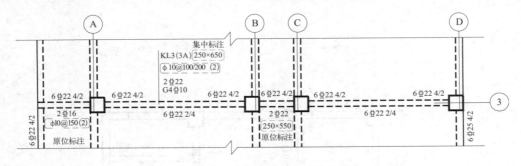

图 1-168　对集中标注内容的原位修正信息表示

3. 梁上部和下部纵筋的构造

梁纵向钢筋的长度由跨内部分和伸入支座的锚固部分组成。

跨内部分是指两柱子之间的净跨范围（柱与柱之间的净长）内的纵筋。

锚固部分是指在一跨梁中两端支座范围内的纵筋，可根据其具体位置分为端支座纵筋和中间支座纵筋，如图 1-169 所示。

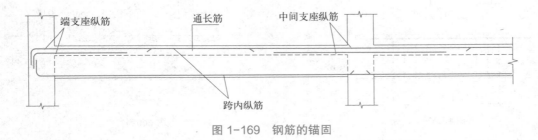

图 1-169　钢筋的锚固

（1）楼层框架梁纵向钢筋构造

◆　楼层框架梁 KL 纵向钢筋构造，如图 1-170 所示。

在图 1-170 中，跨度值 l_n 为左跨 l_{n1} 和右跨 l_{n2} 的较大值；h_c 为柱截面沿框架方向的高度；梁上部通长筋与非贯通筋直径相同时，连接位置宜位于跨中 $l_n/3$ 范围内；梁下部钢筋连接位置宜位于支座 $l_n/3$ 范围内；且在同一连接区段内钢筋接头面积百分率不宜大于 50%。

楼层框架梁 KL 端支座纵向钢筋构造三维图如图 1-171 所示。

◆　KL、WKL 中间支座纵向钢筋构造，如图 1-172 所示。

（2）屋面框架梁 WKL 纵向钢筋构造，如图 1-173 所示。

（3）非框架梁 L、Lg 配筋构造，如图 1-174 所示。

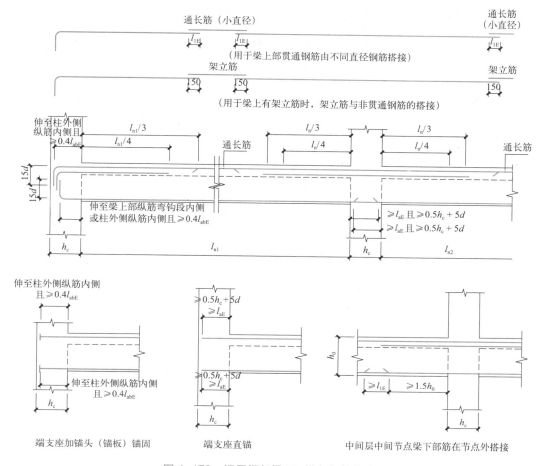

图 1-170 楼层框架梁 KL 纵向钢筋构造

4. 关于悬挑梁的图示方法

梁悬挑端的受力特点和工程做法与框架梁内部各跨截然不同，梁悬挑端的构造要求应满足如下要求：

（1）由于悬挑端的上部纵筋是"全跨贯通"的，因此梁的悬挑端在"上部跨中"的位置进行上部纵筋的原位标注，如图 1-175 所示。

（2）悬挑端的下部钢筋为受压钢筋，有别

码 1-27 楼层框架梁纵向钢筋构造

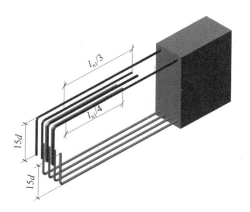

图 1-171 楼层框架梁 KL 端支座纵向钢筋构造

于框架下部纵筋（框架下部纵筋为受拉钢筋）。

（3）悬挑端的箍筋间距一般没有"加密区与非加密区"之分，只有一种箍筋间距。

悬挑梁配筋构造详见 16G101-1。

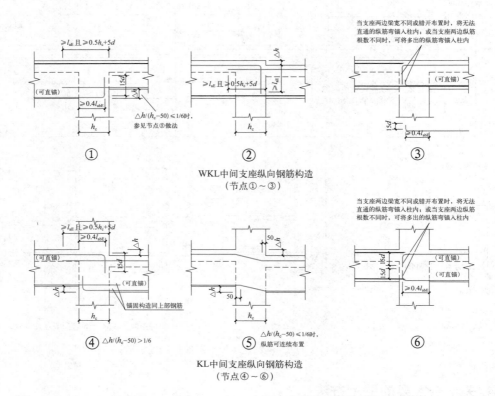

图 1-172　KL、WKL 中间支座纵向钢筋构造

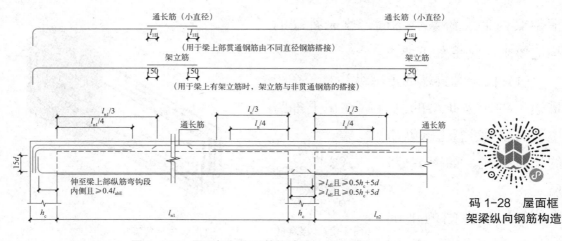

码 1-28　屋面框架梁纵向钢筋构造

图 1-173　屋面框架梁配筋构造（一）

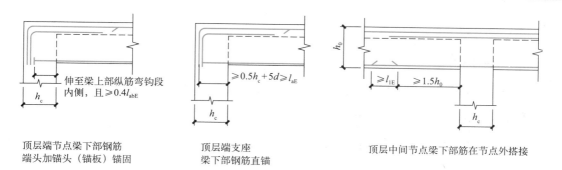

图 1-173 屋面框架梁配筋构造（二）

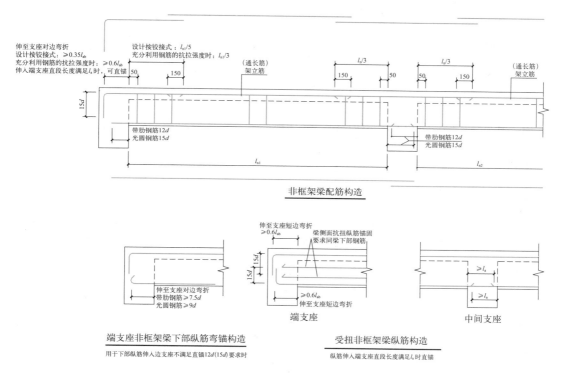

图 1-174 非框架梁 L、Lg 配筋构造

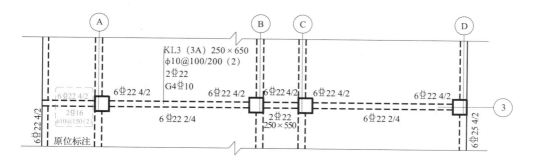

图 1-175 悬挑梁平面注写方式

【能力测试】

一、基础知识

1. 某楼面框架梁的集中标注中有 G6φ12，其中 G 表示_____，6φ12 表示梁的两个侧面每边配置_____根直径 12mm 的钢筋。

2. 当环境类别为二 a 类时，梁的混凝土保护层厚度为_____mm。

3. 某框架梁在集中标注中，注有 2φ22+（4φ12），其中 2φ22 为_____，4φ12 为_____。

4. 某楼面框架梁的集中标注中有 N4φ10，其中 N 表示_____，4φ10 表示梁的两个侧面每边配置_____根直径为 10mm 的钢筋。

5. 某框架梁在集中标注中，注有 3φ22；3φ20，其中 3φ22 为_____，3φ20 为_____。

6. 某框架梁截面尺寸 300mm×600mm，抗震等级为一级，该梁的箍筋加密区长度为_____。

二、识图填空

根据图 1-176 梁平法施工图，完成填空。

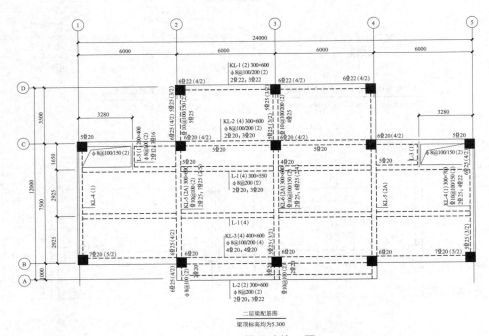

二层梁配筋图
梁顶标高均为5.300

图 1-176　梁平法施工图

1. KL-1 的跨数为_____，截面尺寸为_____，箍筋配置为_____，梁跨中上部通长筋为_____，下部跨中钢筋为_____。

2. KL-2 的跨数为_____，截面尺寸为_____，箍筋配置为_____，②号轴线处支座上部钢筋为_____，①~②号轴线之间下部跨中钢筋为_____。

3. KL-4 的跨数为_____，截面尺寸为_____，箍筋配置为_____，Ⓑ轴梁支座上部钢筋为_____，上部跨中钢筋为_____。

4. KL-5（2A）表示：_____，截面尺寸为_____，箍筋配置为_____，Ⓑ号轴线处梁支座上部钢筋为_____，Ⓑ~Ⓒ号轴线之间上部跨中钢筋为_____，Ⓒ~Ⓓ号轴线之间下部跨中钢筋为_____。悬挑端梁上部纵筋为_____，下部跨中钢筋为_____，箍筋配置为_____。

5. L-1 的跨数为_____，截面尺寸为_____，箍筋配置为_____，③号轴线处支座上部钢筋为_____，下部跨中钢筋为_____。

6. 本层共有框架梁_____根，非框架梁_____根。

三、图纸抄绘

1. 活动内容：抄绘图 1-140。

2. 绘图要求：

图幅：A2；

比例：1∶100；

码 1-29　任务 1.5.1
能力测试参考答案

线型、文字等：按照《房屋建筑制图统一标准》GB/T 50001-2017 及《建筑结构制图标准》GB/T 50105-2010 相关规定执行。

3. 活动要求：学生在抄绘施工图过程中，如果有不懂的地方先相互讨论解决，学生之间不能解决的问题需做好记录，并将问题反馈给教师。

【能力拓展】

组织参观钢筋混凝土结构房屋施工现场，在教师指导下，对照梁钢筋绑扎施工现场与梁结构施工图，识读结构施工图。

任务 1.5.2　截面注写方式施工图识读

【任务描述】

通过本任务的学习，学生能够：理解截面注写方式梁平面布置图的绘制方法、注写内容；理解单面剖切符号的含义及画法；理解截面配筋图的画法、注写内容与要求；在实际工作的情境中，综合使用所学知识，能正确识读如图 1-177 所示的截面注写方式梁平法施工图。

【学习支持】

一、截面注写方式图示方法

梁的截面注写方式，就是在分标准层绘制的梁平面布置图上，分别在不同编号的梁中各选择一根梁用剖面号引出配筋图，并在配筋图上注写截面尺寸和配筋具体数值的注写方式，如图 1-177 所示。

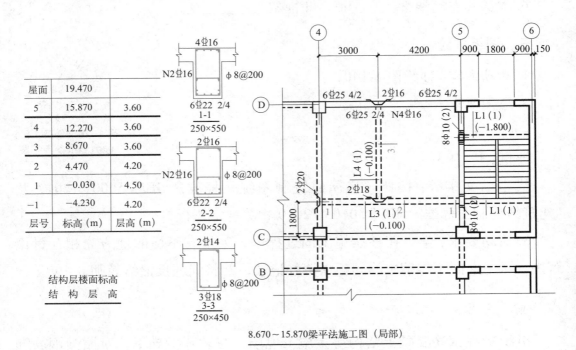

图 1-177　截面注写方式梁平法施工图示例

梁的截面注写方式既可单独使用，也可与平面注写方式结合使用。

在实际工程设计中，常采用平面注写方式表达梁平法施工图；当局部区域的梁布置过密时，或者为了表达异型截面梁的截面尺寸及配筋时，用截面注写方式相对比较方便。

二、截面注写方式梁平法施工图识读

（1）识读梁编号

对所有梁按表 1-19 的规定进行编号，梁编号规定与平面注写方式相同。

当某根梁的顶面标高与结构层标高不同时，尚应在梁的编号后注写梁顶面标高的高差。

【例 1-67】图 1-177 中的非框架梁"L3（1）（−0.100）"，表示 3 号非框架梁，1 跨，梁顶面标高比楼面结构低 0.100m。

（2）识读梁截面配筋图

梁截面配筋图绘制方法：从相同编号的梁中选取一根梁，先将"单边截面号"画在该梁上，再按另一种比例放大绘制梁截面配筋图，并在梁截面配筋详图上注写截面尺寸 $b \times h$、上部筋、下部筋、侧面构造筋或受扭筋以及箍筋的具体数值，表达方式与平面注写方式相同。如图 1-177 中的 1、2、3 位置处的单边截面号及截面编号与对应的 1-1、2-2、3-3 截面配筋图。

【例 1-68】以图 1-177 中的 1-1 截面为例：1-1 截面为 L3（1）非框架梁中的左边支座处截面，截面尺寸 250mm×550mm，该梁支座上部纵向钢筋为 4ϕ16，梁下部纵向钢筋为 6ϕ22，分两排放置，上排 2ϕ22，下排 4ϕ22，两侧面配置 1 根直径 16mm 的受扭钢筋，纵向钢筋和受扭钢筋均为 HRB400 级；箍筋为 ϕ8 的 HPB300 级钢筋，箍筋间距为 200mm，双肢箍，其截面配筋图如图 1-177 中 1-1 剖面所示。

三、其他规定

（1）为施工方便，凡框架梁的所有支座和非框架梁（不含井字梁）的中间支座上部纵筋的延伸长度为：第一排非贯通筋从柱（梁）边起延伸长度为 $l_n/3$；第二排非贯通筋的延伸长度为 $l_n/4$。对于端支座为本跨净跨；对于中间支座为相邻两跨较大跨的净跨值。有特殊要求时应予以注明，如图 1-170 所示。

（2）当两楼层之间设有层间梁时（如结构夹层位置处的梁），应将设置该部

分梁的区域划出另行绘制结构平面布置图，然后在图纸上表达梁平法施工图。

【例 1-69】在图 1-140 的右下角，位于Ⓐ轴线、④～⑤轴线交界处，在两个楼层之间，有一根比楼层标高低 1.200m 的梁 KL4，表示方法为：将该梁划出，另行绘制结构平面布置图，如图 1-140 所示。

（3）当梁与填充墙需拉结时，其构造详图应由设计者补充绘制。

（4）构件及节点详图和必要的文字说明。通用的节点、构件详图及施工要求一般在结构总说明中予以表达。详图与平面图不在同一张图纸上时应注明或改用索引符号索引出断面详图。

（5）在梁平法施工图中应按规定注明各结构层的顶面标高及相应的结构层号、层高。

【例 1-70】在图 1-140 左侧，用表格的形式注明了各结构层的顶面标高及相应的结构层号、层高。如"3、8.670、3.60"表示第 3 层，楼层结构的顶面标高为 8.670m，层高为 3.600m。

【能力测试】

一、识图填空

根据图 1-177，完成下列填空。

（1）该梁平法结构施工图采用的注写方式为_____。

（2）该图所表示的梁平法施工图适用的建筑物层数是_____～_____层，每层层高是_____。

（3）L1 的跨数为_____跨，L1 与⑤号轴线梁交接处配置的钢筋名称为_____，配置为_____。

（4）L3 截面尺寸为_____，梁下部纵筋为_____；L4 截面尺寸是_____，梁上部纵筋为_____。

（5）图中共有_____处设置了附加吊筋，每处设置_____根，分别为_____、_____、_____。

二、绘图练习

根据如图 1-178 所示梁的平面注写信息，绘制 KL2（2）的 1-1、2-2、3-3、4-4 截面梁的截面配筋图，比例为 1∶10。

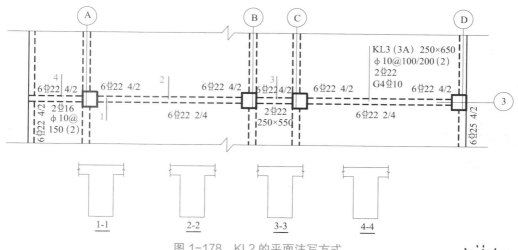

图 1-178　KL2 的平面注写方式

【能力拓展】

梁平法施工图测绘

一、活动描述

通过本学习活动，学生能够：进一步掌握钢筋混凝土框架结构梁平法施工图的表示方法和制图规则，正确识读梁平法施工图；按照测绘步骤、方法及《建筑结构制图标准》GB/T 50105-2010 的要求绘制梁平法施工图。

根据某楼层钢筋混凝土框架结构模型，分别采用平面注写方式和截面注写方式绘制梁平法施工图。

二、活动分工

分组及分工：4～5 人为 1 组，每组选 1 名组长，按绘制草图、丈量尺寸及记录图纸信息、校对、绘制 AutoCAD 图纸等工作进行任务分工。

三、活动步骤

1. 领取测量工具及用品（5m 卷尺、游标卡尺、绘图工具、记录板、记录纸等）；

2. 绘制梁平面布置图并校对；

3. 丈量尺寸，记录配筋信息，记录在梁平面布置图上并校对；

4. 测绘完成后全体小组成员在组长的带领下用 AutoCAD 软件绘制一张 A3 幅面的梁平法施工图；

5. 校对无误后，打印图纸并提交。

四、成果要求

1. 比例：1：100；

2. 绘制规范：《房屋建筑制图统一标准》GB/T 50001-2017 及《建筑结构制图标准》GB/T 50105-2010、《混凝土结构施工图平面整体表示方法制图规则和构造详图》（现浇混凝土框架、剪力墙、梁、板）16G101-1。

项目 1.6　板平法施工图识读

【项目概述】

码 1-31　项目 1.6 导读

通过本项目的学习，学生能够：了解钢筋混凝土板的类型与截面尺寸；了解板的配筋及构造要求；理解有梁楼盖平法施工图绘制方法、注写内容与方法，并能识读施工图；理解无梁楼盖平法施工图绘制方法、注写内容与方法，并能识读施工图；能按照《建筑结构制图标准》GB/T 50105-2010 及 16G101-1 标准设计图集等相关制图标准绘制板平法施工图。

任务 1.6.1　有梁楼盖平法施工图识读

【任务描述】

在工业与民用建筑中，钢筋混凝土板是房屋建筑和各种工程结构中的基本结构或构件，常用作屋盖、楼盖、平台、基础等，是典型的受弯构件，受力情况与梁类似，应用范围极广，如图 1-179 所示。本任务主要学习有梁楼盖结构施工图识读。

通过本任务的学习，学生能够：了解板的受力特点；记住板的类型与截面尺寸；记住板内钢筋名称、位置和作用；理解板的混凝土保护层的作用和确定方法；理解板平面布置图的绘制方法；记住板块集中标注的内容和表示方法；记住板支座原位标注的内容和表示方法；了解有梁楼面板配筋构造；能正确识读如图 1-180 所示的有梁楼盖平法施工图。

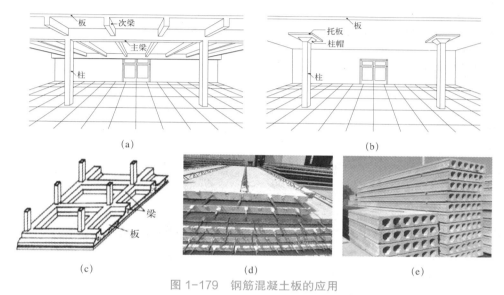

(a)　　　　　　　　　　　　　　　　　　(b)

(c)　　　　　　　(d)　　　　　　　(e)

图 1-179　钢筋混凝土板的应用

(a) 有梁楼盖；(b) 无梁楼盖；(c) 筏板基础底板；(d) 预制实心板；(e) 预制空心板

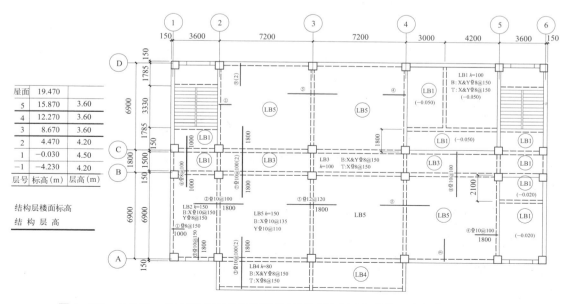

图 1-180　8.670～15.870 有梁楼盖平法施工图示例（图中未注明分布筋为 φ8@250）

【学习支持】

一、钢筋混凝土有梁楼盖的类型与构造

1. 钢筋混凝土有梁楼盖的类型

根据施工方法不同，钢筋混凝土楼盖可分为现浇式、装配式和装配整体式。

现浇钢筋混凝土楼盖按有无支承梁可分为有梁楼盖和无梁楼盖，如图1-181所示。

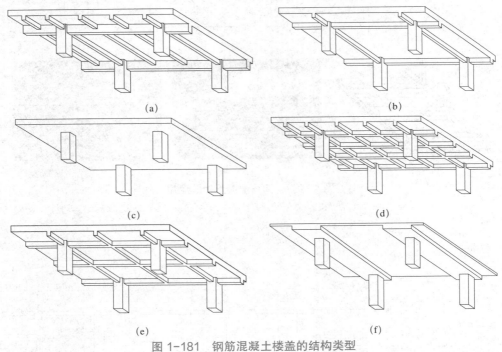

图 1-181　钢筋混凝土楼盖的结构类型

(a) 单向板有梁楼盖；(b) 双向板有梁楼盖；(c) 无梁楼盖；(d) 密肋楼盖；(e) 井式楼盖；(f) 扁梁楼盖

根据受力情况不同，现浇钢筋混凝土有梁楼盖可分为单向板有梁楼盖和双向板有梁楼盖。

（1）单向板有梁楼盖（图1-181a）

通常两对边支承的板及四边支承板的长边与短边之比 $l_2/l_1 \geqslant 3.0$ 时（l_1 为短边、l_2 为长边），宜按沿短边方向受力的单向板计算，并应沿长边方向布置构造钢筋。

单向板有梁楼盖由板、次梁和主梁现浇而成，其传力途径为：

板上荷载→次梁→主梁→墙或柱，如图 1-182 所示。

单向板有梁楼盖构造简单，施工方便，是有梁楼盖中常用的形式。

（2）双向板有梁楼盖（图 1-181b）

当四边支承板且 $l_2/l_1 \leqslant 2.0$ 时，应按双向板计算；当 $2.0 < l_2/l_1 < 3.0$ 时，宜按双向板计算，其特点是板的两个方向同时受力。

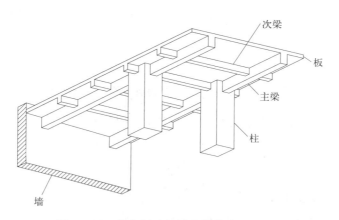

图 1-182　单向板肋梁楼盖荷载传递示意图

双向板比单向板受力好，刚度较大，跨度较大，但构造和计算都比较复杂，一般用于门厅等要求较高的地方。

2. 板的厚度

（1）板的跨厚比：钢筋混凝土单向板不大于 30，双向板不大于 40；无梁支承的有柱帽板不大于 35，无梁支承的无柱帽板不大于 30。

预应力板可适当增加；当板的荷载、跨度较大时宜适当减小。

（2）现浇钢筋混凝土板的厚度不应小于表 1-25 规定的数值。

现浇钢筋混凝土板的最小厚度（mm）　　　　　　　　　　表 1-25

板的类别		最小厚度
单向板	屋面板	60
	民用建筑楼板	60
	工业建筑楼板	70
	行车道下楼板	80
双向板		80

续表

板的类别		最小厚度
密肋板	面板	50
	肋高	250
悬臂板	悬臂长度不大于 500mm	60
	悬臂长度 1200mm	100
无梁楼板		150
现浇空心楼盖		200

注：当采取有效措施时，预制面板的最小厚度可取 40mm。

3. 板的配筋

钢筋混凝土板中的主要钢筋有：受力钢筋、板面构造钢筋和分布钢筋。现以钢筋混凝土现浇单向板为例进行说明，如图 1-183 所示。

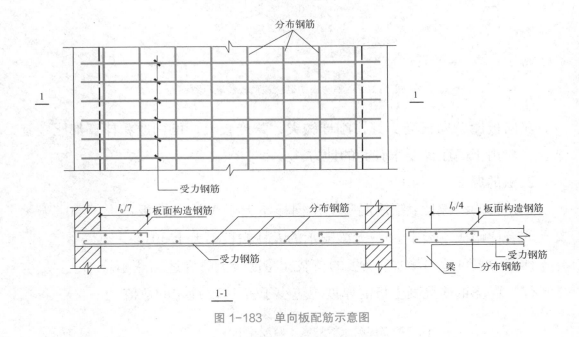

图 1-183　单向板配筋示意图

（1）受力钢筋

受力钢筋按板跨度方向布置在板底，主要承受弯矩产生的拉力，如图 1-183 所示。采用分离式配筋的多跨板，板底钢筋宜全部伸入支座，锚固长度不应小于钢筋直径的 5 倍，且宜伸至支座中心线。

板中受力钢筋的间距应满足下列要求：

板厚不大于 150mm 时，不宜大于 200mm；板厚大于 150mm 时，不宜大于板厚的 1.5 倍，且不宜大于 250mm。为了绑扎方便和便于保证浇捣质量，板的受力钢筋间距不宜小于 70mm。

（2）板面构造钢筋

按简支边或非受力边设计的现浇混凝土板，当与混凝土梁、墙整体浇筑或嵌固在砌体墙内时，应设置垂直于板边的板面构造钢筋，并应符合下列要求：

钢筋直径不宜小于 8mm，间距不宜大于 200mm，且单位宽度内的配筋面积不宜小于跨中相应方向板底钢筋截面面积的 1/3。与混凝土梁、墙整体现浇单向板的非受力方向，钢筋截面面积尚不宜小于受力方向跨中板底钢筋截面面积的 1/3。

该构造钢筋从混凝土梁边、混凝土墙边伸入板内的长度不宜小于 $l_0/4$，砌体墙支座处钢筋伸入板内的长度不宜小于 $l_0/7$，其中计算跨度 l_0 对单向板按受力方向考虑，如图 1-183 所示。

（3）分布钢筋

分布钢筋与受力钢筋垂直，沿受力钢筋直线段均匀布置，放置在受力钢筋内侧。其作用是：固定受力钢筋的位置；将板面上承受的荷载传递到受力钢筋上；同时防止温度变化和混凝土收缩而引起的沿板跨度方向上的裂缝。

分布钢筋单位宽度上的配筋率不宜小于单位宽度上受力钢筋的 15%，且配筋率不宜小于 0.15%；分布钢筋的直径不宜小于 6mm，间距不宜大于 250mm；当集中荷载较大时，分布钢筋的配筋面积尚应增加，间距不宜大于 200mm。

在温度、收缩应力较大的现浇板区域，应在板的表面双向配置防裂构造钢筋。配筋率不宜小于 0.10%，间距不宜大于 200mm。

4. 混凝土保护层厚度

钢筋的混凝土保护层厚度是指钢筋外边缘到混凝土表面的距离。混凝土保护层的主要作用为：保护钢筋不致锈蚀，保证结构的耐久性；保证钢筋与混凝土间的粘结。

板中受力钢筋的混凝土保护层厚度可按图集 16G101-1 确定。

二、传统有梁楼盖结构施工图识读

1. 楼盖结构平面布置图示方法

楼盖结构平面布置图是假想沿楼板面将房屋水平剖切后所做的水平投影图，主要用于表示该层楼面中梁、板的布置情况和现浇板的配筋情况，其轴线与建筑平面图完全一致。

为了表明梁板的布置，可见墙体轮廓线用中实线，不可见墙体轮廓线用中虚线。梁一般在板下，用中虚线表示轮廓。

传统楼盖结构施工图直接将板的各项信息注写在图纸上，如图1-184所示。

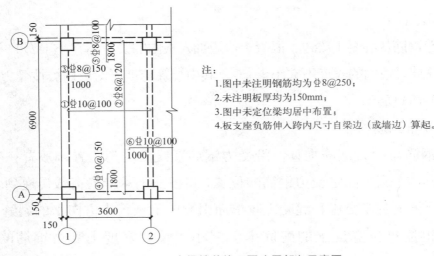

注：
1. 图中未注明钢筋均为$\Phi8@250$；
2. 未注明板厚均为150mm；
3. 图中未定位梁均居中布置；
4. 板支座负筋伸入跨内尺寸自梁边（或墙边）算起。

图1-184 有梁楼盖施工图（局部）示意图

2. 施工图识读步骤

（1）查看图名、比例；

（2）校核轴线编号及间距尺寸，必须与建筑图保持一致；

（3）阅读结构设计总说明或图纸说明，明确现浇板的混凝土强度等级及其他要求；

（4）明确现浇板的厚度和标高；

（5）明确现浇板的配筋情况，并参阅说明，了解未标注的分布钢筋情况等。

识读现浇板施工图时，应注意现浇板钢筋的弯钩方向，弯钩向上或向左为板底钢筋，弯钩向下或向右为板面钢筋，如图 1-185 所示。

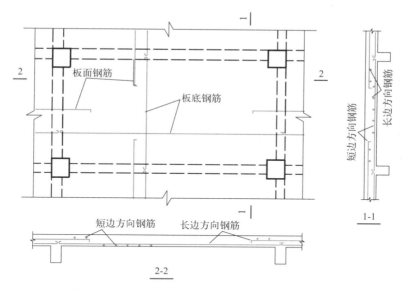

图 1-185　板内钢筋弯钩方向规定

需要特别强调的是应分清板中纵横方向钢筋的位置关系。对于四边整浇的混凝土矩形板，由于力沿短边方向传递较多，下部钢筋一般是短边方向钢筋在下，长边方向钢筋在上，而上部钢筋正好相反，如图 1-185 所示。

【例 1-71】由图 1-184 可知：①～②轴、Ⓐ～Ⓑ轴板的厚度为 150mm（详见文字说明）；板底部短边方向为①号钢筋，配筋为 $\phi10@100$；板底部长边方向为②号钢筋，配筋为 $\phi8@120$；①号轴线位置板面支座负筋为③号钢筋，配筋为 $\phi8@150$，伸入板跨内 1000mm；Ⓐ号轴线位置板面支座负筋为④号钢筋，配筋为 $\phi10@150$，伸入板跨内 1800mm；②号轴线位置板面支座负筋为⑥号钢筋，配筋为 $\phi10@100$，伸入板跨内 1000mm；Ⓑ号轴线位置板面支座负筋为⑤号钢筋，配筋为 $\phi8@100$，伸入板跨内 1800mm；板顶面分布钢筋直径为 $\phi8$，间距为 250mm（详见文字说明）。

三、有梁楼盖平法施工图识读

1. 有梁楼盖平法施工图的表示方法

有梁楼盖平法施工图，系在楼面板和屋面板布置图上，采用平面注写的表达方式，分别在不同编号的板中各选一块板，在其上注写截面尺寸和配筋具体数值的方法来表达的板平法施工图，如图 1-180 所示。

板平法施工图坐标方向的规定：

（1）当两向轴网正交布置时，图面从左至右为 X 向，从下往上为 Y 向，如图 1-186（a）所示的④～⑥轴线之间。

（2）当轴网转折时，局部坐标方向顺轴网转折角度做相应转折，如图 1-186（a）所示的⑥～⑧轴线之间。

（3）当轴网向心布置时，切向为 X 向，径向为 Y 向，如图 1-186（b）所示。

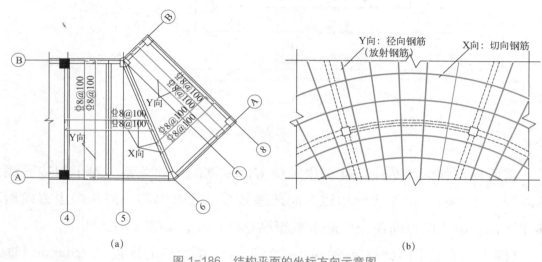

图 1-186　结构平面的坐标方向示意图

(a) 轴网正交及轴网转折布置；(b) 轴网向心布置

2. 有梁楼盖平法施工图识读

平面注写方式板平法施工图注写内容包括：板块集中标注和板支座原位标注，如图 1-187 所示。

（1）板块集中标注

板块集中标注的内容为：板块编号、板厚、上部贯通钢筋、下部纵筋以及当板面标高不同时的标高高差，如图 1-188 所示。

◆　识读板块编号

板块编号由类型代号和序号组成，如下图所示。

LB　××
　　└─序号
└─类型代号

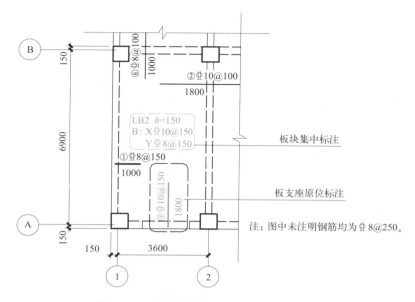

图 1-187　板块集中标注和板支座原位标注

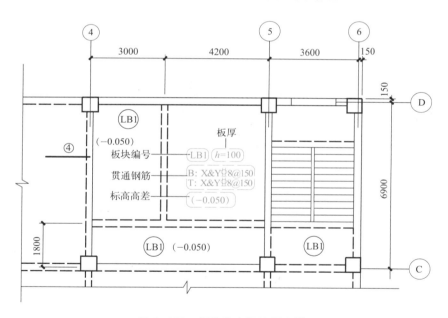

图 1-188　板块集中标注示意图

常用板的类型代号应符合表 1-26 的规定。

板块编号　　　　　　　　　　　　　　　　表 1-26

板类型	代号	序号
楼面板	LB	××
屋面板	WB	××
悬挑板	XB	××

【提醒】对于普通楼面，两向均以一跨为一块板；对于密肋楼盖，两向主梁或框架梁均以一跨为一块板。

所有板块应逐一编号，相同编号的板块可选择其一做集中标注，其他仅注写置于圆圈内的板编号，以及当板面标高不同时的标高高差。

同一编号板块的类型、板厚和贯通纵筋均应相同，但板面标高、跨度、平面形状以及板支座上部非贯通纵筋可以不同，如同一编号板块的平面形状可以为矩形、多边形及其他形状等。

【例1-72】如图1-180所示，本层楼面板有5种类型，分别是：LB1、LB2、LB3、LB4、LB5。其中Ⓐ～Ⓑ、⑤～⑥轴线之间有3块板，但由于这3块板的类型、板厚、配筋均相同，仅平面尺寸不同，故全部编为LB1。

◆ 识读板厚

根据板厚沿全跨厚度是否相同有两种表达方式：一种为等厚度板，另一种为不等厚度板。

等厚度板：板厚注写为 $h=×××$（垂直于板面的厚度）。例如："$h=120$"表示"该板的厚度为120mm"，如图1-189梁左侧的板所示。

不等厚度板：当悬挑板的端部改变截面时，注写为 $h=×××/×××$。例如："$h=120/80$"表示"该悬挑板根部高度为120mm，端部高度为80mm"，如图1-189梁右侧的板所示。

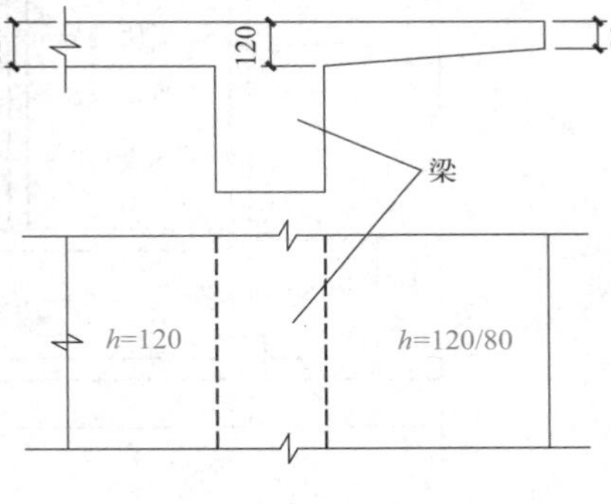

【例1-73】在图1-188中"LB1 $h=100$"表示"1号楼面板，板厚为100mm"。

图1-189 板厚表示方法

◆ 识读贯通钢筋

贯通钢筋按板块的下部和上部分别注写（当板块上部不设贯通纵筋时不注），并以B代表下部，以T代表上部，B&T代表上部与下部；X方向贯通钢筋以X打头，Y方向贯通钢筋以Y打头，两向贯通纵筋配置相同时则以X&Y打头。在其后注写X和Y方向的具体配筋值。板的配筋包括：钢筋级别、直径和间距。

【例 1-74】在图 1-188 中 LB1："B：X&Y ϕ8@150"表示"该板底部 X 方向和 Y 方向均配有直径为 8mm 的 HRB400 级贯通钢筋，间距为 150mm"；"T：X&Y ϕ8@150"表示"该板顶部 X 方向和 Y 方向均配有直径为 8mm 的 HRB400 级贯通钢筋，间距为 150mm"。

【提醒】当 X 和 Y 方向钢筋相同时，用"X&Y"打头；不同时，则需分别注写，X 向在前，Y 向在后。

【例 1-75】在图 1-180 中 LB5 注写为：B：X ϕ10@135
Y ϕ10@110

表示 5 号楼面板板底钢筋配置：X 向配置 ϕ10@135，Y 向配置 ϕ10@110。

当在某些板内配构造钢筋时，则 X 向以 Xc，Y 向以 Yc 打头注写。如 1 号悬挑板（XB1）的板底图示为："B：Xc&Yc ϕ8@150"，表示悬挑板的板底配有构造钢筋，X、Y 向均为 ϕ8@150，如图 1-190 所示。

◆ 识读板面标高高差

板面标高高差是指相对于结构层楼面标高的高差，应将其注写在括号内，以"m"为单位，无高差则不注写。

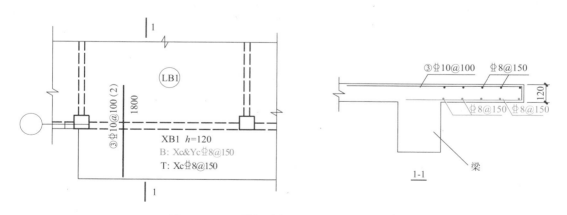

图 1-190　悬挑板的板底构造钢筋表示方法

【例 1-76】如图 1-188 所示 LB1 标注中的"（-0.050）"表示"1 号楼面板板面标高比本层楼面低 0.050m"，如图 1-191 所示。

（2）板支座原位标注

板支座原位标注的内容包括：板支座上部非贯通纵筋和悬挑板上部受力钢筋，如图 1-192 所示。

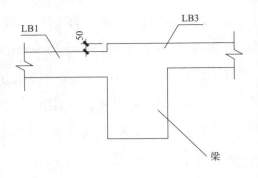

图 1-191　板面标高标注示意图

◆　板支座原位标注的钢筋图示方法：在配置相同跨的第一跨表达（当在梁悬挑部位单独配置时则在原位表达）。在配置相同跨的第一跨（或梁悬挑部位），垂直于板支座（梁或墙）绘制一段适合长度的中粗实线（当该筋通长设置在悬挑板或短跨板上部时，实线段应画至对边或贯通短跨），以该线段代表支座上部非贯通纵筋，并在线段上方注写钢筋编号（如①、②等），配筋值、横向连续布置的跨数（注写在括号内，且一跨时可不注），以及是否横向布置到梁的悬挑端。

（××）为横向布置的跨数，（××A）为横向布置的跨数及一端的悬挑梁部位，（××B）为横向布置的跨数及两端的悬挑梁部位。

【例 1-77】在图 1-192 中②号轴线位置处的"② ⸺10@100"表示在②号轴线处板支座配有直径为 10mm 的 HRB400 级贯通钢筋，间距为 100mm；又如在Ⓐ号轴线位置处，"③ ⸺10@100（2）"表示Ⓐ号轴线处板面支座配有 ⸺10@100，自②号轴线起连续两跨布置，即在②～③轴线及③～④轴线之间布置。

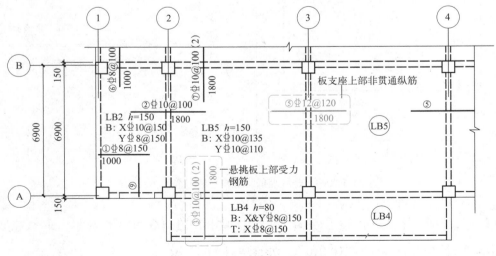

图 1-192　板支座原位标注示意图

◆ 板支座上部非贯通筋伸入跨内图示方法：自支座中线向跨内伸出的长度，注写在线段的下方位置。当中间支座上部非贯通纵筋向支座两侧对称伸出时，可以仅在支座一侧线段下方标注伸出长度，另一侧不标注；当向支座两侧非对称伸出时，应分别在支座两侧线段下方注写伸出长度，如图 1-193 所示。

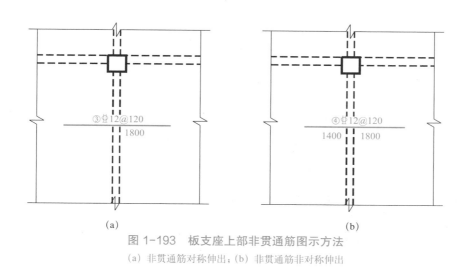

图 1-193　板支座上部非贯通筋图示方法

(a) 非贯通筋对称伸出；(b) 非贯通筋非对称伸出

【例 1-78】由图 1-193（a）可知：③号非贯通纵筋为直径 12mm 的 HRB400 级钢筋，间距为 120mm，该纵筋自支座中心向两侧板内的延伸长度均为 1800mm。

由图 1-193（b）可知：③号非贯通纵筋为直径 12mm 的 HRB400 级钢筋，间距为 120mm，该纵筋自支座中心向左侧板内的延伸长度为 1400mm，向右侧板内的延伸长度为 1800mm。

◆ 对线段画至对边贯通全跨或贯通全悬挑长度的上部通长钢筋，贯通全跨或伸出至悬挑一侧的长度值不注，只注明非贯通钢筋另一侧伸出的长度值。

【例 1-79】如图 1-194 所示，⑤号钢筋，从Ⓐ轴线支座处向下覆盖短跨，故在短跨内长度不注写，向上伸至跨内 1800mm；又如⑥号钢筋，从Ⓐ轴线支座处向下伸至悬挑端，故在悬挑端长度不注写，向上伸至跨内 2000mm。

◆ 当板支座为弧形，支座上部非贯通纵筋呈放射状分布时，设计者应注明配筋间距的度量位置并加注"放射分布"，必要时应补绘平面配筋图，如图 1-195 中⑦号钢筋所示。

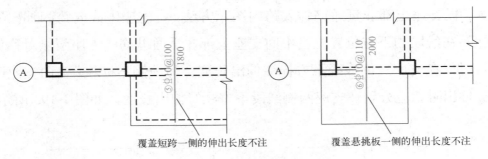

图 1-194　板支座上部非贯通筋图示方法

◆　　悬挑板的注写方式如图 1-196 所示。

◆　　在板平面布置图中，不同部位的板支座上部非贯通纵筋及悬挑板上部受力钢筋，可仅在一个部位注写，对其他相同者仅需在代表钢筋的线段上注写编号及横向连续布置的跨数即可。

【例 1-80】在图 1-180 中的⑨号钢筋，在Ⓐ、①～②轴线之间，有一段中粗实线且标注"⑨ ϕ10@150 和 1800"，表示该位置支座上部配有⑨号非贯通纵筋，为 ϕ10@150，该钢筋自支座中线向跨内伸出的长度为 1800mm；在Ⓐ、④～⑤轴线位置处，有一段中粗实线及钢筋编号⑨，表示该处配筋同Ⓐ、①～②轴线位置；在Ⓓ、②～③轴线位置处，有一段中粗实线及钢筋编号⑨（2），表示该处配筋同Ⓐ、①～②轴线位置，且自②轴线起连续两跨布置，即在②～③轴线及③～④轴线之间布置。

◆　　与板支座上部非贯通纵筋垂直且绑扎在一起的构造钢筋或分布钢筋，应由设计者在图中注明。

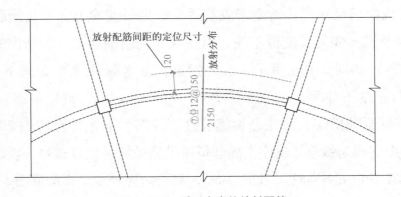

图 1-195　弧形支座处放射配筋

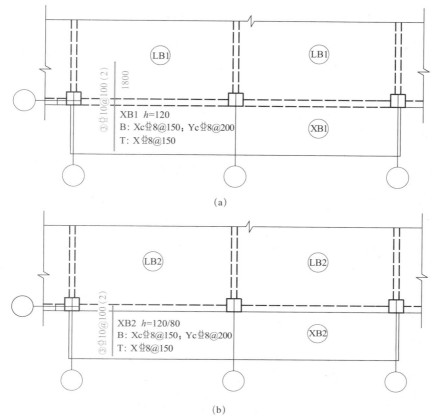

图 1-196　悬挑板支座配筋图示方法

(a) 悬挑板与楼面板无高差时图示方法；(b) 悬挑板与楼面板有高差时图示方法

◆　当板的上部已配置贯通纵筋，但需增配板支座上部非贯通纵筋时，应结合已配置的同向贯通纵筋的直径与间距采取"隔一布一"方式配置。"隔一布一"方式，为非贯通纵筋的标注间距与贯通纵筋相同，两者组合后的实际间距为各自标注间距的 1/2。当设定贯通纵筋为纵筋总截面面积的 50% 时，两种钢筋应取相同直径；当设定贯通纵筋大于或小于总截面面积的 50% 时，两种钢筋则取不同直径。

【例 1-81】板上部已配置贯通纵筋为①ϕ10@200，该跨同向配置的上部支座非贯通纵筋为②ϕ10@200，伸出长度 1000mm，表示在该支座上部设置的纵筋实际为ϕ10@100，其中 1/2 为①贯通纵筋，1/2 为②号非贯通纵筋，如图 1-197 (a) 所示。

板上部已配置贯通纵筋为③ϕ12@250，该跨同向配置的上部支座非贯通纵筋为④ϕ14@250，伸出长度 1200mm，表示在该支座上部设置的纵筋实际

为 ⚊10 和 ⚊14 间隔布置，二者间距为 125mm，如图 1-197（b）所示。

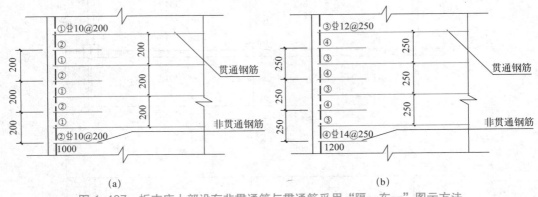

图 1-197 板支座上部设有非贯通筋与贯通筋采用"隔一布一"图示方法
（a）非贯通筋与贯通筋配筋相同；（b）非贯通筋与贯通筋配筋不同

【能力测试】

一、基础知识填空

1. 现浇钢筋混凝土楼盖按有无支承梁可分为_____和_____。

2. 有梁楼盖平法施工图平面注写方式注写内容包括_____和_____。

3. 有梁楼盖平法施工图板块集中标注的内容为：_____、_____、_____、_____以及当板面标高不同时的_____。

4. 有梁楼盖平法施工图板支座原位标注的内容包括_____和_____。

5. 有一楼面板块集中注写为：LB2　h=120

　　　　　　　　B：X⚊12@100；Y⚊10@150

表示____号楼面板，板厚_____，板下部配置的贯通纵筋 X 向为_____，Y 向为_____。

6. 有一悬挑板块集中注写为：XB3　h=120/80

　　　　　　　　B：Xc & Yc⚊10@150

表示_____。

7. 有一楼面板块集中注写为：LB3　h=120

　　　　　　　　B：X & Y⚊10@150

　　　　　　　　T：X⚊10@150

表示_____。

8. 有一楼面板块支座原位注写为：

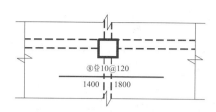

表示_____。

二、识图填空

根据图 1-180，完成下列填空：

1. 4 层楼面结构标高为_____，该层楼面板有____种规格。

2. 3 层 LB1 结构标高为_____，板厚为_____，板下部配筋为_____，板上部配筋为_____。

3. 位于 5 层楼面①、③~④轴线之间板支座上部配筋为_____。

4. 位于 5 层楼面③、ⓒ~ⓓ轴线之间板支座上部配筋为_____。

5. 3 层楼面 LB4 结构标高为_____，板厚为_____，板下部配筋_____，板上部配筋 X 向为_____，Y 向配筋为_____。

三、平法施工图抄绘

1. 抄绘图 1-180。

2. 抄绘要求：

（1）图幅 A3；

（2）比例 1：100；

码 1-32　任务 1.6.1
能力测试参考答案

（3）线型、文字等按照《房屋建筑制图统一标准》GB/T 50001－2017、《建筑结构制图标准》GB/T 50105－2010 及 16G101－1 图集要求执行。

（4）注意事项：学生在抄绘施工图过程中，如果有不懂的地方可先以小组讨论的方式解决，如不能解决需做好记录，并将问题反馈给教师。

【能力拓展】

组织学生参观钢筋混凝土结构房屋施工现场，在教师和施工现场技术人员的指导下，对照施工蓝图和工程实体，识读板平法施工图。

任务 1.6.2　无梁楼盖平法施工图识读

【任务描述】

　　通过本任务的学习，学生能够：理解板平面布置图的绘制方法；记住板带集中标注的内容和表示方法；记住板带支座原位标注的内容和表示方法；能识读如图 1-198 所示无梁楼盖平法施工图。

【学习支持】

一、无梁楼盖平法施工图图示方法

　　无梁楼盖平法施工图是在楼面板和屋面板布置图上，采用平面注写的表达方式，在其上注写截面尺寸和配筋具体数值，如图 1-198 所示。

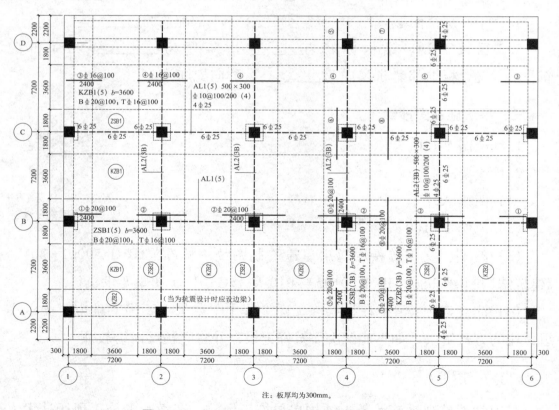

注：板厚均为300mm。

图 1-198　8.670～15.870 无梁楼盖平法施工图示例

二、无梁楼盖平法施工图识读

板平面注写主要包括板带集中标注和板带支座原位标注，如图 1-199 所示。

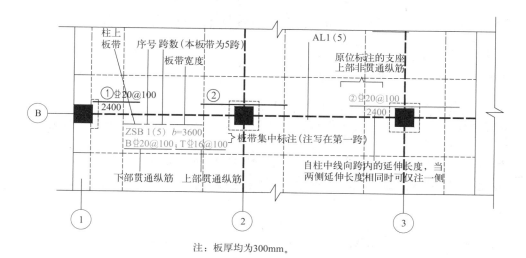

图 1-199　无梁楼盖板板带集中标注和板带支座原位标注示意图

注：板厚均为300mm。

1. 板带集中标注

板带集中标注由板带编号、板带厚、板带宽和贯通钢筋组成，如图 1-198 所示。

（1）板带编号

板带编号由代号、序号、跨数及是否悬挑组成，如下图所示。

KZB　　××　　(××)
代号　　序号　　跨数及有无悬挑

常用板带的类型代号应符合表 1-27 的规定。

板块编号　　　　　　　　　　　　　　　　　　表 1-27

板带类型	代号	序号	跨数及有无悬挑
柱上板带	ZSB	××	（××）或（××A）或（××B）
跨中板带	KZB	××	（××）或（××A）或（××B）

柱上板带是以柱为主要受力构件，柱上板带是在柱中心线两侧各 1/4 板跨

（板跨取两个方向柱中心距的较小者）宽度范围内的板带；跨中板带是次要受力构件，两者配筋不同。

"××A"表示一端悬挑；"××B"表示两端悬挑。

【例1-82】如图1-198所示，在Ⓑ轴线处有一板带注写为"ZSB1（5）"，表示"1号柱上板带，5跨"；在④轴线处有一板带注写为"ZSB2（3B）"表示"2号柱上板带，3跨，两端有悬挑"；在①～②、Ⓒ～Ⓓ轴线之间有一板带注写为"KZB1（5）"，表示"1号跨中板带，5跨"。

【提醒】跨数按柱网轴线计算（两相邻柱轴线间为一跨）；对所有板带应逐一编号，相同编号的板带可选择其一做集中标注，其他仅注写置于圆圈内的板编号。如图1-198所示Ⓒ轴处注写为"ZSB1"，其板带厚、板带宽及配筋同Ⓑ轴线。

（2）板带厚及板带宽注写

板带厚注写为$h=×××$，板带宽注写为$b=×××$。当无梁楼盖整体厚度和板带宽度已在图中注明时，此项可不注。

如"$h=120，b=1000$"表示"板带厚度为120mm，板带宽度为1000mm"。

【例1-83】如图1-198所示，在Ⓑ轴线处"ZSB1（5）$b=3600$"表示"1号柱上板带，5跨，板带宽度为3600mm"，该板带厚度见图中说明，$h=300mm$。

（3）贯通纵筋

贯通钢筋根据所在位置的不同分为下部贯通纵筋（用字母B打头）和上部贯通钢筋（用字母T打头），如："B：$\phi×××@×××$；T：$\phi×××@×××$"，这与有梁楼盖板块集中标注中贯通钢筋标注的规定相同。当上部和下部配筋相同时，用字母"B&T"表示。当采用放射配筋时，设计者应注明配筋间距的度量位置，必要时必须补绘平面图。

【例1-84】如图1-198所示，Ⓑ轴线处ZSB1注写为"B：$\phi20@100$；T：$\phi16@100$"，表示"1号柱上板带水平方向下部配置直径20mm的HRB400级钢筋，间距100mm，上部配置直径为16mm的HRB400级钢筋，间距100mm"。

【例1-85】如图1-198所示，Ⓒ～Ⓓ轴线之间有一板带注写为：

KZB1（5）　　$b=3600$

B $\underline{\Phi}$20@100；T $\underline{\Phi}$16@100

表示为：1 号跨中板带，5 跨，板带宽 b=3600mm，板带厚根据说明 h=300mm，板带水平方向下部配置 $\underline{\Phi}$20@100 贯通钢筋，上部配置 $\underline{\Phi}$16@100 贯通钢筋。

2. 板带支座上部原位标注

板带支座上部原位标注内容为板带支座上部非贯通纵筋。

用一段与板带同向的中粗实线代表板带支座上部非贯通纵筋；对柱上板带，实线段贯穿柱上区域绘制；对跨中板带，实线段横贯柱网轴线绘制。在线段上部注写编号、配筋值及在线段下部注写自支座中心线分别向两侧跨内的延伸长度值。

【例 1-86】 如图 1-198 所示，Ⓑ 轴线处 ZSB1 柱上板带：① 号钢筋为 ① × Ⓑ 号轴线处的柱上板带支座非贯通纵筋，配筋为 $\underline{\Phi}$20@100，该钢筋自支座中心向跨内延伸长度为 2400mm；② 号钢筋为③ × Ⓑ 号轴线处的柱上板带支座非贯通纵筋，配筋为 $\underline{\Phi}$20@100，该钢筋自支座中心向两侧跨内伸出长度为 2400mm。

【提醒】 当分别向两侧对称延伸时，只在一侧注写延伸长度值，如图 1-198 所示的②号钢筋；当配置在带悬挑端的边柱上时，该筋延伸至尽端，不注写尺寸，如图 1-200 所示的⑤号、⑦号钢筋。当呈放射状分布时，注写间距的度量位置。

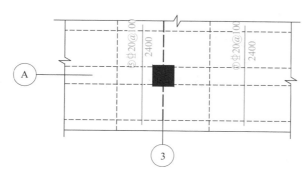

图 1-200　有悬挑端的边柱上板带支座上部非贯通纵筋原位标注

当上部有贯通纵筋与非贯通筋组合时按"隔一布一"的方式布置。如板带上部已配置贯通纵筋① $\underline{\Phi}$18@200，板带支座上部非贯通纵筋为② $\underline{\Phi}$18@200，则板带在该位置实际配置的上部纵筋为 $\underline{\Phi}$18@100，其中 1/2 为贯通纵筋，1/2 为非贯通纵筋，如图 1-201 所示。

3. 暗梁的图示方法与识读

暗梁平面注写包括暗梁集中标注、暗梁支座原位标注。施工图中在柱轴线处画中粗虚线表示暗梁，如图 1-202 所示。

（1）暗梁集中标注

暗梁集中标注包括暗梁编号、暗梁截面尺寸（箍筋外皮宽度 × 板厚）、暗梁箍筋、暗梁上部通长筋或架立筋四部分内容。暗梁编号见表 1-28，注写方式同任务 1.5.1 的钢筋混凝土梁的集中标注。

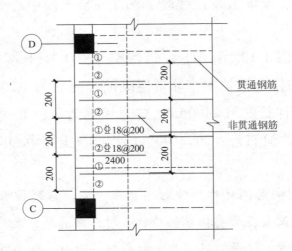

图 1-201　板带支座上部有贯通纵筋和非贯通纵筋按"隔一布一"的方式布置

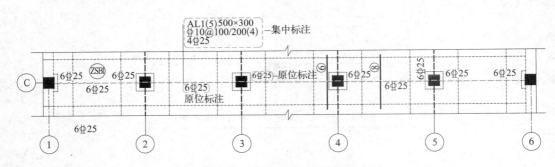

图 1-202　暗梁的集中标注与原位标注

暗梁编号　　　　　　　　　　　　　　　　　　　　　　　　表 1-28

构件类型	代号	序号	跨数及有无悬挑
暗梁	AL	××	（××）、（××A）或（××B）

注：1. 跨数按柱网轴线计算（两相邻柱轴线之间为一跨）；

　　2.（××A）为一端有悬挑，（××B）为两端有悬挑，悬挑不计入跨数。

【例1-87】如图1-202所示，在©号轴线、②～③号轴线之间有集中标注：

AL1（5）　500×300

Φ10@100/200（4）

4Φ25

表示在该轴线上有1号暗梁，5跨；截面尺寸为500mm×300mm；暗梁箍筋配置直径10mm的HRB400级钢筋，加密区间距为100mm，非加密区间距为200mm，均为四肢箍；暗梁上部贯通纵筋为4Φ25。

（2）暗梁支座原位标注

◆　暗梁支座原位标注包括梁上部纵筋、梁下部纵筋。注写方式同钢筋混凝土梁的标注方式。

【例1-88】如图1-202所示，AL1在①号轴线支座处配有6Φ25，在①～②号轴线之间的跨中下部配有6Φ25。

【提醒】当在暗梁上集中标注的内容不适用于某跨或某悬挑端时，则将其不同数值标注在该跨或该悬挑端。施工时按原位注写取用。如图1-203所示t，AL2在Ⓐ～Ⓑ、Ⓑ～©、©～Ⓓ轴线之间梁的上部钢筋按照集中标注，4Φ25贯通，2Φ25距支座规定长度截断；但在Ⓐ轴线位置处梁的左侧外伸端，上部配有6Φ25，伸到梁端部，不截断。

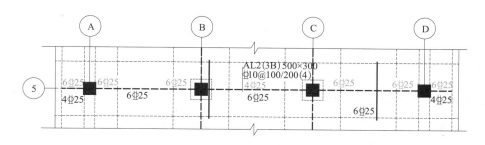

图1-203　暗梁的原位标注

◆　当设置暗梁时，柱上板带及跨中板带标注方式同前述。柱上板带标注的配筋仅设置在暗梁之外的柱板带范围内。

◆　暗梁中纵向钢筋连接、锚固及支座上部纵筋伸出的长度等要求同轴线处柱上板带中纵向钢筋。

◆ 无梁楼盖跨中板带上部纵向钢筋的连接要求、锚固要求详见《混凝土结构施工图平面整体表示方法制图规则和构造详图（现浇混凝土框架、剪力墙、梁、板）》16G101-1。

【能力测试】

一、基础知识填空

1. 在无梁楼盖平法施工图中，板平面注写内容主要有_____、_____。

2. 在无梁楼盖平法施工图中，板带编号由_____、_____和_____组成，如"KZB3（3B）"表示：_____。

3. 暗梁平面注写包括_____、_____。设有一暗梁集中标注为：AL3（3A）400×300

$$\qquad \phi 10@100 \ (4) \ /200 \ (2)$$

$$4\phi 20$$

表示：_____。

4. 设有一板带注写为：ZSB5（3A）$h=300$ $b=3300$

$$B\&T\phi 10@120$$

表示：_____。

5. 设有一板带注写为：ZSB5（4）$h=350$ $b=3600$

$$B：\phi 20@120；T：\phi 16/18@120$$

表示：_____。

二、识图填空

根据图 1-198 完成下列填空。

1. 该结构跨中板带有_____、_____两种类型，支座板带有_____、_____、两种类型，板厚均为_____。

2. KZB2（3B）表示：_____；该板带宽度为_____、板厚为_____；板底钢筋为_____，板面钢筋为_____。

3. AL2（3B）表示：_____；截面尺寸 $b×h$ 为_____；跨中上部纵筋为_____，下部纵筋为_____，支座上部纵筋为_____，箍筋为_____。

三、图纸抄绘

1. 抄绘图 1-198。

2. 抄绘要求：

（1）图幅 A2；

（2）比例 1：100；

码 1-33　任务 1.6.2
能力测试参考答案

（3）线型、文字等按照《房屋建筑制图统一标准》GB/T 50001-2017、《建筑结构制图标准》GB/T 50105-2010 及 16G101-1 图集要求执行。

（4）注意事项：学生在抄绘施工图过程中，如果有不懂的地方可先以小组讨论的方式解决，如不能解决需做好记录，并将问题反馈给教师。

【能力拓展】

组织学生参观钢筋混凝土结构房屋施工现场，在教师和施工现场技术人员的指导下，对照施工蓝图和工程实体，识读无梁楼盖平法施工图。

项目 1.7　楼梯平法施工图识读

【项目概述】

码 1-34　项目 1.7 导读

通过本项目的学习，学生能够：了解楼梯的受力特点；熟记楼梯的类型、组成部分，楼梯内各组成部分钢筋名称、位置和作用、构造要求；理解钢筋混凝土楼梯平法施工图的制图规则，会根据国家建筑标准设计图集查阅标准构造详图，识读楼梯平法施工图；能按照《建筑结构制图标准》GB/T 50105-2010 绘制楼梯平法施工图。

【任务描述】

在工业与民用建筑中，楼梯是多层和高层建筑楼层之间垂直交通用的建筑部件。楼梯按材料不同可以分为钢筋混凝土楼梯、钢楼梯、木楼梯及组合材料梯等，其中钢筋混凝土楼梯应用最广泛。钢筋混凝土楼梯是建筑结构中最基本的承重构件，如图 1-204 所示。

通过本任务的学习，学生能够：了解楼梯类型、组成部分、受力特点；识别楼梯内各部分钢筋的名称、位置；理解现浇混凝土板式楼梯平法施工图的制图规则、绘制方法；理解常见类型楼梯的标准构造详图，并正确识读现浇钢筋混凝土板式楼梯平法施工图（图 1-205）。

室外楼梯

室内楼梯

图 1-204　钢筋混凝土楼梯的应用

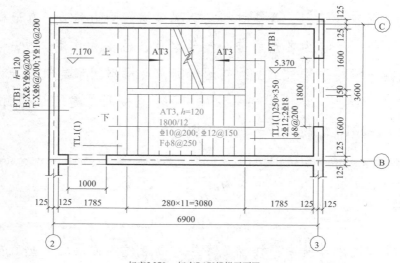

标高5.370—标高7.170楼梯平面图

图 1-205　AT 型楼梯平面注写方式示例

【学习支持】

一、楼梯的类型与组成

1. 现浇钢筋混凝土楼梯的分类及受力特点

现浇钢筋混凝土楼梯按梯段受力特点和结构形式可以分为：板式楼梯、梁式楼梯、悬挑楼梯等。

（1）板式楼梯

板式楼梯的踏步板就是一块斜板，踏步斜板支承在高端梯梁和低端梯梁上或者直接与高端平板和低端平板连接。踏步斜板厚度约为跨度的 1/30 ～ 1/25，一般用于 3m 以内跨度较经济。

（2）梁式楼梯

梁式楼梯由踏步板、斜梁、平台梁和平台板组成。踏步板支承在斜梁上，斜梁支承在台梁上。梁式楼梯比板式楼梯经济，但施工较复杂（图 1-206）。

◆ 踏步板

踏步板由三角形踏步和三角形踏步下的斜板组成，斜板厚度 h 一般可取 40mm。踏步板一端支承在斜边梁上，另一端支承在斜边梁上或墙身上，按单向板计算，其配筋如图 1-207 所示，板最下部放受力筋，每步不小于 $2\phi6$，受力筋一端弯起，错开放置，承受支座处可能出现负弯矩。分布筋间距不大于 300mm。

【知识拓展】

当板的长边与短边之比大于等于 3 时，宜按沿短边方向受力的单向板计算，并应沿长边方向布置构造钢筋。

◆ 斜边梁

斜边梁承受踏步板传来荷载，按简支梁计算，其配筋如图 1-208 所示。当采用钢筋混凝土栏板时，可利用栏板作斜边梁（图 1-209）。

当楼面梁或平台梁外移，或设计成三跑楼梯时，会出现折线形斜梁（图 1-210）。在受拉区的内折角处纵向受力筋应切断并延伸至受压区锚固，锚固长度从交叉点算起 l_a，并增设附加箍筋。

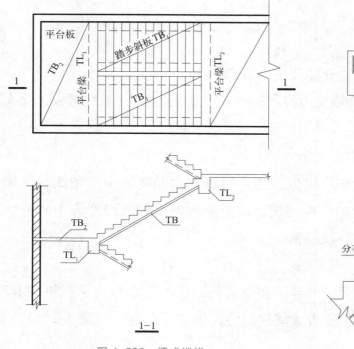

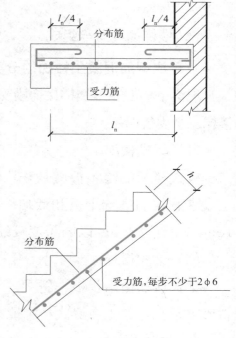

图 1-206　梁式楼梯

图 1-207　踏步板配筋

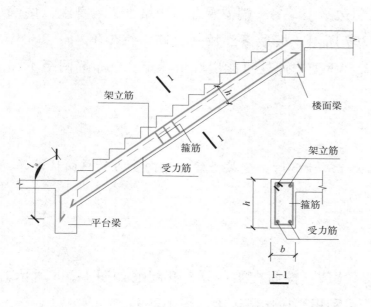

图 1-208　斜边梁配筋

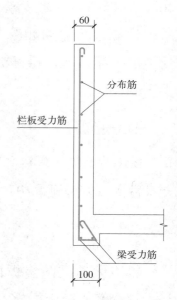

图 1-209　栏板斜边梁

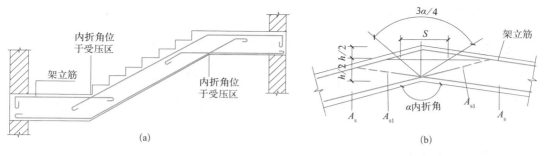

图 1-210　折线形斜梁配筋

◆　平台板

平台板配筋同板式楼梯的平台板。

◆　平台梁

梁式楼梯平台梁承受平台板传来的均布荷载以及斜边梁传来的集中荷载，按简支梁计算，其配筋如图 1-211 所示，在斜边梁的支承处应设附加横向钢筋。

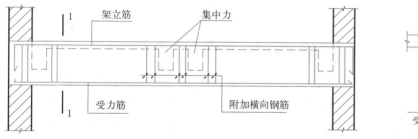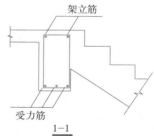

图 1-211　平台梁配筋

（3）悬挑楼梯

悬挑楼梯的梯梁一端支承在墙上或者柱上，一端自由，形成悬挑结构，踏步支承在梯梁上，也可以把楼梯的踏步板直接做成悬挑板。

悬挑梯梁、悬挑踏步板的配筋同悬挑梁、悬挑板。

在建筑物中用的最多的是现浇混凝土板式楼梯，在此重点介绍板式楼梯。

2. 现浇板式楼梯的类型

现浇板式楼梯根据梯板截面形状与支承位置不同，分为 12 种类型。楼梯板代号见表 1-29，具体如图 1-212 ～图 1-216 所示。

二、识读板式楼梯平法施工图

现浇混凝土板式楼梯平法施工图有平面注写、剖面注写和列表注写三种表达方式。与楼梯相关的平台板、梯梁、梯柱的注写方式参见前面项目。楼梯的平面布置图，应按照楼梯标准层，采用适当比例集中绘制，必要时绘制剖面图。

1. 平面注写方式

平面注写方式采用在楼梯平面布置图上注写截面尺寸和配筋具体数值的方式来表达楼梯施工图，包括集中标注和外围标注。以 AT 型为例，其他类型楼梯见图集 16G101-2。

（1）楼梯集中标注的内容

◆ 梯板类型代号与序号，如 AT××。

◆ 梯板厚度，h=×××。当为带平板的梯段且梯段板厚度与平板厚度不同时，可在梯段板厚度后面的括号内以字母 P 打头注写平板厚度，如 h=×××（P×××）。

◆ 踏步段总高度和踏步级数之间以"/"分隔。

楼梯类型 表 1-29

梯板代号	适用范围		是否参与结构整体抗震计算	示意图所在图号
	抗震构造措施	适用结构		
AT	无	剪力墙、砌体结构	不参与	图 1-212
BT				
CT	无	剪力墙、砌体结构	不参与	图 1-213
DT				
ET	无	剪力墙、砌体结构	不参与	图 1-214
FT				
GT	无	剪力墙、砌体结构	不参与	图 1-215
ATa	有	框架结构、框剪结构中框架部分	不参与	图 1-216
ATb				
ATc			参与	
CTa	有	框架结构、框剪结构中框架部分	不参与	详见图集 16G101-2
CTb				

注：ATa、CTa 低端设滑动支座支承在梯梁上；ATb、CTb 低端设滑动支座支承在挑板上。

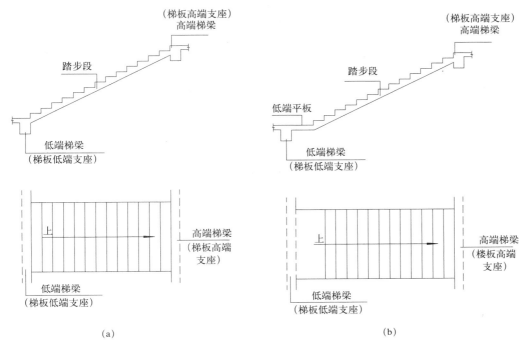

图 1-212 AT、BT 型楼梯截面形状与支座位置示意图

(a) AT 型；(b) BT 型

注：1. AT 型梯板全部由踏步段构成，两端分别以梯梁为支座；

2. BT 型梯板由踏步段和低端平板构成，两端分别以梯梁为支座。

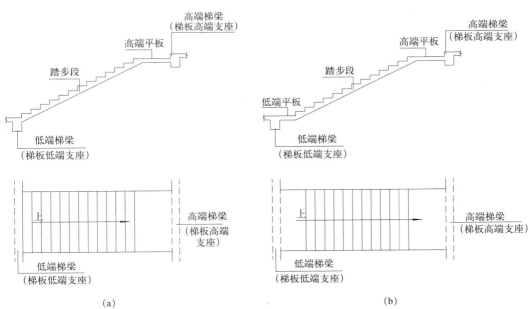

图 1-213 CT、DT 型楼梯截面形状与支座位置示意图

(a) CT 型；(b) DT 型

注：1. CT 型梯板由踏步段和高端平板构成，两端分别以梯梁为支座；

2. DT 型梯板由低端平板、踏步段和高端平板构成，两端分别以梯梁为支座。

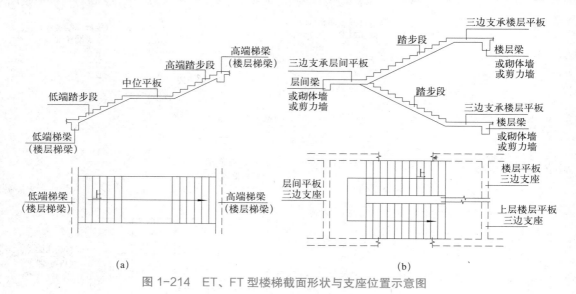

图 1-214　ET、FT 型楼梯截面形状与支座位置示意图

(a) ET 型；(b) FT 型

注：1. ET 型梯板由低端踏步段、中位平板和高端踏步段构成，两端分别以梯梁为支座；

　　2. FT 型梯板由层间平板、踏步段和楼层平板构成，层间平板和楼层平板都采用三边支承。

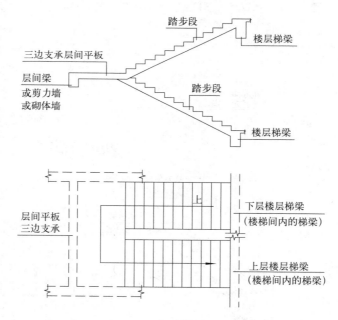

图 1-215　GT 型楼梯截面形状与支座位置示意图

注：GT 型梯板由层间平板、踏步段构成，层间平板采用三边支承，梯段板采用单边支承。

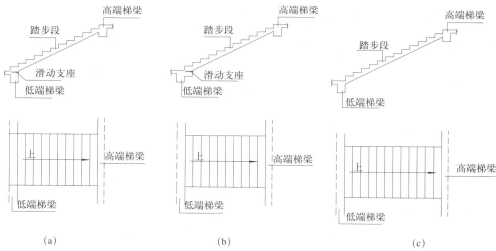

图 1-216　ATa、ATb、ATc 型楼梯截面形状与支座位置示意图

(a) ATa 型；(b) ATb 型；(c) ATc 型

注：1. ATa 型楼梯为带滑动支座的板式楼梯，梯板全部由踏步段构成，梯板高端以梯梁为支承，低端以带滑动支座的梯梁为支承；

　2. ATb 型楼梯为带滑动支座的板式楼梯，梯板全部由踏步段构成，梯板高端以梯梁为支承，低端以带滑动支座支承在梯梁的挑板上；

　3. ATc 型梯板全部由踏步段构成，两端均支承在梯梁上，梯板两侧设置边缘构件（暗梁）。

◆　梯板支座上部纵筋、下部纵筋之间以"；"分隔。

◆　梯板分布筋，以 F 打头注写，也可以在图中统一说明。

（2）楼梯外围标注内容

其包括楼梯间的平面尺寸、楼层结构标高、层间结构标高、楼梯的上下方向、梯板的平面几何尺寸、平台板配筋、梯梁及梯柱配筋等。

AT 型楼梯板配筋构造如图 1-217 所示，平面注写方式如图 1-218 所示。

【例 1-89】识读图 1-219 的 AT 型楼梯板平面注写方式示例。

从图 1-219 可见：

（1）该图是标高 5.370～7.170 楼梯平面图，集中标注：3 号 AT 型楼梯，梯板厚度 120mm，踏步段总高度 1800mm，踏步数为 12 级，每级踏步的高度为 1800/12=150mm，梯板支座上部纵筋为 ϕ10@200，下部纵筋为 ϕ12@150，楼梯分布筋为 ϕ8@250。

（2）原位标注内容：楼梯间的平面尺寸是 6900mm×3600mm，墙体厚度是 250mm，楼梯井的宽度是 150mm，踏步共 11+1=12 级，每个踏步宽度280mm，楼梯板的宽度 1600mm，长度 3080mm，是一块斜板，两边分别支承在 TL1、TL2 上。平台标高分别是 5.370、7.170m。

（3）根据图 1-217 可知：楼梯板配筋构造如图 1-220 所示。

码 1-35　AT 型
楼梯板配筋构造

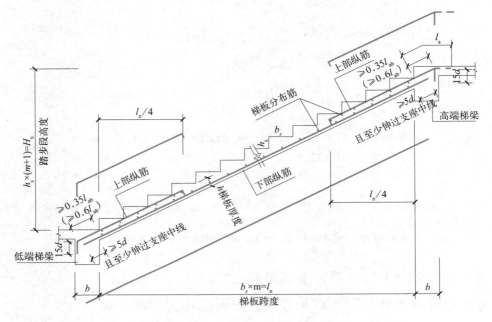

图 1-217　AT 型楼梯板配筋构造

注：1. 上部纵筋需伸至支座对边再向下弯折；

2. 图中上部纵筋锚固长度 $0.35l_{ab}$ 用于设计按铰接的情况，括号内数据 $0.6l_{ab}$ 用于设计考虑充分发挥钢筋抗拉强度的情况，具体工程中设计应指明采用何种情况；

3. 上部纵筋有条件时可以直接伸入平台板内锚固，从支座内边算起总锚固长度不小于 l_a，如图中虚线所示。

【知识拓展】

板式楼梯配筋施工现场实际案例如图 1-221 所示。

2. 剖面注写方式

剖面注写方式是在楼梯平法施工图中绘制楼梯平面布置图和楼梯剖面图，包括平面注写和剖面注写两部分。

楼梯平面布置图注写内容包括楼梯间的平面尺寸、楼层结构标高、层间结构标高、楼梯的上下方向、梯板的平面几何尺寸、梯板类型及编号、平台板的配筋、梯梁和梯柱配筋等，如图 1-222 所示。

楼梯剖面图注写内容包括梯板集中标注、梯梁梯柱编号、梯板水平及竖向尺寸、楼层结构标高、层间结构标高等，如图 1-223 所示。

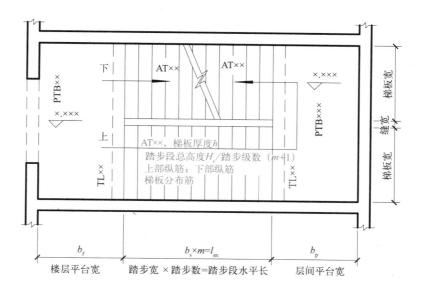

标高×.×××—×.×××楼梯平面图

图 1-218　AT 型楼梯板平面注写方式

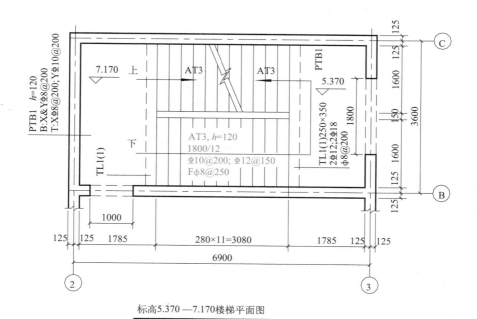

标高5.370—7.170楼梯平面图

图 1-219　AT 型楼梯板平面注写方式示例

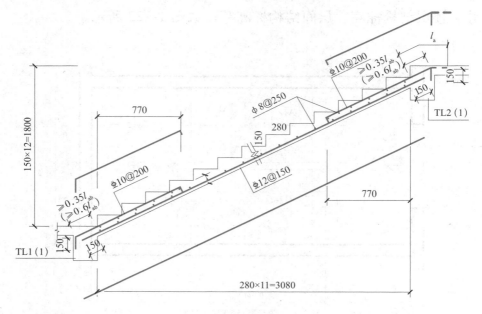

图 1-220　楼梯板配筋图

图 1-221　板式楼梯实际配筋图

【例 1-90】识读板式楼梯剖面注写方式平法施工图（图 1-222）。

从图 1-222 可见：

（1）该板式楼梯间的平面尺寸为 3100mm×5700mm。

（2）TL1 集中标注表示为 1 号楼梯梁，1 跨，截面尺寸 250mm×350mm，上部通长筋为 2 ϕ 12，下部通长筋为 2 ϕ 18，箍筋为 ϕ8@200。

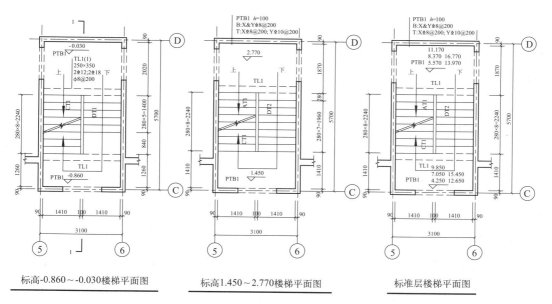

标高-0.860~-0.030楼梯平面图   标高1.450~2.770楼梯平面图   标准层楼梯平面图

图 1-222 楼梯施工图剖面注写示例（平面图）

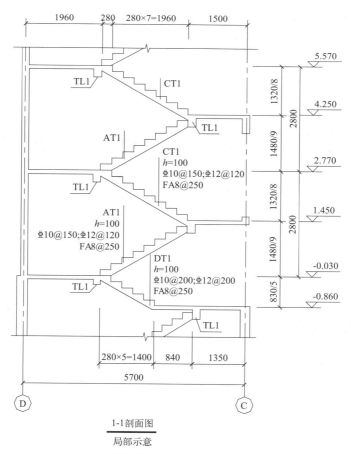

1-1剖面图

局部示意

图 1-223 楼梯施工图剖面注写示例（剖面图）

（3）PTB1 集中标注表示为 1 号平台板，板厚为 100mm，板下部配置贯通纵向钢筋，双向均为 ϕ8@200，板下部 X 向贯通纵筋为 ϕ8@200，Y 向贯通纵筋为 ϕ10@200，楼梯平台标高、踏步尺寸和台阶数可以结合剖面图识读。

从图 1-223 可见：

（1）CT1 为 1 号 CT 型板式楼梯，梯板由踏步段和高端平板构成，两端分别以梯梁为支座，板厚为 140mm，踏步高度为 1480mm 共 9 级，上部纵筋为 ϕ10@150，下部纵筋为 ϕ12@120，分布筋为 ϕ8@250。

（2）踏步的宽度为 280mm，踏步的高度 =1480/9=164.44mm。

3. 列表注写方式

列表注写方式是用列表方式注写梯板截面尺寸和配筋具体数值。

列表注写方式的具体要求同剖面注写方式，仅将剖面注写方式中的梯板配筋注写项改为列表注写即可。

如图 1-223 中剖面图中各梯板的配筋注写项改为列表注写方式，结果见表 1-30。

楼梯列表注写方式 表 1-30

梯板编号	踏步段总高度 / 踏步级数	板厚 h	上部纵向钢筋	下部纵向钢筋	分布筋
AT1	1480/9	100	ϕ10@150	ϕ12@120	ϕ8@250
CT1	1320/8	100	ϕ10@150	ϕ12@120	ϕ8@250
DT1	830/5	100	ϕ10@200	ϕ12@200	ϕ8@250

【能力测试】

一、基础知识填空

1. 现浇钢筋混凝土楼梯按梯段的受力特点和结构形式可以分为：_____、_____、_____等。

2. 请写出板式楼梯荷载的传递路线：_____
_____。

3. CT 型楼梯板由_____构成，其支承为_____
_____。

4. 当板式楼梯采用平面注写方式表达时，楼梯外围标注内容包括楼梯间
的_____、_____、_____、_____、_____、平台板配筋、梯
梁及梯柱配筋等。

5. 识读如图 1-224 所示的板式楼梯实例，完成下列填空。

（1）该楼梯的类型为_____。

（2）TL1(1) 表示_____，截面尺寸为_____；PTB1 表示____
_____，板厚度为_____。

（3）BT3 的梯板厚度为_____，踏步段总高度为_____，踏步
级数为_____。

（4）BT3 上部纵筋为_____，下部纵筋为_____，
梯板分布筋为_____。

码 1-36　项目 1.7
能力测试参考答案

二、图纸绘制练习

1. 活动内容：楼梯平法施工图绘制练习——抄绘图 1-224；根据图集

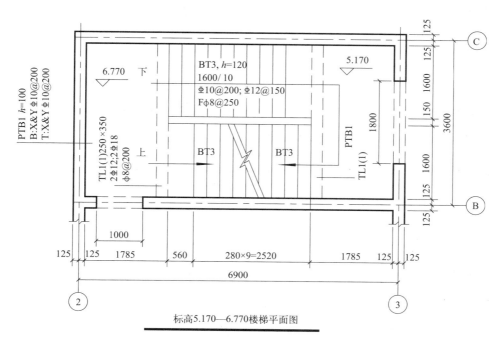

标高5.170—6.770楼梯平面图

图 1-224　楼梯平面图

16G 101-2 画出 BT3 楼梯板截面配筋图。

码 1-37　BT 型
楼梯板配筋构造

2. 抄绘要求

（1）图幅：A2；

（2）比例：1：50；

（3）线型、文字等：按照《房屋建筑制图统一标准》GB/T
50001-2017 及《建筑结构制图标准》GB/T 50105-2010 执行。

3. 活动要求：学生在抄绘施工图过程中，如果有不懂的地方先相互讨论解决，学生之间不能解决的问题需做好记录，并将问题反馈给教师。

【能力拓展】

组织参观钢筋混凝土结构房屋施工现场，在教师指导下，对照结构施工图分组学习现场板式楼梯钢筋的绑扎施工。

项目 1.8　钢筋混凝土结构施工图识读综合训练

码 1-38　项目 1.8 导读

【项目概述】

> 结构施工图是根据房屋建筑中的承重构件进行结构设计后绘制成的图样。结构设计时根据建筑要求选择结构类型，并进行合理布置，再通过力学计算确定构件的断面形状、大小、材料及构造等，并将设计结果绘成图样，以指导施工，这种图样也简称为"结施"，结构施工图与建筑施工图一样，是施工的依据，主要用于房屋的定位放线、基槽（坑）开挖、基础施工、支承模板、配置并绑扎钢筋、浇筑混凝土等施工过程，也作为计算工程量、编制工程预算和施工组织设计的依据，是房屋建筑主要的施工图纸。
>
> 通过本任务的学习，学生能够：识记整套图纸的组成及编排方式，运用钢筋混凝土结构相关知识、《建筑结构制图标准》GB/T 50105-2010 以及《混凝土结构施工图平面整体表示方法制图规则和构造详图》16G101 等相关标准正确识读钢筋混凝土结构施工图。

【学习支持】

钢筋混凝土结构施工图的内容很多，因结构类型不同而有所不同，以钢筋混凝土框架结构房屋为例，一般由图纸目录、结构设计说明、基础图、结构平面布置图和结构详图等组成。下面结合工程实例来学习结构施工图的识读方法和步骤。

一、识读结构施工图前的准备工作

1. 准备相关标准图集和相关资料

识读结构施工图前，应熟悉《房屋建筑制图统一标准》《建筑结构制图标准》《混凝土结构施工图平面整体表示方法制图规则和构造详图》等国家标准，应根据结构设计说明准备相应标准图集和相关资料，以供识图时随时查阅。

2. 熟知常用结构构件代号（表 1-31）

常用构件代号   表 1-31

序号	名称	代号	序号	名称	代号	序号	名称	代号
1	板	B	15	吊车梁	DL	29	托架	TJ
2	屋面板	WB	16	单轨吊车梁	DDL	30	天窗架	CJ
3	空心板	KB	17	轨道连接	DGL	31	框架	KJ
4	槽形板	CB	18	车档	CD	32	刚架	GJ
5	折板	ZB	19	圈梁	QL	33	支架	ZJ
6	密肋板	MB	20	过梁	GL	34	柱	Z
7	楼梯板	TB	21	连系梁	LL	35	框架柱	KZ
8	盖板或沟盖板	GB	22	基础梁	JL	36	构造柱	GZ
9	挡雨板或檐口板	YB	23	楼梯梁	TL	37	承台	CT
10	吊车安全走道板	DB	24	框架梁	KL	38	设备基础	SJ
11	墙板	QB	25	框支梁	KZL	39	桩	ZH
12	天沟板	TGB	26	屋面框架梁	WKL	40	挡土墙	DQ
13	梁	L	27	檩条	LT	41	地沟	DG
14	屋面梁	WL	28	屋架	WJ	42	柱间支撑	ZC

续表

序号	名称	代号	序号	名称	代号	序号	名称	代号
43	垂直支承	CC	47	阳台	YT	51	钢筋网	W
44	水平支承	SC	48	梁垫	LD	52	钢筋骨架	G
45	梯	T	49	预埋件	M	53	基础	J
46	雨篷	YP	50	天窗端壁	TD	54	暗柱	AZ

注：1. 预制混凝土构件、现浇混凝土构件、钢构件和木构件，一般可以采用本表中的构件代号。在绘图中，除混凝土构件可以不注明材料代号外，其他材料的构件可在构件代号前加注材料代号，并在图纸中加以说明；

2. 预应力混凝土构件的代号，应在构件代号前加注"Y"，如 YDL 表示预应力混凝土吊车梁。

3. 阅读建筑施工图

在阅读结构施工图之前，先阅读建筑施工图，通过阅读设计说明、总平面图、建筑平、立、剖面图，了解建筑体型、使用功能、内部房间的布置、层数与层高、柱墙布置、门窗尺寸、楼梯位置、内外装修、材料构造及施工要求等基本情况，这样可以建立起建筑物的轮廓，在识读结构施工图时，才能准确地理解结构施工图所表示的内容。

二、结构施工图的识读方法

1. 从上往下，从左往右的看图顺序是施工图识读的一般顺序。比较符合看图的习惯，同时也是施工图绘制的先后顺序。

2. 由前往后看，根据房屋的施工先后顺序，从基础、墙柱、楼面到屋面依次看，此顺序基本也是结构施工图编排的先后顺序。

3. 看图时要注意从粗到细，从大到小。先粗看一遍，了解工程的概况、结构方案等。然后看总说明及每一张图纸，熟悉结构平面布置，检查构件布置是否合理正确，有无遗漏，柱网尺寸、构件定位尺寸、楼面标高等是否正确。最后根据结构平面布置图，详细识读每一个构件的编号、跨数、截面尺寸、配筋、标高及其节点详图。

4. 图中的文字说明是施工图的重要组成部分，应认真仔细逐条阅读，并与图样对照，便于完整理解图纸。

5. 结施图应与建施图结合起来识读。一般先看建施图，然后再看结施图。在阅读结施图时应同时对照相应的建施图，只有把两者结合起来看，才能全面理解结构施工图，并发现存在的问题。

三、阅读图纸目录

图纸目录表明该工程结构施工图的图纸组成，一般包括：图纸序号、图纸名称、图幅大小、图纸张数等，按图纸序号排列，以便查找。应仔细核对图纸目录与实际施工图图纸，如有出入，必须与设计单位联系解决。

【例 1-91】根据图 1-225 图纸目录可知：本工程为 ×× 小区 6 号楼物业用房，该工程结构施工图共有 10 张，图纸序号为结施 1 ～结施 10，其中图号为结施 3 的图纸名称为基础平面布置图，图幅为 A2。其他施工图的图名及图幅如图 1-225 所示。

四、阅读结构设计说明

阅读结构设计说明的目的是了解工程的概况、设计依据、基础结构形式、上部结构形式、材料要求、结构构造要求、预制构件选用的标准图集、工程设计选用的标准图集、工程在设计时对于结构的特殊要求以及对工程施工时的总体要求等。结构施工图设计说明一般用文字并配图来说明，如图 1-226 所示。

每一个单项工程都应编写一份结构设计总说明，对于有多个子项工程的应编写统一的结构设计总说明。

【例 1-92】图 1-226 为 ×× 小区 6 号楼商业用房的结构设计说明。从图中可知：

1. 工程结构形式

根据第 1.1 条可知：本工程上部结构为钢筋混凝土框架结构，基础为钢筋混凝土柱下条形基础。

××市××设计研究院有限公司

图 纸 目 录
DRAWING LIST

工程名称 PROJECT	××小区物业用房	设计号 PROJECT No.		第 1 页共 1 页 PAGE　TOTAL PAGE
项目名称 ITEM	6号楼	图别 DESIGN PHASE	结施	图 号 DRAWING No. 1

图号 DRAWING No.	图 纸 名 称 DESIGNATION	图幅 SIZE	比例 SCALE	日期 DATE	备注 REMARK
1	图纸目录	A4			
2	结构设计说明	A2			
3	基础平面布置图	A2			
4	基础顶~4.150 柱配筋图	A2			
5	4.150~屋面柱配筋图	A2			
6	二层梁配筋图	A2			
7	屋面梁配筋图	A2			
8	二层板配筋图	A2			
9	屋面板配筋图	A2			
10	楼梯详图	A2			

专业负责人 DISCIPLINE RESPONSIBLE	×× ××			
设计人 DESIGNER	××	日期 DATE	××年××月××日	

图 1-225　图纸目录示例

结构设计说明

1. 概述
1.1 本工程上部结构为框架结构，基础为柱下条形基础。
1.2 本工程结构采用的设计基准期为 50 年，设计使用年限为 50 年。上部结构的安全等级为二级，结构抗震等级为二级。
1.3 本工程的抗震设防分类为乙类建筑。
   抗震设防烈度为 7 度。设计地震分组为第一组。设计基本地震加速度为 0.10g。××地区 IV 类，场地特征周期为 0.90s。
1.4 施工中应严格遵照国家现行验收及施工有关规范进行。本设计中未考虑冬期、雨期的施工措施，施工单位应根据有关施工验收规范采取相应措施。
1.5 本工程荷载取值除特别注明外，按国家或地方规范执行，使用荷载加移动隔墙荷载大于 2.0kN/m²。
1.6 本工程图纸所注尺寸均以毫米为单位，高程和坐标以米为单位。
1.7 未经技术鉴定或设计认可，不得改变结构的用途和使用环境。
1.8 施工中如采用附墙塔、爬塔等对结构受力有影响的起重机械或其他施工设备时，施工单位应根据具体情况验算施工荷载对结构的影响。

2. 设计依据
2.1 本工程方案设计批准文件。
2.2 地质勘探报告：《××市物业楼岩土工程勘察报告》，由××设计研究院有限公司勘探并编制（勘察工程编号：××），报告日期：××年××月。
2.3 主要设计规范、规程及规定
   (1)《建筑模数制标准》GB/T 50105—2010
   (2)《建筑工程抗震设防分类标准》GB 50223—2008
   (3)《建筑结构荷载规范》GB 50009—2012
   (4)《混凝土结构设计规范》GB 50010—2010（2015 年版）
   (5)《建筑抗震设计规范》GB 50011—2010（2016 年版）
   (6)《建筑地基基础设计规范》GB 50007—2011
   (7)《混凝土结构工程施工质量验收规范》GB 50204—2015
   (8)《混凝土结构耐久性设计规范》GB/T 50476—2019
   (9)《混凝土结构工程施工质量验收规范》GB 50202—2018
   (10)《混凝土结构施工图平面整体表示方法制图规则和构造详图（现浇混凝土框架、剪力墙、梁、板）》16G101—1
   本工程结构计算采用中国建筑科学研究院 PKPM 工程部 SATWE 程序（2010 年版）。本工程施工除满足本条所列的规范和规程外，尚应按国家、部委及地方制定的设计和施工现行标准、规范和规程进行施工。

3. 设计采用可变荷载值
3.1 基本雪压 0.20kN/m²，基本风压 0.55kN/m²，地面粗糙度类别 B 类。
3.2 楼面、地面均布活荷载（可变荷载）标准值及主要设备控制荷载标准值（kPa）

部 位	档案室	办公室	重要室	楼梯	走道	不上人屋面
荷载	2.5	2.0	2.0	3.5	2.0	0.5

4. 材料
4.1 混凝土强度等级

部位 构件	基础、基顶~2F	屋面
柱、梁、板	C35	C30
过梁、构造柱、圈梁	C20	

注：基础素混凝土垫层为 C15 混凝土。

4.2 钢筋强度等级
4.2.1 钢筋：φ 表示 HPB300 级钢筋，Φ表示 HRB335 级钢筋，表示 HPB400 级钢筋，抗震等级为一、二、三级的框架结构和斜撑构件（含楼梯），其纵向受力钢筋采用普通钢筋时，钢筋的抗拉强度实测值与屈服强度实测值的比值不应小于 1.25；钢筋的屈服强度实测值与强度标准值的比值不应大于 1.3；钢筋在最大拉力下的总伸长率实测值不应小于 9%。埋件用钢材采用 Q235B 级钢，埋件钢筋采用 HPB300、HRB335 或 HRB400 级钢筋，严禁采用冷加工钢筋。
4.2.2 焊条——HPB300 级钢筋采用 43×× 型焊条，HRB335 级钢筋采用 50×× 型焊条，HRB400 级钢筋采用 50×× 型焊条。
4.3 墙体材料执行《混凝土多孔砖建筑技术规程》DB 33/1014—2003 的规定。
   蒸压加气混凝土砌块配合《蒸压加气混凝土砌块建筑构造》03J104 施工。
   ±0.000 以下外墙体（混凝土墙及地下室内除外）采用：MU7.5 混凝土多孔砖，重度≤15kN/m³；砂浆采用：RM10 商品混合砂浆砌筑。
   ±0.000 以上外墙体采用：MU10 混凝土多孔砖，重度≤15kN/m³；砂浆采用：RM5 商品混合砂浆砌筑，顶层不应小于 RM7.5。
   内墙采用：MU5.0 蒸压加气混凝土砌块，重度≤8kN/m³；砂浆采用：RM5 商品混合砂浆砌筑，顶层不应小于 RM7.5。

5. 本工程钢筋混凝土构件保护层厚度（除图中另有注明外）按 16G101—1 第 56 页采用。
6. 本工程钢筋锚固长度和搭接长度按 16G101—1 第 58 页执行。
7. 地基基础工程
7.1 本工程根据岩土工程勘察报告的数据现场钻孔。
7.2 基槽开挖及回填要求
   (1) 基坑开挖应有详细的施工组织设计，施工单位应严格按该设计要求进行施工。
   基坑开挖深度应按设计要求控制，不得超挖。

   (2) 机械挖土时应按××市地基基础设计规范有关要求分层进行，坑底应保留 200～300mm。
   (3) 基底未至老土，基槽超挖或槽内有暗滨时应将淤泥清除干净，换以粗砂或粗砂石分层回填，分层厚度宜≤于 300mm，并经充分振实。砂石应采用级配良好的中、粗砂，含泥量不超过 3%，并须去树皮、草根等杂质，若用细砂，则用细砂的中、粗砂，含泥量 30%～50% 的碎石，碎石最大粒径不宜大于 50mm，砂的干密度不应大于 1.6m/m³。
   (4) 基坑外壁以及基础沉降缝间空隙均按以上要求分层振实。土层密实度系数不小于 0.94。
   (5) 基坑土开挖后应通知设计人员和勘察人员参加基坑验槽。

8. 填充墙抗震构造
8.1 砌体施工质量控制等级为 B 级。
   填充墙构造柱的设置位置，断面尺寸见各层建筑平面及相关施工图纸。除有关图纸已注明者外，构造柱应在墙体拐角、不同厚度墙体交接处、较大洞口两侧（≥1500mm）、悬臂端墙端部布置，构造柱间距≤5m，且不大于层高两倍。
   构造柱应先砌填充墙后浇筑构造柱混凝土，用 C20 混凝土浇筑，砌筑时，构造柱与墙体连接应通长拉结。构造柱上部与梁连接处应加插筋。
   填充墙砌筑砂浆等级不应低于 RM5。
   楼梯间四周及人流通道填充处采取双面钢丝网砂浆加强措施，点焊钢筋网片及拉结筋做法详见 03SG611 第 41 页，钢筋采用 φ6@200，面层砂浆强度等级≥M10。
8.2 填充墙与钢筋混凝土柱、墙连接构造（本工程按 8 度抗震烈度构造，拉结筋沿墙全长贯通）。
   浇捣框架柱或剪力墙体时，应配合建施有关图纸按图中要求位置预留 φ6 间距不大于 500 插筋。
   当柱边或剪力墙边体长度≤400mm（100、120、200 mm 厚墙）、≤370 mm（240 mm 墙厚）时，柱边或剪力墙砌体应以钢筋混凝土框代替。
8.3 框架填充墙高度超过 4m 时，在墙中部（或檐口）位置设置与柱连接的通长钢筋混凝土水平系梁。

9. 本工程除注明外均在窗台处设连通窗台梁一道，两边各伸过窗边，断面配筋详见图 1；门窗洞边框柱边小于 240mm 时见图 2；所有卫生间及淋浴间均设置高于地坪 200mm 的素混凝土止水带，见图 3；露（阳）台与室内相接处，应设置高于地坪 300mm 的混凝土上翻边，起止水作用，详见图 4。

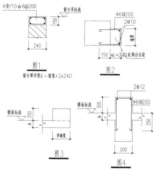

图1   图2
窗台梁详图 L=窗宽+2×240

图3   图4

10. 沉降观测应按图纸上设置的观测点进行，观测应从浇筑基础开始直至达到沉降变形稳定/满足沉降停测标准为止，具体要求可参见《××市建筑地基基础设计规范》，施工中如发现异常情况应及时通知设计人员，观测资料应送交各相关部门。
   沉降观测点埋设详见图5。

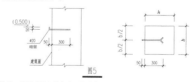

图5

11. 凡设计统一说明未涉及的内容，均应按照国家标准图集《混凝土结构施工图平面整体表示方法制图规则和构造详图（现浇混凝土框架、剪力墙、梁、板）》16G101—1 相关要求进行。

12. 其他说明
12.1 防雷接地应按电气施工图纸进行。
12.2 所有外露铁件应涂水性醇酸底漆。
12.3 悬挑构件需待混凝土强度达到 100% 且不作为上部结构施工的支撑时方可拆模。
12.4 本工程屋面板、钢筋混凝土挑檐、雨篷和预制小梁的施工荷载还应满足《建筑结构荷载规范》的规定，未注明的施工荷载按 2.0kN/m² 考虑，施工时须严格控制，不得超载。
12.5 本工程构件施工中应与建筑、设备各工种密切配合，浇筑混凝土前应仔细检查预埋件、插铁、留孔洞及预埋管线是否遗漏、位置是否正确，经查对无误后方可浇筑混凝土。

结施 2

图 1-226　结构设计说明示例

2. 设计依据

由第 1.2 条可知：本工程设计基准期为 50 年，设计使用年限为 50 年，上部结构的安全等级为二级。

由第 2 条可知本工程的主要设计依据与设计规范、计算软件：按照《××市物业楼岩土工程勘察报告》及主要设计规范、采用的设计图集。设计计算软件采用 2010 版的中国建筑科学研究院 PKPM 工程部 SATWE 程序。

3. 设计荷载

由第 3 条可知：本工程设计室考虑的基本雪压为 0.20kN/m²，基本风压为 0.55kN/m²；本工程各使用部位的可变荷载分别为：档案室 2.5kN/m²，办公室 2.0kN/m²，盥洗室 2.0 kN/m²，楼梯 3.5kN/m²，走道 2.0kN/m²，屋面 0.5kN/m²。

4. 材料要求

由第 4.1 条可知本工程各部位的混凝土强度等级：垫层为 C15，过梁、构造柱、圈梁为 C20，基础～2F 的柱、梁、板为 C35，屋面为 C30 混凝土；由第 4.2 条可知本工程所用钢筋强度等级的情况；由第 4.3 条可知本工程填充墙所用的砌块与砂浆的品种、强度等级，尤其应注意 ±0.000 以上与 ±0.000 以下所用的块材与砂浆的区别。

5. 标准图集

根据第 2.3 条可知：本工程设计主要采用的图集为《混凝土结构施工图平面整体表示方法制图规则和构造详图（现浇混凝土框架、剪力墙、梁、板）》16G101-1。

6. 结构构造要求

第 5.6 条规定了本工程钢筋混凝土构件保护层厚度与钢筋锚固长度及搭接长度的取值方法；第 8 条规定了填充墙抗震构造；第 11 条规定了本工程设计说明中未涉及的内容，均应按照国家标准图集《混凝土结构施工图平面整体表示方法制图规则和构造详图（现浇混凝土框架、剪力墙、梁、板）》16G101-1 相关内容施工等。

7. 对工程施工时的总体要求

第 7 条规定了基础工程施工时的施工要求，尤其是规定了基坑开挖后应通知设计人员和勘察人员参加验槽的要求；第 8.1 条规定了砌体施工质量的控制等级为 B 级；第 9 条规定了窗台的施工方法和构造；第 10 条规定了房屋沉降观测点的设置要求等。

五、识读基础平面布置图

基础平面布置图的主要内容有：图名、比例；纵、横向定位轴线及编号与轴线尺寸；基础的平面布置，基础的形状、大小、配筋及其与轴线的关系；基础梁的位置、代号；基础的编号及其标注内容；施工说明等。

基础平面布置图识读步骤如下：

1. 查阅建筑图，核对所有的轴线是否与基础一一对应，了解墙体下是否有基础，或者是用基础梁代替，基础的形式有无变化。

2. 对照基础的平面和剖面，了解基底标高和基础顶面标高有无变化，若有变化是如何处理的。

3. 了解基础中预留洞或预埋件的平面位置、标高、数量。

4. 了解基础的形式和做法，了解各个部位的构件尺寸和配筋。

5. 反复核对，解决没有看清楚的问题和节点，并对遗留问题整理好记录。

【例 1-93】图 1-227 为 ×× 小区 6 号楼商业用房的基础平面布置图，为柱下条形基础平法施工图。由图中可知：

1. 图名、比例

本图为结施 3，基础平面布置图，比例 1∶100。

2. 纵、横向定位轴线及编号与轴线尺寸

横向定位轴线从左到右为①～⑤号，轴线之间间距依次为 4600、3500、8100mm，总的长度为 24300mm；纵向定位轴线自下往上为Ⓐ～Ⓓ号，轴线之间间距依次为 1000、7500、3500mm，总的长度为 12000mm。

3. 基础的形状、大小、配筋及其与轴线的关系

基础为柱下条形坡形基础，编号分别为：TJB_p-1 （2B）、TJB_p-2 （4B）、TJB_p-3 （1B）。以 TJB_p-1 （2B）为例：该条形基础为 2 号坡形条形基础，2 跨，两端有外伸，外伸长度自轴线向外延伸长度 1000mm；与Ⓓ号轴线之间的平面关系尺寸为 850、450mm，基础总宽度 1300mm，不居中；基础底板端部高度为 200mm，总高度为 300mm；基础底板底部配置 ϕ12@180 的横向受力钢筋：纵向构造配置 ϕ8@200 的钢筋，如图 1-228 所示。

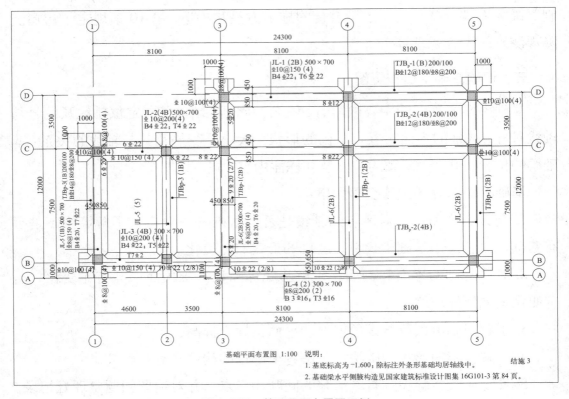

图1-227　基础平面布置图示例

4. 基础梁的相关信息

基础梁编号分别为：JL-1（2B）、JL-2（4B）、JL-3（4B）、JL-4（2）、JL-5（1B）、JL-6（2B）。以JL-1（2B）为例：该基础梁位于①号轴线，为1号基础梁，2跨，两端有外伸，外伸长度自轴线向外延伸长度1000mm；该基础梁在相应的基础底板居中设置；根据该基础梁的集中标注，该基础梁的截面尺寸为500mm×700mm；基础梁底部配置贯通钢筋4Φ22，梁顶部配置贯通钢筋6Φ22，在④号轴线支座处梁底部配置8Φ22，其中4Φ22为贯通钢筋，4Φ22为非贯通钢筋，在距离支座边缘$l_n/3$截断；该基础梁箍筋配置为Φ10@150，四肢箍，根据原位标注，在梁的两端外伸部位箍筋配置为Φ10@150，四肢箍，如图1-228所示。

5. 施工说明

根据说明，基底标高为−1.600m，基础梁水平侧腋构造参照国家建筑标准设计图集16G101−3第84页规定。其余图中未尽事项参见结施2——结构

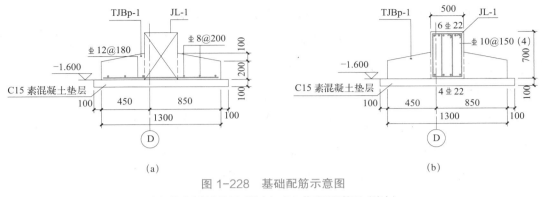

图 1-228　基础配筋示意图

(a) 基础底板配筋图 (跨中)；(b) 基础梁配筋图 (跨中)

设计说明。

特别指出的是在基础施工中，结构设计说明中规定了基坑开挖的相关注意事项，如基坑开挖应有详细的施工组织设计，施工单位应严格按该设计要求进行施工，基坑开挖深度应按设计要求控制，分层进行，不得超挖，基坑开挖后应通知设计人员和勘察人员参加基坑验槽等规定，基础施工中必须严格遵守。

【知识拓展】

基坑开挖注意事项：

(1) 开挖过程直接影响基坑和支护结构的稳定。开挖顺序及方法必须按施工方案进行。严禁超挖，控制开挖速度，防止土体失稳或渗流破坏。

(2) 土方要分层均衡开挖，不要在垂直方向上开挖深浅不一，平面上坑坑洼洼，以至造成荷载分布不均匀或局部应力集中，引起土体失稳及支护结构受荷不均。

(3) 在基坑边应做好排水沟，防止地表水流入基坑。

(4) 基坑的变形与暴露的时间有很大的关系，因此施工时间要尽可能短，土方开挖后须在 24h 内浇筑垫层。开挖到坑底设计标高后及时验槽，合格后立即进行垫层施工，对坑底进行封闭，防止浸水和暴露时间过长，并及时进行基础施工。

六、识读结构平面布置图

结构平面布置图是表示房屋各层承重构件平面布置的详图，主要包括楼盖结构平面布置图和屋盖结构平面布置图。一套钢筋混凝土楼层（或屋盖）结构平面布置图主要包括：柱结构施工图、梁结构施工图、板结构施工图等，下面结合施工图实例学习识读方法。

1. 柱结构施工图识读

柱结构施工图识读时应遵循先校对平面，后校对构件；先阅读各构件，再查阅节点与连接的原则。识读要点如下：

（1）看图名、比例，确认本图适用的范围。

（2）阅读结构设计说明中与柱结构施工图相关的内容，以了解相关要求。

（3）检查各柱的平面布置与定位尺寸，根据相应楼层的建筑与结构平面图，查对各柱的平面布置与定位尺寸是否正确。特别注意柱截面沿柱全高的变截面情况、变截面位置，上、下层截面与轴线的关系尺寸。

（4）从图中（截面注写方式）及表中（列表注写方式）逐一检查柱的编号、起止标高、截面尺寸、纵筋、箍筋等。

（5）根据相关图纸、图集与说明确定柱纵筋的搭接位置、搭接方法、搭接长度等。

（6）确定柱箍筋的加密区与非加密区范围。

（7）根据结构设计说明确定柱与填充墙的拉结方法与构造，确定混凝土强度等级等。

【例1-94】 如图1-229、图1-230所示为采用截面注写方式的柱平法施工图。识读要点如下：

（1）确定相应的柱结构施工图的适用范围

由图1-229可知，结施4适用的标高起止范围为基础顶～4.150，比例1:100，结合图纸目录，应注意本套施工图还有4.150～屋面柱配筋图（结施5）（图1-230）。

（2）检查建筑与结构平面图是否一致

根据本施工图的标高起止范围，应对照一层建筑平面图仔细检查各柱的平面布置与定位尺寸是否一致，如不一致应做好记录并书面通知设计解决。同时通过结施4（图1-229）与结施5（图1-230）的对照阅读，了解哪些位置的柱截面尺寸有变化，如位于①×④轴线处，基础顶～4.150范围

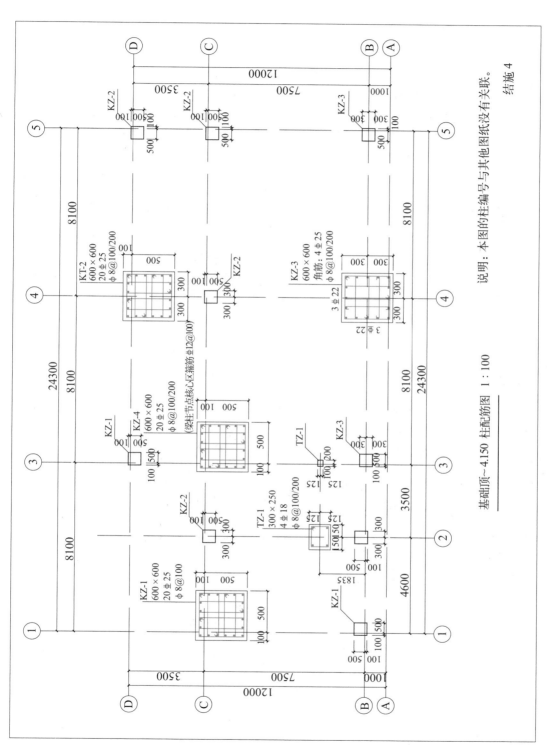

基础顶~4.150 柱配筋图 1：100

说明：本图的柱编号与其他图纸没有关联。

结施 4

图 1-229　柱结构施工图示例一

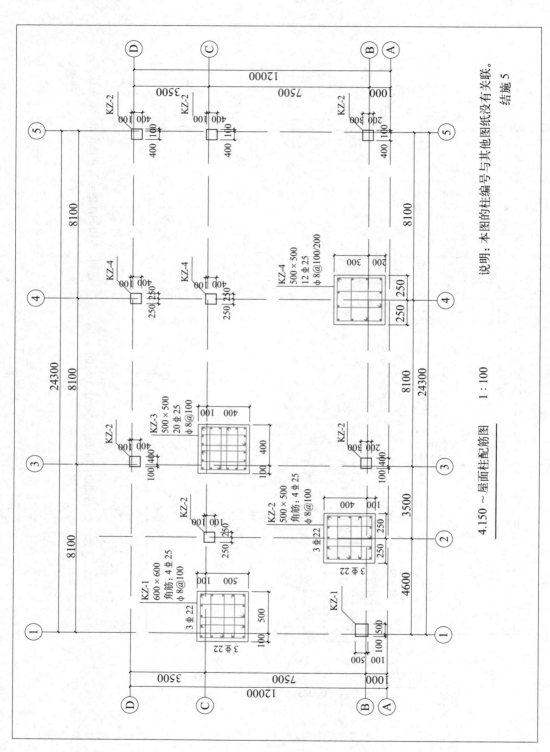

图1-230 柱结构施工图示例二

内的 KZ-2 截面尺寸为 600mm×600mm，与轴线的关系尺寸为 b_1=300mm，b_2=300mm，h_1=100mm，h_2=500mm；而在 4.150～屋面范围内的 KZ-4 截面尺寸为 500mm×500mm，与轴线的关系尺寸为 b_1=250mm，b_2=250mm，h_1=100mm，h_2=400mm，在施工时应特别注意。

（3）读取柱的编号、截面尺寸、纵向钢筋、箍筋的配置信息

以结施 4 基础顶～4.150 柱配筋图（图 1-229）为例，柱的编号有 KZ-1、KZ-2、KZ-3、KZ-4 和 TZ-1 五种。以位于 ⑪×① 轴线处 KZ-1 为例：截面尺寸为 600mm×600mm，与轴线的关系尺寸为 b_1=100mm，b_2=500mm，h_1=100mm，h_2=500mm；纵向钢筋配置为角筋 4ϕ25，b 边一侧中部筋为 3ϕ25，h 边一侧中部筋为 3ϕ25，箍筋为 ϕ8@100，沿柱全高加密。

（4）柱纵筋与箍筋的构造要求

根据设计说明第 6、11 条，本工程钢筋锚固长度、搭接长度、箍筋的构造要求等均应按照国家标准图集《混凝土结构施工图平面整体表示方法制图规则和构造详图（现浇混凝土框架、剪力墙、梁、板）》16G101-1 相关内容施工。

（5）确定柱与填充墙的拉结，混凝土强度等级等信息

根据设计说明第 4.1 条，柱的混凝土强度等级为 C35，钢筋混凝土保护层厚度按第 5 条规定执行；柱与填充墙的拉结按第 8 条规定执行。

2. 梁结构施工图识读

识读梁结构施工图时应首先识读结构设计说明中的有关内容，记住各根梁的抗震等级、混凝土强度等级等信息，识图要点如下：

（1）识读图名、比例，确定施工图适用楼层。

（2）根据相应的建筑平面图，校对轴线网、轴线编号、轴线尺寸，核对其是否一致。

（3）根据相应的建筑平面图的房间分隔、墙柱布置，检查梁的平面布置，梁轴线定位尺寸是否齐全正确。

（4）根据梁的支承情况、跨数和主梁、次梁情况，仔细检查每根梁的编号、跨数、截面尺寸、配筋、相对标高等标注是否遗漏；检查集中标注与原位标注有无矛盾，特别是集中标注中梁上部贯通钢筋、箍筋与原位标注钢筋

是否矛盾等。

（5）检查梁的截面尺寸及梁的相对标高与建筑施工图洞口尺寸、洞顶标高、节点详图等有无矛盾。

（6）结合结构设计说明和相关设计图集，确定箍筋加密区范围、纵向钢筋切断点位置、纵向钢筋连接区域及锚固长度、附加箍筋或吊筋配置信息、梁侧面构造钢筋设置等。

（7）根据结构设计说明，明确施工中有无相关要求。

【例1-95】如图1-231所示为采用平面注写方式的梁平法施工图。识读要点如下：

（1）了解本施工图的基本信息

由图名可知，本图为结施6，适用于标高为4.150m的二层梁的结构施工，绘图比例1∶100；根据结构设计说明第1.2条，本工程设计抗震等级为二级；根据结构设计说明第4.1条，混凝土强度等级为C35。

（2）对照相应的建筑平面图，校对轴线网、轴线编号、轴线尺寸

根据本施工图的标高，对照二层建筑平面图，仔细检查各根梁的平面布置与定位尺寸是否一致，如不一致应做好记录并书面通知设计解决。

（3）确定梁的编号、截面尺寸、配筋等相关信息

如图1-231所示，二层梁的编号依次为：框架梁KL-1（2）、KL-2（4）、KL-3（4）、KL-4（1）、KL-5（2A）和KL-6（2A），非框架梁L-1（1）、L-2（3）、L-3（3）和L-4（5）。以位于①轴线处KL-1（2）为例：根据集中标注，该梁为1号框架梁，2跨（③～④号轴线、④～⑤号轴线），无悬挑；梁的截面尺寸为300mm×600mm；梁上部贯通钢筋为2$\pm$22，下部贯通钢筋为5$\pm$22，加密区箍筋配置为φ8@100，非加密区箍筋为φ8@200，均为双肢箍；根据原位标注，在③号轴线支座左侧、④号轴线支座左右侧、⑤号轴线右侧梁上部分二排配有6$\pm$22，其中上一排为4$\pm$22、下一排为2$\pm$22；根据图中说明第2条和结施8说明第1条可知，梁腹板高度h_w=480mm＞450mm，应在该梁的两侧各配置1$\pm$10的侧面构造钢筋，跨中梁的配筋截面图如图1-232所示。另根据结施6中的说明，在不等高梁的相交处，较高梁应设置附加箍筋，如图1-233所示。

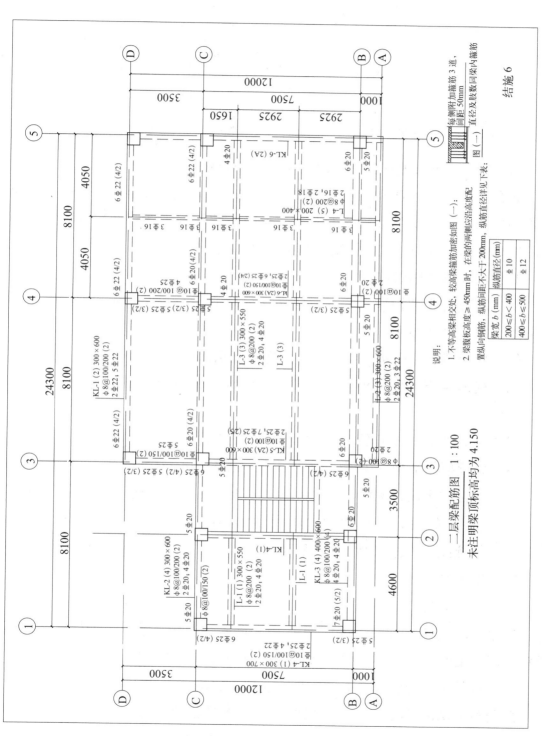

图 1-231 梁结构施工图示例

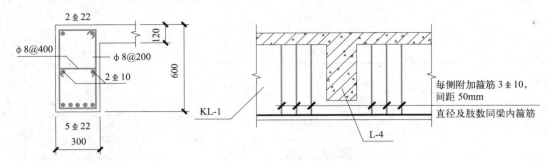

图 1-232　KL-1 跨中截面配筋图　　　图 1-233　KL-1 与 L-4 交接处附加箍筋设置

（4）确定箍筋加密区范围、纵向钢筋切断点位置等信息

结合结构设计说明和相关设计图集，KL-1（2）箍筋加密区范围、纵向钢筋切断点位置等参见国家标准图集《混凝土结构施工图平面整体表示方法制图规则和构造详图（现浇混凝土框架、剪力墙、梁、板）》16G101-1。

3. 板结构施工图识读

钢筋混凝土板结构施工图主要包括楼层结构平面布置图和屋面结构平面布置图。识图要点如下：

（1）识读图名、比例，确定施工图适用楼层。

（2）根据相应的建筑平面图，校对轴线网、轴线编号、轴线尺寸，检查是否一致。

（3）对照梁结构施工图，了解板的四边支承情况。

（4）识读板的类型、编号、截面尺寸、配筋。

（5）结合结构设计说明，确定混凝土强度等级、板的构造要求等。

【例 1-96】如图 1-234、图 1-235 所示为标高 4.150m 二层板配筋图，分别为采用传统注写方式（结施 8）和平法注写方式（结施 8A）绘制的板结构施工图。识读要点如下：

（1）板结构类型

由图 1-234、图 1-235 可知，二层板配筋图为有梁楼盖板结构施工图，按照每块板与梁的支承关系，整个楼面的板全部为四边支承板。

（2）对照相应的建筑平面图，校对轴线网、轴线编号、轴线尺寸

根据施工图的标高，对照二层建筑平面图仔细检查整个楼层板的平面布置与定位尺寸是否一致，如不一致应做好记录并书面通知设计解决。同时应

特别注意楼层是否有洞口、板块之间是否有高差等情况。

（3）阅读板的类型、编号、截面尺寸、配筋等信息

根据图 1-234，整个二层的楼面板全部为四边支承板，由图中结构设计说明可知，板厚均为 120mm；板的配筋：板底部 X 向的横向钢筋均为 $\phi 12@100$，Y 向的纵向钢筋均为 $\phi 10@100$；板上部 X 向的横向钢筋均为 $\phi 12@100$，Y 向的纵向钢筋均为 $\phi 10@100$；板面标高：④~⑤号轴线、©~⑩号轴线之间的板面标高为 4.100m，其余两层楼面板标高均为 4.150m，楼梯间标高如图 1-236 所示。

图 1-235 为采用平法注写方式绘制的板平法施工图。除楼梯间之外，所有板块的编号均为 LB1，④~⑤号轴线、©~⑩号轴线之间的板面标高注写为（-0.050），表示与本层楼面标高相比，这两块板的标高低 50mm。

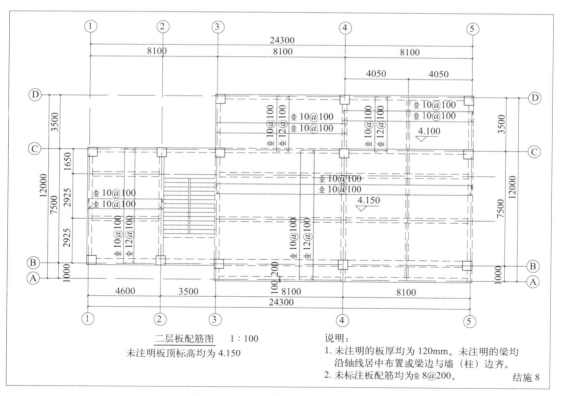

图 1-234 板结构施工图示例一

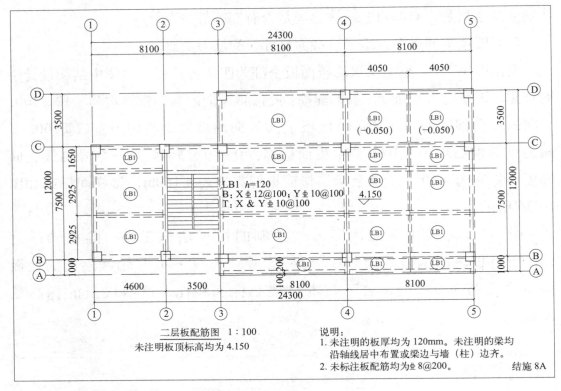

图 1-235　板结构施工图示例二

七、识读结构详图

在结构施工图绘制中，当结构节点构造比较复杂，如果可采用国家或地方标准图集中的节点详图，则在相应位置处直接引注采用的图集代号、页数、节点图号等信息，如果由设计单位自行设计，则应以放大比例清楚绘制，为工程施工提供依据。

【例 1-97】图 1-236 为采用平法绘制的楼梯结构详图，识读要点如下：

（1）理解楼梯详图在楼层平面图中的位置

根据本楼梯的轴线号可知，该楼梯位于一、二层、②～③号轴线、Ⓑ～Ⓒ号轴线之间，楼梯的开间为 3500mm，进深为 7500mm。

（2）识读楼梯的类型、各部分组成构件的代号、截面尺寸、配筋、标高等信息

本楼梯为双跑板式楼梯，分别由梯板 AT1、梯梁 TL1、平台板 PTB1、平台梁 PTL1、梯柱 TZ1 等组成。识读时必须熟悉这些组成构件之间的空间关

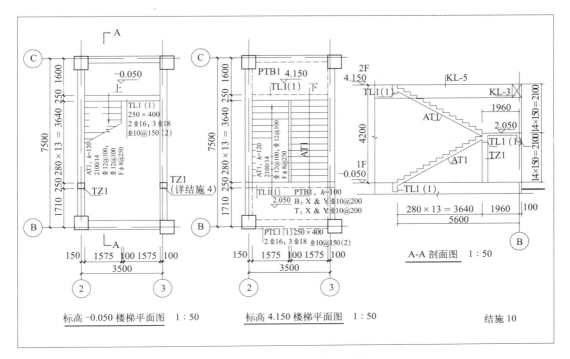

图 1-236　楼梯结构详图示例

系尺寸及各构件的几何尺寸、配筋、标高。具体识读如下：

梯板 AT1：按平法制图规则，该楼梯为 AT 型板式楼梯，一、二层之间共有 2 个梯板，每个梯板水平投影长度为 3640mm，每个踏步宽为 280mm，垂直投影长度为 2100mm，每个踏步高为 150mm，梯板宽度为 1575mm；由集中标注信息可知，梯板厚度为 120mm，每个踏步段共 14 级台阶，梯板上部纵筋与下部纵筋均为 Φ12@100，梯板分布钢筋为 ϕ8@250。

梯梁 TL1：根据集中标注信息可知，1 号楼梯梁，1 跨，截面尺寸为 250mm×400mm，该梁上部贯通钢筋配置为 2Φ16，下部贯通钢筋配置为 3Φ18，箍筋配置为 Φ10@150，双肢箍。在本楼梯中分别在标高 -0.050m、2.050m、4.150m 位置处设置。

平台梁 PTL1：该梁位于 B 号轴线、标高为 2.050m 平台板位置处，其截面尺寸、配筋等同梯梁 TL1。

平台板 PTB1：该板分别位于标高 2.050m、4.150m 位置处，根据集中标注信息可知，平台板厚度为 100mm，板底部与顶部双向配置 Φ10@200 钢筋。

梯柱 TZ1：该梯柱位于 ②、③ 号轴线，中心线距离 B 号轴线 1835mm 的位置处，用以支承标高 2.050m 位置处的梯梁 TL1，共 2 根；根据说明，TZ1 的截面尺寸、配筋详见图 1-229 的结施 4，由图 1-229 可知，截面尺寸为 300mm×250mm，纵向钢筋配置为 4 ⏀18，加密区箍筋为 ⏀8@100，非加密区箍筋为 ⏀8@200。

【能力测试】

选取一典型钢筋混凝土框架结构工程的结构施工图，进行识读训练。

码 1-39　某小区别墅结构施工图

【能力拓展】

选取一典型钢筋混凝土框架结构工程的某层钢筋工程隐蔽验收环节，在教师和现场施工技术人员的指导下，对照结构施工图参与钢筋工程的隐蔽工程验收。

模块 2
砌体结构施工图识读

砌体结构是建筑工程中常用的建筑结构形式之一，其应用较为广泛，一般工业和民用建筑的墙、柱和基础都可采用砌体结构。

码 2-1　模块 2 导读

本模块包括：砌体结构认知、基础施工图识读、楼（屋）盖结构施工图识读、结构详图识读等内容。

通过本模块的学习，学生能够：能认知并理解砌体结构及其构造要求，掌握砌体结构施工图的图示内容和方法，并初步具备砌体结构施工图识读的职业能力，为从事砌体结构工程现场施工、工程造价等打下基础。

项目 2.1　砌体结构认知

【项目概述】

码 2-2　项目 2.1 导读

砌体结构是由块材和砂浆砌筑而成的墙、柱作为建筑物主要受力构件的结构。它包括砖砌体结构、砌块砌体结构和石砌体结构，下面结合某住宅结构施工图结构设计说明的阅读来认知砌体结构。

通过本项目的学习，学生能够：初步了解砌体结构的概念、材料、主要特点及其应用；了解砌体结构的主要构件及相关知识；了解砌体结构施工图中结构设计说明的主要内容；初步具备识读结构设计说明的能力。

砌体结构设计说明示例

某住宅结构施工图结构设计说明

一、一般说明

1. 本工程位于×××，建筑物为地上 7 层砌体结构，室内外高差 300mm，建筑物总高度 21.300m，采用墙下条形基础及部分筏形基础。

2. 本图中所注尺寸除标高采用米（m）为单位外，其余均以毫米（mm）为单位。

3. 本建筑物抗震设防类别为丙类。抗震设防烈度为 6 度，设计基本地震加速度为 0.05g，设计地震分组为第二组，场地类别为Ⅲ类。

4. 本建筑物结构安全等级为二级，砌体结构施工质量控制等级 B 级，主体结构设计使用年限为 50 年。

5. 混凝土结构的环境类别为一类（卫生间为二 a 类，露天及与水和土壤直接接触的混凝土为二 b 类）。

6. 本工程设计所遵循的标准、规范和规程

《建筑结构可靠性设计统一标准》GB 50068-2018

《建筑结构荷载规范》GB 50009-2012

《建筑抗震设计规范》GB 50011-2010（2016 年版）

《建筑地基基础设计规范》GB 50007-2011

《混凝土结构设计规范》GB 50010-2010（2015 年版）

《砌体结构设计规范》GB 50003-2011

《砌体结构工程施工质量验收规范》GB 50203-2011

《混凝土结构耐久性设计标准》GB/T 50476-2019

《建筑工程抗震设防分类标准》GB 50223-2008

《砌体结构构造详图》11YG001

7. 主要设计活荷载标准值（设计基准期 50 年）

基本雪压：0.30kN/m²，基本风压：0.45kN/m²（地面粗糙度类别为 B 类），卧室、客厅、餐厅、厨房：2.0kN/m²，楼梯、阳台、上人屋面等的栏杆顶部水平荷载：1.0kN/m，阳台：2.5kN/m²，不上人屋面：0.5kN/m²，上人屋面：

$2.0kN/m^2$，消防楼梯间、门厅、走廊：$3.5kN/m^2$，钢筋混凝土挑檐、雨篷施工、检修集中荷载：1.0kN，卫生间：$4.0kN/m^2$。

二、地基及基础

1. 本工程基础依据××省×××勘察院提交的《××××岩土工程勘察报告（详勘）》进行设计，持力层为基础持力层，为第1层（粉土），天然地基承载力特征值均为$f_{ak}=125kPa$。

2. 基础施工完毕后应立即回填土至设计地面标高，压实系数不小于0.94，回填材料见建筑图。

3. 基础设计等级为丙级，说明详见基础图。

三、材料

1. 钢筋

ф 表示 HPB300 钢筋（$f_{yk}=300N/mm^2$）；Φ 表示 HRB335 钢筋（$f_{yk}=335N/mm^2$）；Φ 表示 HRB400 钢筋（$f_{yk}=400N/mm^2$）。采用普通钢筋时其纵向受力钢筋抗拉强度实测值与屈服强度实测值的比值不应小于1.25；且钢筋的屈服强度实测值与强度标准值的比值不应大于1.3。钢筋的强度标准值应具有不小于95%的保证率；钢筋在最大拉力下的总伸长率实测值不应小于9%。

（1）梁及柱受力纵筋可采用对接焊接，应保证有切实可行的质量保证体系。

（2）纵向受力的普通钢筋及预应力钢筋，其混凝土保护层厚度（钢筋外边缘至混凝土表面的距离）不应小于钢筋的公称直径，且应符合表2-1的规定。

纵向受力钢筋混凝土保护层最小厚度（mm）　　　　表2-1

环境类别		板、墙、壳	梁、柱
一类环境		15	20
二类环境	a	20	25
	b	25	35

注：1. 混凝土强度等级不大于 C25 时，保护层厚度增加 5mm；

2. 基础中纵向受力钢筋的保护层厚度不应小于 40mm；当无垫层时不应小于 70mm。

2. 混凝土强度等级

基础、基础梁、挑梁、边梁、雨篷等外露构件：C30；基础垫层：C15；楼梯及其他现浇构件均采用 C25（图中注明者除外）。

3. 砌体材料

（1）±0.000 以下为 MU20 烧结普通砖、M10 水泥砂浆。

（2）上部砌体结构部分：一、二层：MU20 烧结普通砖，M10 混合砂浆；三、四层：MU15 烧结普通砖，M10 混合砂浆；五层~顶层：MU10 烧结普通砖，M7.5 混合砂浆；两侧山墙：M7.5 混合砂浆。

（3）烧结普通砖重度不能大于 $19kN/m^3$。

4. 结构混凝土材料的耐久性基本要求见表 2-2。

结构混凝土材料的耐久性基本要求 表 2-2

环境类别	最大水胶比	最低强度等级	最大氯离子含量（%）	最大碱含量（kg/m^3）
一	0.60	C20	0.30	不限制
二 a	0.55	C25	0.20	3.0
二 b	0.50（0.55）	C30（C25）	0.15	3.0

四、抗震构造及施工要求

1. 砌体结构的圈梁、构造柱和现浇板带

（1）本建筑砌体部分沿 240 砖墙内墙每层均设圈梁，抗震构造详见标准图 11YG001-1。

（2）构造柱箍筋加密区见 11YG001-1 第 8 页。

（3）构造柱纵筋上端锚入圈梁或压顶，下端应伸入室外地面下 500mm，或与埋深小于 500mm 的基础圈梁相连，锚固长度不小于 $35d$。

（4）构造柱与墙连接处应砌成马牙槎，沿墙高设置 $2\phi6@500$ 水平钢筋和 $\phi4$ 分布短筋平面内点焊组成的拉结网片，伸入墙内 1m，锚入构造柱内 250mm；且此拉结网片在底部两层沿墙体水平通长设置。

2. 过梁和雨篷

（1）过梁按洞口的净跨在标准图 11YG301 中选取（宽度同墙厚）。荷载等级：楼面 3 级，屋面 4 级。

（2）过梁的平面位置及标高见建筑施工图，过梁的选用详见各结构施工图。

（3）当过梁支承在混凝土梁、柱中时，应在梁、柱中预留钢筋。

3. 砌体结构各层楼面梁和屋面梁，当梁跨度超过 4.8m 时，在梁下设钢筋混凝土垫块 DK-1。如果垫块和圈梁或构造柱相交，要求与圈梁或构造柱整体浇筑。

4. 本建筑必须采取墙体抗裂构造措施，按标准图 12ZG002 第 35 页的大样 ①、②、③、④、⑤ 施工。

5. 主次梁相交处设附加箍筋：次梁两侧各 3 根，间距 50mm，规格、直径、肢数同梁中箍筋，当相交的主次梁的梁高相同时，在两梁上均设附加箍筋，附加箍筋同上，附加箍筋处原梁内箍筋必须照常设置。

6. 构造柱应伸至女儿墙顶并与现浇钢筋混凝土压顶整浇在一起，并保证女儿墙间距不大于 3m 及转角处均有构造柱。

7. 在顶层和底层的窗台标高处设沿纵横墙通长的水平现浇钢筋混凝土带，高度 100mm，宽同墙厚，纵向钢筋 4φ10，箍筋 φ6@200，C20 混凝土，其余楼层的窗台标高处设水平现浇板带，厚 60mm，宽同墙厚，纵向钢筋 3φ6，分布筋 φ6@250，C20 混凝土。

五、钢筋混凝土结构

1. 钢筋保护层、最小锚固长度、最小搭接长度及箍筋构造要求见 16G101-1。

2. 现浇楼板或屋面板伸进纵、横墙内的长度均不应小于 120mm；HPB300 级钢筋端部均要设 180° 弯钩；跨度大于 4m 的板，要求板跨中起拱高度为板跨度的 0.2%。

3. 所有楼面梁及过梁支撑长度均不应小于 240mm，楼梯间梁不小于 240mm，并应与圈梁现浇。跨度大于等于 4m 的支承梁及大于等于 2m 的悬臂梁，应按施工规范要求起拱。

4. 凡悬臂构件其混凝土立方体抗压强度标准值达到设计强度的 100% 后方可拆模。

5. 主次梁高度相同时，次梁的下部纵向钢筋应置于主梁下部纵向钢筋之上。

6. 双向板的底部配筋，短向钢筋放置在底层，长向钢筋放置在短向钢筋上面。

7. 现浇钢筋混凝土楼板或屋面板伸进纵、横墙内的长度，均不应小于120mm。

六、其他

1. 楼梯及其他栏杆预埋件按建筑专业选用的标准图选取和埋设。

2. 电气专业防雷对结构的要求见电气专业施工图。

3. 墙体中竖向预埋电气专业线管应严格按照标准图11YG001-1第5页的4.4.1条施工，严禁在砌体墙上沿墙长水平剔槽或预埋线管。

4. 施工前应组织设计人员进行施工图交底，施工图未交底不得施工。

5. 本说明未详尽处，请遵照现行国家有关规范与规程规定及当地建设行政主管部门的有关要求施工。

【学习支持】

一、建筑物工程概况

结构设计说明是对工程设计的总体概述，一般由工程概况、选用材料情况、上部结构构造要求、地基情况、施工说明、选用的标准图集等内容组成。

工程概况主要包括：建设地点、抗震设防烈度、结构抗震等级、荷载选用等情况说明。

【例2-1】

在《砌体结构设计说明示例》中，该住宅建筑的工程概况如下：

建设地点：本工程位于 ×××。

抗震设防烈度：本建筑物抗震设防类别为丙类。抗震设防烈度为6度，设计基本地震加速度为0.05g，设计地震分组为第二组，场地类别为Ⅲ类。

结构安全等级：本建筑物结构安全等级为二级。

荷载选用情况：基本雪压0.30kN/m²，基本风压0.45kN/m²（地面粗糙度类别为B类），卧室、客厅、餐厅、厨房2.0kN/m²，楼梯、阳台、上人屋面等的栏杆顶部水平荷载 1.0kN/m，阳台 2.5kN/m²，不上人屋面 0.5kN/m²，上人屋面 2.0kN/m²，消防楼梯间、门厅、走廊 3.5kN/m²，钢筋混凝土挑檐、雨篷施工、检修集中荷载 1.0kN，卫生间 4.0kN/m²。

【知识拓展】

为了适应建筑结构设计的需要，符合安全适用、经济合理的要求，国家制定了《建筑结构荷载规范》GB 50009-2012，规定了建筑结构设计中各种荷载的取值，同时在施工和使用中也应参照执行，以确保结构安全。

二、砌体材料

组成砌体结构的主要材料为块材和砂浆。

1. 块材

（1）烧结普通砖与烧结多孔砖

烧结普通砖是以煤矸石、页岩、粉煤灰或黏土为主要原料，经过焙烧而成的实心砖，分为烧结黏土砖、烧结页岩砖、烧结煤矸石砖、烧结粉煤灰砖等。通常尺寸为 240mm×115mm×53mm，习惯上称标准砖，如图 2-1（a）所示。

烧结普通砖是传统的墙体材料，具有较高的强度和耐久性，又因其多孔而具有保温绝热、隔声吸声等优点，因此适宜做建筑围护结构，应用于砌筑建筑物的内墙、外墙、柱、拱、烟囱、沟道及其他构筑物，也可在砌体中设置适当的钢筋或钢丝以代替混凝土构造柱和过梁。

一般用烧结普通砖砌筑的墙体尺寸为：120mm、240mm、370mm、490mm、620mm 等。

烧结多孔砖（图 2-1b）是以煤矸石、页岩、粉煤灰或黏土为主要原料，经焙烧而成，孔洞率不大于 35%，孔的尺寸小而数量多。

烧结多孔砖主要用于承重部位。用烧结多孔砖代替烧结普通砖，可使建筑物自重减轻 30% 左右，节约黏土 20%~30%，节省燃料 10%~20%，墙体施工功效提高 40%，并改善砖的隔热隔声性能。

按《砌体结构设计规范》GB 50003-2011，用于承重结构的烧结普通砖与烧结多孔砖的强度等级为：MU30、MU25、MU20、MU15 和 MU10。

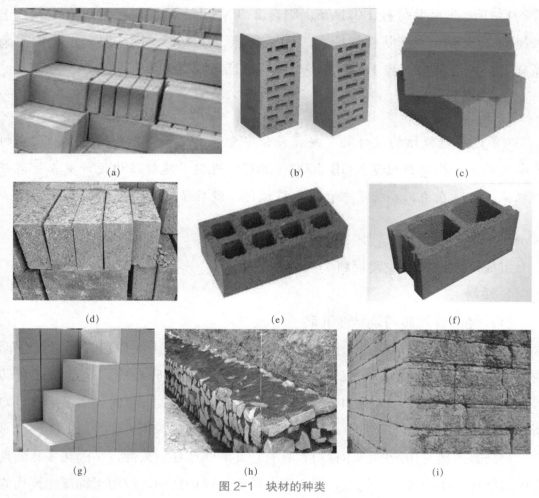

图 2-1 块材的种类

(a) 烧结普通砖；(b) 烧结多孔砖；(c) 蒸压灰砂普通砖；(d) 混凝土普通砖；(e) 混凝土多孔砖；
(f) 混凝土小型空心砌块；(g) 蒸压加气混凝土砌块；(h) 毛石基础；(i) 料石墙体

（2）蒸压灰砂普通砖与蒸压粉煤灰普通砖

蒸压灰砂普通砖是以石灰等钙质材料和砂等硅质材料为主要原料，经胚料制备、压制排气成型、高压蒸汽养护而成的实心砖，如图 2-1（c）所示。

蒸压粉煤灰普通砖是以石灰、消石灰（如电石渣）或水泥等钙质材料与粉煤灰等硅质材料及集料（砂等）为主要原料，掺加适量石膏，经胚料制备、压制排气成型、高压蒸汽养护而成的实心砖。

蒸压灰砂普通砖与蒸压粉煤灰普通砖的通常尺寸为 240mm×115mm×53mm，适用于各类民用建筑、公用建筑和工业厂房的内、外墙，以及房屋的基础，是替代烧结普通砖的产品，是国家大力发展、应用的新型墙体材料。

按《砌体结构设计规范》GB 50003-2011，用于承重结构的蒸压灰砂普通砖与蒸压粉煤灰普通砖的强度等级为：MU25、MU20 和 MU15。

（3）混凝土普通砖与混凝土多孔砖

以水泥为胶结材料，以砂、石等为主要骨料，加水搅拌、成型、养护制成的一种多孔的混凝土半盲孔砖或实心砖。实心砖的主要规格尺寸为 240mm×115mm×53mm、240mm×115mm×90mm 等，如图 2-1（d）所示。多孔砖的主要规格尺寸为 240mm×115mm×90mm、240mm×190mm×90mm、190mm×190mm×90mm 等，如图 2-1（e）所示。

混凝土普通砖主要适用于工业与民用建筑和市政工程地面以下或防潮层以下砌体。混凝土多孔砖多用于建筑物的围护结构、隔墙，少量用于承重结构，是一种替代烧结普通砖与烧结多孔砖的新型墙体材料。

按《砌体结构设计规范》GB 50003-2011，用于承重结构的混凝土普通砖与混凝土多孔砖的强度等级为：MU30、MU25、MU20 和 MU15。用于自承重墙的空心砖的强度等级为：MU10、MU7.5、MU5 和 MU3.5。

（4）砌块

混凝土小型空心砌块：由普通混凝土或轻集料混凝土制成，主要规格尺寸为 390mm×190mm×190mm、空心率为 25%～50% 的空心砌块，简称混凝土砌块或砌块，如图 2-1（f）所示。其适用于一般工业与民用建筑的砌块房屋，尤其是适用于多层建筑的承重墙体及框架结构填充墙。

轻集料混凝土砌块：是以堆积密度不大于 1100kg/m³ 的轻粗集料与轻砂、普通砂或无砂配置成干表观密度不大于 1950kg/m³ 轻集料混凝土制作的砌块。

蒸压加气混凝土砌块：是以硅质材料（砂、粉煤灰及含硅尾矿等）和钙质材料（石灰、水泥）为主要原料，掺加发气剂（铝粉），通过配料、搅拌、浇筑、预养、切割、蒸压、养护等工艺过程制成的轻质多孔硅酸盐制品。因其经发气后含有大量均匀而细小的气孔，故名加气混凝土砌块，如图 2-1（g）所示。常用规格尺寸为：长度 600mm；宽度 100mm、120mm、125mm、150mm、180mm、200mm、240mm、250mm、300mm；高度 200mm、240mm、250mm、300mm。其主要适用于各类建筑地面（±0.000）以上的填充墙。

按《砌体结构设计规范》GB 50003-2011，用于承重结构的混凝土砌块、轻集料混凝土砌块的强度等级为：MU20、MU15、MU10、MU7.5 和 MU5；用于自承重墙的轻集料混凝土砌块的强度等级为：MU10、MU7.5、MU5 和 MU3.5。

（5）石材

石材作为块材常用于砌筑建筑物基础、墙体、挡土墙等，按其加工后的外形规则程度可分为毛石和料石。图 2-1（h）为毛石条形基础，图 2-1（i）为料石墙体。

按《砌体结构设计规范》GB 50003-2011，用于承重结构的石材的强度等级为：MU100、MU80、MU60、MU50、MU40、MU30 和 MU20。

2. 砂浆

砌体中砂浆的作用是将单个的块体粘结成整体、促使构件应力分布均匀，填实块体之间的缝隙，提高砌体的保温和防水性能，增强墙体抗冻性能，如图 2-2 所示。

（1）砂浆分类

砂浆是由一定比例的砂子和胶结材料（水泥、石灰膏、黏土等）加水搅拌而成，根据组成材料的不同分为：

◆ 水泥砂浆：由水泥、砂和水按一定配合比制成，一般用于潮湿环境或水中的砌体、墙面或地面等。

◆ 石灰砂浆：由石灰膏、砂和水按一定配合比制成，一般用于强度要求不高，不受潮湿的砌体和抹灰层。

◆ 混合砂浆：其由水泥或石灰砂浆中掺加适当掺合料制成，以节约水泥或石灰用量，并改善砂浆的和易性。

◆ 混凝土砌块（砖）专用砌筑砂浆：由水泥、砂、水以及根据需要掺入的掺合料和外加剂等组分，按

图 2-2　砌块砌体砌筑

一定比例，采用机械拌合制成，专门用作砌筑混凝土砌块的砌筑砂浆，简称砌块专用砂浆。

（2）砂浆的强度等级

砂浆的主要性能有强度、流动性和保水性。砌筑砂浆的强度用强度等级来表示，砂浆强度等级是以边长为 70.7mm 的立方体试块，在标准养护条件（温度 20±2℃、相对湿度为 90% 以上）下，用标准试验方法测得 28d 龄期的抗压强度值（单位为"MPa"）确定。

按《砌体结构设计规范》GB 50003-2011，砂浆的强度等级应按下列规定采用：

◆ 烧结普通砖、烧结多孔砖、蒸压灰砂普通砖和蒸压粉煤灰普通砖砌体采用的普通砂浆强度等级：M15、M10、M7.5、M5 和 M2.5；蒸压灰砂普通砖和蒸压粉煤灰普通砖砌体采用的专用砌筑砂浆强度等级：Ms15、Ms10、Ms7.5、Ms5。

◆ 混凝土普通砖、混凝土多孔砖、单排孔混凝土砌块和煤矸石混凝土砌块砌体采用的砂浆强度等级：Mb20、Mb15、Mb10、Mb7.5 和 Mb5。

◆ 双排孔或多排孔轻集料混凝土砌块砌体采用的砂浆强度等级：Mb10、Mb7.5 和 Mb5。

◆ 毛料石、毛石砌体采用的砂浆强度等级：M7.5、M5 和 M2.5。

【例 2-2】在《砌体结构设计说明示例》中，该住宅建筑采用的砌体材料为：

（1）±0.000 以下为 MU20 烧结普通砖、M10 水泥砂浆。

（2）上部砌体结构部分：一、二层：MU20 烧结普通砖，M10 混合砂浆；三、四层：MU15 烧结普通砖，M10 混合砂浆；五层～顶层：MU10 烧结普通砖，M7.5 混合砂浆；两侧山墙：M7.5 混合砂浆。

三、混凝土砌块灌孔混凝土

混凝土砌块灌孔混凝土是由水泥、集料、水以及根据需要掺入的掺合料和外加剂等组分，按一定比例，采用机械拌合后，用于浇筑混凝土砌块砌体芯柱或其他需要填实部位孔洞的混凝土，如图 2-3 所示，简称砌块灌孔混凝土。其强度等级代号为"Cb"，如 Cb20。

图 2-3　混凝土砌块灌孔混凝土施工

四、砌体结构的类型

砌体结构按砌体中有无配筋分为无筋砌体结构和配筋砌体结构。

无筋砌体结构就是砌体构件里不配钢筋，仅由块体和砂浆组成，包括砖砌体结构、砌块砌体结构和石砌体结构，但构造柱、圈梁、锚拉筋除外。无筋砌体结构房屋抗震性能和抗不均匀沉降能力较差。

配筋砌体结构是由配置钢筋的砌体作为建筑物主要受力构件的结构。配筋砌体结构是指网状配筋砌体柱、水平配筋砌体墙、砖砌体和钢筋混凝土面层或钢筋砂浆面层组合砌体柱（墙）、砖砌体和钢筋混凝土构造柱组合墙以及配筋砌块砌体剪力墙结构。这种砌体结构可改善结构抗震能力，如图 2-4 所示为配筋砖柱和配筋砖墙。

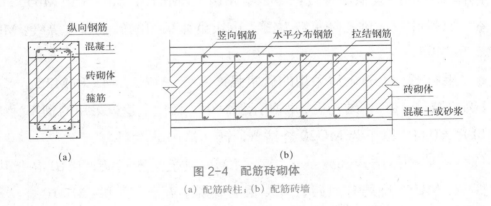

图 2-4　配筋砖砌体

（a）配筋砖柱；（b）配筋砖墙

五、砌体的施工控制等级

由于砌体的施工存在较大量的人工操作过程，所以，砌体结构的质量也在很大程度上取决于人的因素。施工过程对砌体结构质量的影响直接表现在砌体的强度上。在采用以概率理论为基础的极限状态设计方法中，材料的强度设计值系由材料标准值除以材料性能分项系数确定，而材料性能分项系数与材料质量和施工水平相关。在国际标准中，施工水平按质量监督人员、砂浆强度试验及搅拌、砌体工人技术熟练程度等情况分为三级，材料性能分项系数也相应取为不同的三个数值。我国《砌体结构工程施工质量验收规范》GB 50203-2011规定，砌体施工质量控制等级按质量控制和质量保证若干要素将施工技术水平分为三级，见表2-3。

【例2-3】在《砌体结构设计说明示例》一般说明第4条中规定：本建筑物结构安全等级为二级，砌体结构施工质量控制等级B级，主体结构设计使用年限为50年。

施工质量控制等级　　　　　　　　　　　　　　表 2-3

项目	施工质量控制等级		
	A	B	C
现场质量管理	监督检查制度健全，并严格执行；施工方有在岗专业技术管理人员，人员齐全，并持证上岗	监督检查制度基本健全，并能执行；施工方有在岗专业技术管理人员，并持证上岗	有监督检查制度；施工方有在岗专业技术管理人员
砂浆、混凝土强度	试块按规定制作，强度满足验收规定，离散性小	试块按规定制作，强度满足验收规定，离散性较小	试块按规定制作，强度满足验收规定，离散性大
砂浆拌合方式	机械拌合；配合比计量控制严格	机械拌合；配合比计量控制一般	机械或人工拌合；配合比计量控制较差
砌筑工人	中级工以上，其中高级工不少于30%	高、中级工不少于70%	初级工以上

注：1 砂浆、混凝土强度离散性大小根据强度标准差确定；
    2. 配筋砌体不得为C级施工。

六、砌体结构的耐久性

（1）砌体结构的耐久性应根据环境类别（表2-4）和设计使用年限进行设计。

砌体结构的环境类别　　　　　　　　　　　　　表 2-4

环境类别	条　件
1	正常居住及办公建筑的内部干燥环境
2	潮湿的室内或室外环境，包括与无侵蚀性土和水接触的环境
3	严寒和使用化冰盐的潮湿环境（室内或室外）
4	与海水直接接触的环境或处于滨海地区的盐饱和的气体环境
5	有化学侵蚀的气体、液体或固态形式的环境，包括有侵蚀性土壤的环境

（2）设计使用年限为 50 年时，砌体材料的耐久性应符合下列规定：

地面以下或防潮层以下的砌体、潮湿房间的墙或环境类别 2 的砌体，所用材料的最低强度等级应符合表 2-5 的要求。

地面以下或防潮层以下的砌体、潮湿房间的墙所用材料的最低强度等级　　表 2-5

潮湿程度	烧结普通砖	混凝土普通砖、蒸压普通砖	混凝土砌块	石材	水泥砂浆
稍潮湿的	MU15	MU20	MU7.5	MU30	MU5
很潮湿的	MU20	MU20	MU10	MU30	MU7.5
含水饱和的	MU20	MU25	MU15	MU40	MU10

注：1 在冻胀地区，地面以下或防潮层以下的砌体，不宜采用多孔砖。如采用时，其孔洞应用不低于 M10 的水泥砂浆预先灌实，当采用混凝土空心砌块时，其孔洞应采用强度等级不低于 Cb20 的混凝土预先灌实；
　　2 对安全等级为一级或设计使用年限大于 50 年的房屋，表中材料强度等级应至少提高一级。

【例 2-4】 在《砌体结构设计说明示例》中，该住宅建筑主体结构设计使用年限为 50 年，对应 ±0.000 以下材料为 MU20 烧结普通砖、M10 水泥砂浆，符合表 2-5 中材料的品种及最低强度等级规定。

七、砌体结构房屋构造要求

在《砌体结构设计说明示例》中，某住宅建筑结构设计规定了抗震构造及施工要求，为了更好地了解砌体结构，下面对砌体结构的相关构造加以叙述。

在多层砖砌体房屋中的适当部位设置钢筋混凝土构造柱，并与圈梁连接使之共同工作，如图 2-5 所示，可以增加房屋的延性，提高抗倒塌能力，防止或延缓房屋在地震作用下发生突然倒塌，或者减轻房屋的损坏程度。

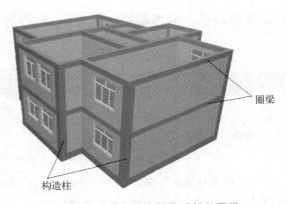

图 2-5　砌体结构中的构造柱与圈梁

（1）构造柱（GZ）

在砌体房屋墙体的规定部位，按构造配筋，并按先砌墙后浇灌混凝土柱的施工顺序制成的混凝土柱，通常称为混凝土构造柱。多层砖砌体房屋的构造柱应符合下列规定：

◆ 构造柱的最小截面可为 180mm×240mm（墙厚 190mm 时为 180mm×190mm）；构造柱纵向钢筋宜采用 4φ12，箍筋直径可采用 6mm，间距不宜大于 250mm，且在柱上、下端适当加密；当 6、7 度超过六层、8 度超过五层和 9 度时，构造柱纵向钢筋宜采用 4φ14，箍筋间距不应大于 200mm；房屋四角的构造柱应适当加大截面和配筋。

◆ 构造柱与墙连接处应砌成马牙槎（图 2-6），沿墙高每隔 500mm 设 2φ6 水平钢筋和 φ4 分布短筋平面内点焊组成的拉结网片或 φ4 点焊钢筋网片，每边伸入墙内不宜小于 lm（图 2-7、图 2-8）。6、7 度时，底部 1/3 楼层，8 度时底部 1/2 楼层，9 度时全部楼层，上述拉结钢筋网片应沿墙体水平通长设置。

◆ 构造柱与圈梁连接处，构造柱的纵筋应在圈梁纵筋内侧穿过，保证构造柱纵筋上下贯通。

◆ 构造柱可不单独设置基础，但应伸入室外地面下 500mm，或与埋深小于 500mm 的基础圈梁相连，如图 2-9、图 2-10 所示。

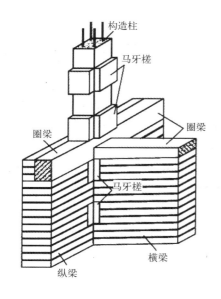

图 2-6　马牙槎

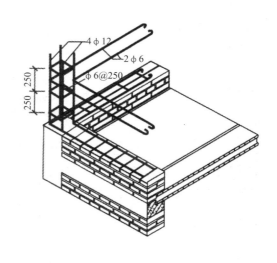

图 2-7　构造柱配筋

【例2-5】《砌体结构设计说明示例》中规定了构造柱的相关构造要求，如：构造柱箍筋加密区见11YG001-1第8页；构造柱纵筋上端锚入圈梁或压顶，下端应伸入室外地面下500mm，或与埋深小于500mm的基础圈梁相连，锚固长度不小于35d；构造柱与墙连接处应砌成马牙槎，沿墙高设置2ϕ6@500水平钢筋和ϕ4分布短筋平面内点焊组成的拉结网片，伸入墙内1m，锚入构造柱内250mm；且此拉结网片在底部两层沿墙体水平通长设置；构造柱应伸至女儿墙顶并与现浇钢筋混凝土压顶整浇在一起，并保证女儿墙

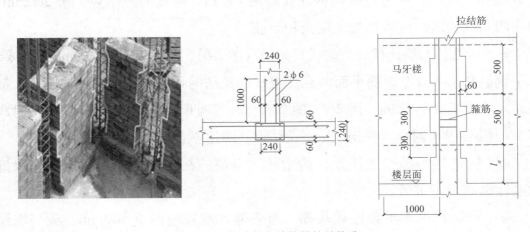

图2-8 构造柱与墙体的拉结构造

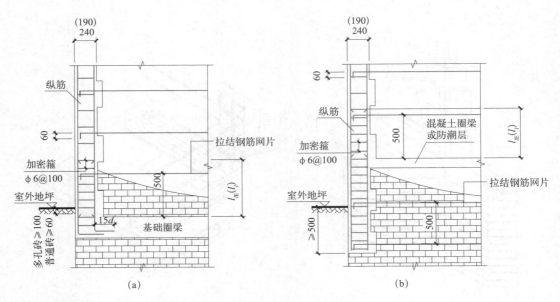

图2-9 构造柱根部锚入室外地坪下500mm

(a) 伸入基础圈梁；(b) 伸入室外地面下

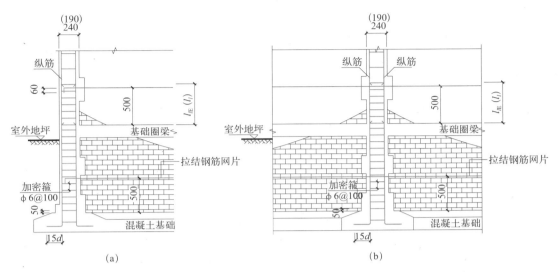

图 2-10　构造柱根部锚入基础

(a) 伸入混凝土基础（边柱）；(b) 伸入混凝土基础（中柱）

间距不大于 3m 及转角处均有构造柱等。

（2）圈梁（QL）

在房屋的檐口、窗顶、楼层、吊车梁顶或基础顶面标高处，沿砌体墙体水平方向设置封闭状的按构造配筋的混凝土梁式构件称为圈梁。其设置目的是为了增强房屋的整体刚度，防止由于地基不均匀沉降或较大振动荷载等对房屋引起的不利影响。

圈梁应符合下列构造要求：

◆　圈梁宜连续地设在同一水平面上，并形成封闭状；当圈梁被门窗洞口截断时，应在洞口上部增设相同截面的附加圈梁。附加圈梁与圈梁的搭接长度不应小于其中到中垂直间距 H 的 2 倍，且不得小于 1m（图 2-11）。

◆　纵横墙交接处的圈梁应有可靠的连接。刚弹性和弹性方案房屋，圈梁应与屋架、大梁等构件可靠连接。

◆　钢筋混凝土圈梁的宽度宜与墙厚相同，当墙厚不小于 240mm 时，其宽度不宜小于墙厚的 2/3。圈梁高度不应小于 120mm。纵向钢筋数量不应少于 4φ10，绑扎接头的搭接长度按受拉钢筋考虑，箍筋间距不应大于 300mm。

◆　当圈梁兼作过梁时，过梁部分的钢筋应按计算面积另行增配，如图 2-12 所示。

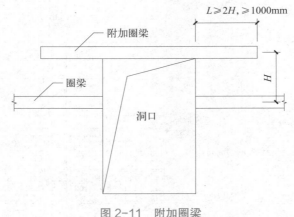

图 2-11　附加圈梁

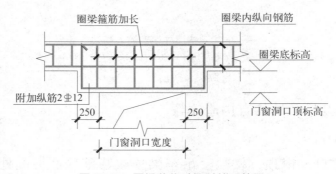

图 2-12　圈梁兼作过梁时的配筋图

◆　采用现浇钢筋混凝土楼（屋）盖的多层砌体结构房屋，当层数超过 5 层时，除在檐口标高处设置一道圈梁外，可隔层设置圈梁，并与楼（屋）面板一起现浇。未设置圈梁的楼面板嵌入墙内的长度不应小于 120mm，并沿墙长配置不少于 2φ10 的纵向钢筋。

【例 2-6】在《砌体结构设计说明示例》中，本建筑砌体部分沿 240 砖墙内墙每层均设圈梁，抗震构造详见标准图 11YG001-1。

（3）房屋的楼、屋盖与承重墙体的连接，应符合下列规定：

◆　钢筋混凝土预制楼板在梁、承重墙上必须具有足够的搁置长度。当圈梁为设在板的同一标高时，板端的搁置长度，在外墙上不应小于 120mm，在内墙上，不应小于 100mm，在梁上不应小于 80mm，当采用硬架支模连接时（图 2-13），允许搁置长度不满足上述要求。

◆　当圈梁设在板的同一标高时，钢筋混凝土预制楼板端头应伸出钢筋，与墙体的圈梁连接。当圈梁设在板底时，房屋端部大房间的楼盖，6 度时房屋的屋盖和 7～9 度时房屋的楼、屋盖，钢筋混凝土预制板应相互拉结，并应与梁、墙或圈梁拉结，如图 2-14 所示。

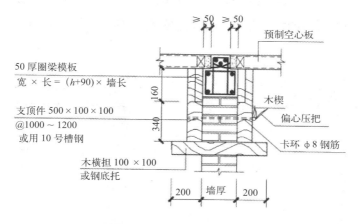

图 2-13　硬架支模参考图

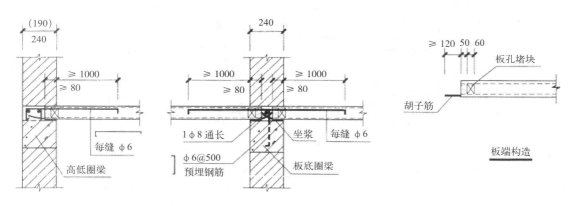

图 2-14　预制空心板支承构造

◆　当板的跨度大于 4.8m 并与外墙平行时，靠外墙的预制板侧边应与墙或圈梁拉结，如图 2-15 所示。

◆　钢筋混凝土预制楼板侧边之间应留有不小于 20mm 的空隙，相邻跨预制楼板板缝宜贯通，当板缝跨度不小于 50mm 时，应配置板缝钢筋。

◆　装配整体式钢筋混凝土楼、屋盖，应在预制板叠合层上双向配置通长的水平钢筋，预制板应与后浇的叠合梁有可靠的连接，如图 2-16 所示。现浇板和现浇叠合层应跨越承重内墙或梁，伸入外墙内长度应不小于 120mm 和 1/2 墙厚。

◆　现浇或装配整体式钢筋混凝土楼、屋盖与墙体有可靠连接的房屋，应允许不另设圈梁，但楼板沿抗震墙体周边均应加强配筋并与相应的构造柱可靠连接。

【例2-7】 在《砌体结构设计说明示例》中，第五条中规定了现浇钢筋混凝土楼板或屋面板伸进纵、横墙内的长度均不应小于120mm。

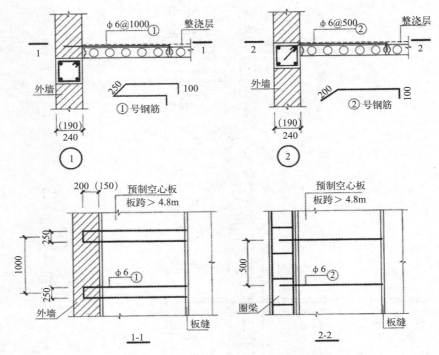

图2-15 预制空心板与外墙拉结

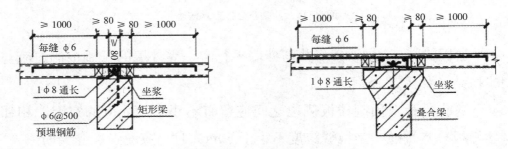

图2-16 预制空心板与梁拉结

八、砌体结构的主要特点及应用

1. 砌体结构的主要特点

砌体结构的主要优点是：①容易就地取材。黏土砖主要用黏土烧制，石材的原料是天然石，砌块可以用工业废料制作，来源方便，价格低廉。②具有良好的耐火性和耐久性。③砖墙和砌块墙体具有良好的保温、隔热、隔声性能，节能效果明显，所以既是较好的承重结构，也是较好的围护结构。④和混凝土结构相比造价低，可节约大量水泥和钢材，砌筑时不需模板和特殊的施工设备，可以节省木材，且施工工序少。

砌体结构的主要缺点是：①与钢和混凝土相比，砌体的强度较低，因而构件的截面尺寸较大，材料用量多，自重大。②砌体的砌筑基本上采用手工方式，难以机械化施工，工人劳动强度大。③砌体的抗拉、抗剪强度都很低，因而结构抗震较差，在使用上受到一定限制。④黏土砖需用黏土制造，在某些地区过多占用农田，影响农业生产，现已被禁止使用。如图 2-17 所示为传统的黏土砖制作。

2. 砌体结构的现状及发展前景

砌体结构是最古老的一种建筑结构。我国的砌体结构有着悠久的历史和辉煌的纪录。在历史上有举世闻名的万里长城，始建于周朝，是我国古代的军事性工程，它是世界上最伟大的砌体工程之一。赵州桥，长 50.82m，跨径 37.02m，券高 7.23m，两端宽 9.6m，建于隋朝年间的公元 595～605 年，由著名匠师李春设计建造，距今已有约 1500 年的历史，是当今世界上现存最早、保存最完整的古代石拱桥。还有公元前 256 年，如今仍然起灌溉作用的李冰父子修建的都江堰水利工程，如图 2-18 所示。

时至今日，砌体结构是多层房屋常见的结构形式，如多层住宅、中小学学校及办公楼等民用建筑中的基础、墙体、柱子等均可采用砌体建造，如图 2-19 所示。

图 2-17　黏土砖的制作

(a)　　　　　　　　　(b)　　　　　　　　　(c)

图 2-18　古代砌体结构

(a) 万里长城；(b) 赵州桥；(c) 都江堰水利工程

(a)　　　　　　　　　　　　　　　　　(b)

图 2-19　砌体结构的应用

(a) 砌体结构房屋；(b) 框架结构中的填充墙

九、砌体结构的发展趋势

1. 使砌体结构适应可持续性发展的要求。传统的小块黏土砖以其耗能大、毁田多、运输量大的缺点越来越不适应可持续发展和环境保护的要求，对其改革势在必行。发展趋势是充分利用工业废料和地方性材料。例如，用粉煤灰、炉渣、矿渣等垃圾或废料制砖或者板材，可变废为宝，用河泥、湖泥、海泥制砖等。

2. 发展高强、轻质、高性能的材料。发展高强、轻质的空心块体，能使墙体重量减轻，生产效率提高，保温性能良好，且受力更加合理，抗震性能也得到提高。发展高强度、高粘结胶合力的砂浆，能有效提高砌体的强度和抗震性能。

3. 采用新技术、新的结构体系和新的设计理论。如配筋砌体有良好的抗震性能，美国是配筋砌块应用最广泛的国家，在1933年大地震后，推出了配筋混凝土砌块（配筋砌体）结构体系，建造了大量的多层和高层配筋砌体建筑，这些建筑大部分经历了强烈地震的考验。

【能力测试】

一、基础知识填空

1. 砌体结构是由_____和_____砌筑而成的墙、柱作为建筑物主要受力构件的结构。

2. 砌体结构按砌体中有无配筋可分为_____和_____。

3. 多层砖砌体房屋构造柱的最小截面尺寸为_____，纵向钢筋宜采用_____，箍筋间距不宜大于_____，且在柱上下端应适当加密；6、7 度时超过六层、8 度时超过五层和 9 度时，构造柱纵向钢筋宜采用_____，箍筋间距不应大于_____；房屋四角的构造柱应适当加大截面及配筋。

4. 对于有地基不均匀沉降或较大振动荷载的房屋可设置钢筋混凝土圈梁，圈梁宜连续地设在同一水平面上，并形成_____。

5. 在工程上常用的砂浆按组成材料可分为_____、_____、_____、_____等。

二、根据本项目的"某住宅结构施工图结构设计说明"完成下列填空

1. 本工程的结构形式为_____，基础形式为_____。

2. 房屋建筑结构的安全等级分为_____、_____、_____三个等级，本住宅结构安全等级为_____；主体结构设计使用年限为_____。

3. 根据施工现场管理、砂浆和混凝土的强度、砂浆拌合方式、砌筑工人技术等级的综合水平，砌体施工质量控制级别分为_____、_____、_____三个等级，本住宅砌体结构施工质量控制等级为_____。

4. 本住宅 ±0.000 以下砌体所用的块材为_____，强度等级为_____，砌筑用的砂浆采用_____，其强度等级为_____。

5. 本住宅采用的设计活荷载标准值：卧室为_____，阳台为_____，卫生间为_____。

【能力拓展】

1. 观察身边的砌体结构建筑物，认识砌体结构的材料及主要受力构件。

码 2-3　项目 2.1
能力测试参考答案

2. 组织参观砌体结构房屋施工现场，在教师指导下，正确识读结构设计说明，初步了解砌体结构施工的组成，并结合实际工程，能正确说出施工现场所采用的材料及提高砌体结构抗震性能的措施。

项目 2.2 砌体结构施工图识读

码 2-4 项目 2.2 导读

【项目概述】

> 通过本项目的学习，学生能够：了解砌体结构整套施工图的组成；会根据国家建筑设计图集查阅标准构造详图，正确识读砌体结构施工图；掌握砌体结构施工的绘制方法，能按照《建筑结构制图标准》GB/T 50105-2010 绘制砌体结构施工图。

任务 2.2.1 基础施工图识读

【任务描述】

> 基础是指建筑物底部与地基接触的承重构件，它的作用是把建筑物上部的荷载传给地基。基础是房屋、桥梁及其他构筑物的重要组成部分，如图 2-20 所示。
> 通过本任务的学习，要求学生能够：理解基础平面布置图及详图的图示内容与图示方法，了解相关构造要求，能正确识读基础平面布置图和基础详图，如图 2-21 所示。

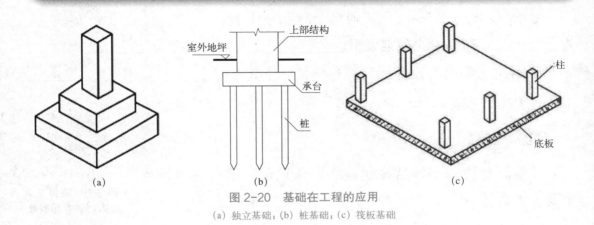

图 2-20 基础在工程的应用

(a) 独立基础；(b) 桩基础；(c) 筏板基础

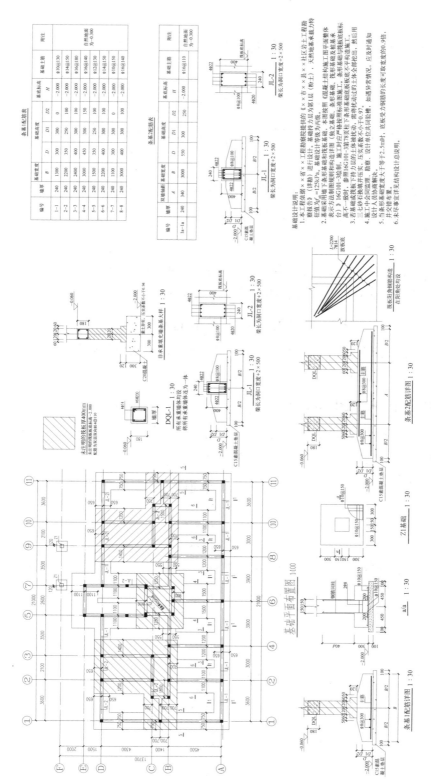

图 2-21 基础施工图示例

【学习支持】

一、砌体结构施工图的组成及编排方式

1. 砌体结构施工图的组成

砌体结构施工图一般由结构设计说明、结构平面图（包括基础平面图、地下室结构平面图、楼层结构平面图、屋面结构平面图）和结构详图组成。

基础平面图是表示基础平面布置的图样。一般表示基础的平面位置和宽度，承重墙的位置和截面尺寸，构造柱的平面位置等，配合剖面图表示基础、圈梁、管沟等的详细做法及细部尺寸。

结构平面图主要用以表示房屋结构系统的结构类型、构件布置、构件种类、数量、构件的内部构造和外部形状、大小以及构件之间的连接构造。

结构详图一般包括：楼梯配筋图、梁和过梁配筋图、预制板及结构平面图没有表达清楚的部位均在构件详图上表示，必要时还有所表示构件的钢筋表。

2. 砌体结构施工图的编排方式

砌体结构图的编排没有太严格的顺序。通常是结构设计总说明、基础平面图、结构平面布置图（平面图中通常包括平面造型节点详图），最后是楼梯和一些大的构件详图。如果有地下室、车道和设备房之类的附属建筑，通常另外附加图纸布置。

【提醒】结构施工图必须和建筑施工图密切结合使用，它们之间不能产生矛盾；根据工程的复杂程度，一般设计单位将内容详列在一张"图纸目录"上；基础断面详图应尽可能与基础平面图布置在一张图纸上，以便对照施工，方便读图。

【例2-8】如图2-22所示，图纸目录显示了完整的砌体结构施工图编排顺序。

	××市××设计研究院有限公司					

图 纸 目 录
DRAWING LIST

工程名称 PROJECT	××小区住宅楼	设计号 PROJECT No.		第 1 页共 1 页 PAGE TOTAL PAGE
项目名称 ITEM	2号楼	图别 DESIGN PHASE	结施	图号 1 DRAWING No.

图号 DRAWING No.	图 纸 名 称 DESIGNATION	图幅 SIZE	比例 SCALE	日期 DATE	备注 REMARK
1	图纸目录	A4			
2	结构设计说明(一)	A2			
3	结构设计说明(二)	A2			
4	基础平面布置图	A2			
5	二层梁、板平面布置及配筋图	A2			
6	三~七层梁、板平面布置及配筋图	A2			
7	屋面梁、板平面布置及配筋图	A2			
8	机房屋面梁、板平面布置及配筋图	A2			
9	楼梯详图	A2			

专业负责人 DISCIPLINE RESPONSIBLE	×× ××			
设计人 DESIGNER	××	日期 DATE	××年××月××日	

图 2-22 图纸目录示例

二、基础平面布置图及详图识读

1. 基础平面布置图的图示方法和图示内容

（1）基础平面图的图示方法

基础平面图是假想用一个水平面沿建筑物室内地面以下剖切后，移去建筑物上部和基坑回填土后所作的水平剖面图，如图 2-21 所示，剖切面剖到地面以下的墙身，并可见基础的大放脚及基础宽度。

在基础平面图中只画出基础墙和基础底面轮廓线；梁与墙身的投影重合时，梁可用单线结构构件绘出；基础的细部形状和尺寸用基础详图表示，此处略去不画。在基础平面图中，基础墙的墙身用粗实线表示。当采用条形基础时，将上部墙和土体看作透明体，重点突出基础的轮廓线。

【知识拓展】

条形基础埋入地下的墙称为基础墙。当采用砖墙和砖基础时，在基础墙和垫层之间做的呈阶梯形的砌体，称为大放脚。基础底下天然的或经过加固的土壤叫地基。

基坑（基槽）是为了基础施工而在底面上开挖的土坑。

坑底就是基础的底面，基坑边线就是放线的灰线。

防潮层就是防止地下水对墙体侵蚀而铺设的一层防潮材料。如图 2-23 所示为基础的组成。

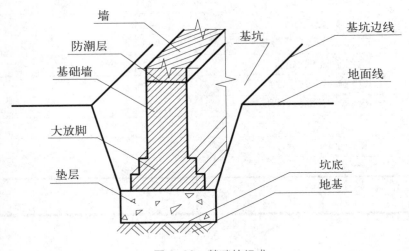

图 2-23　基础的组成

（2）基础平面图的图示内容

◆　图名、比例；

◆　纵横向定位轴线及编号、轴线尺寸；

◆　基础墙、柱的平面布置，基础底面形状、大小及其与轴线的关系；

◆　基础梁的位置、代号；

◆　基础编号、基础断面图的剖切位置线及其编号；

◆　施工说明，即所用材料的强度等级、防潮层做法、设计依据以及施工注意事项等。

【例 2-9】识读图 2-24。

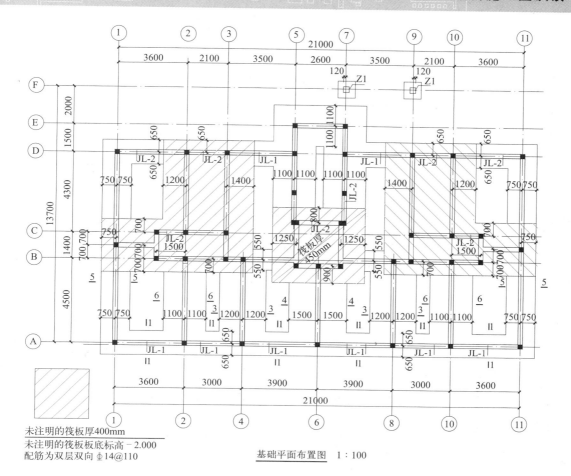

未注明的筏板厚400mm
未注明的筏板板底标高 -2.000
配筋为双层双向 $\phi 14@110$

基础平面布置图　1：100

图 2-24　基础平面布置图示例

　　如图 2-24 所示为基础平面布置图，绘图比例为 1：100。该图显示横向定位轴线为①～⑪，开间尺寸分别为 3.6m、3m、3.9m，纵向定位轴线编号为Ⓐ～Ⓕ，各轴线间尺寸分别为 4.5m、1.4m、4.3m、1.5m、2m。采用墙下条形基础和筏板基础。条形基础分布于各轴线上，定位轴线两侧的粗线是基础墙的断面轮廓线，两粗墙线外侧的细线是可见的基础底部轮廓线，它是基础施工放线、开挖基坑的依据。

　　筏板基础分布于不同的位置，图 2-24 阴影部分采用筏板基础，位于⑥号轴线处的筏板基础板厚为 450mm，未注明的筏板基础板厚为 400mm，筏板板底标高均为 -2.000，如图 2-25 所示。

　　墙体厚度均为 240mm，轴线居中（距内、外侧均为 120mm），墙下设有基础梁，根据图上标注内容，基础梁有两种类型：JL1 和 JL2。其中 JL1 的截面尺寸为 240mm×400mm，上部、下部贯通钢筋均为 4 ϕ 22，箍筋为 ϕ 8@100。

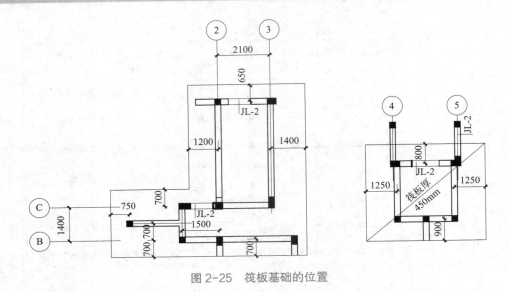

图 2-25　筏板基础的位置

【知识拓展】

砌体结构常采用无筋扩展基础（包括砖基础、毛石基础、混凝土基础等）、扩展基础（柱下钢筋混凝土独立基础、墙下钢筋混凝土条形基础）。当地基土较软弱时也常采用筏板基础。

2. 基础详图的图示方法和图示内容

（1）基础详图的图示方法

基础详图主要表明基础各部位的构造和详细尺寸，通常用垂直剖面表示。

基础详图的比例较大，墙身部分应绘出墙体的材料图例，基础部分若绘制钢筋的配置，则不再绘出钢筋混凝土材料图例。详图的数量由基础构造形式决定。

条形基础的详图一般用断面图表达。如图 2-26 所示的基础断面图。

当条形基础的尺寸不同时，可采用列表法并结合截面示意图表达基础的相关内容。

（2）基础详图的图示内容

◆　图名、比例；

◆　轴线及编号；

◆　基础断面的形状、尺寸、材料以及配筋；

◆　室内外底标高及基础底面的标高；

◆　基础墙的厚度、防潮层的位置和做法；

◆ 基础梁或圈梁的尺寸及配筋；

◆ 垫层的尺寸及做法；

◆ 施工说明等。

【例 2-10】识读图 2-26 基础详图。

该工程在基础平面布置图中有基础详图，如图 2-26 所示。

图 2-26 基础平面布置图示例中显示剖切截面有 5 个，截面编号分别为 1-1、3-3、4-4、5-5、6-6。结合图 2-26，识读如下：

条形基础 1-1 详图：墙厚 240mm，纵墙基础宽度为 1300mm，居中，与基础平面图一致。基础为墙下钢筋混凝土条形基础，基础高度为 300mm，底部配钢筋网片，下部钢筋为主筋，配筋为 ϕ10@130，沿墙长度方向分布筋为

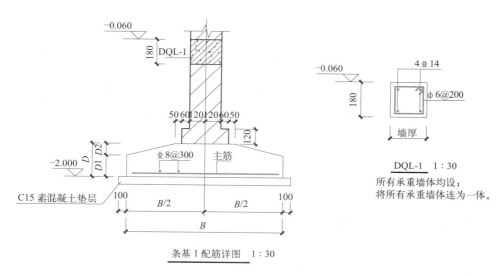

条基 1 配筋详图　1:30

条基 1 配筋表（mm）

编号	墙厚	基础宽度	基础高度			基础标高	基础主筋	附注
		B	D	D_1	D_2	H		
1-1	240	1300	300	300	0	-2.000	ϕ10@130	
2-2	240	2200	350	250	100	-2.000	ϕ14@150	
3-3	240	2400	400	300	100	-2.000	ϕ16@180	
4-4	240	3000	450	300	150	-2.000	ϕ16@140	自然地面为 -0.300
5-5	240	1500	350	250	100	-2.000	ϕ12@130	
6-6	240	2200	400	300	100	-2.000	ϕ14@150	
7-7	240	1100	300	300	0	-2.000	ϕ10@150	
8-8	240	3000	400	300	100	-2.000	ϕ16@140	

图 2-26　基础详图

$\pm 8@300$，基底标高为 -2.000。基础下为 100mm 厚的 C15 混凝土垫层，每边伸出基础 100mm。

条形基础 3-3 详图：墙厚 240mm，纵墙基础宽度为 2400mm，居中，与基础平面图一致。基础为墙下钢筋混凝土条形基础，基础总高度为 400mm，斜坡部分高度 100mm，端部高度为 300mm，底部配钢筋网片，下部钢筋为主筋，配筋为 $\pm 16@180$，沿墙长度方向分布钢筋为 $\pm 8@300$，基底标高为 -2.000。基础下为 100mm 厚的 C15 混凝土垫层，每边伸出基础 100mm。

地圈梁顶标高为 -0.060，宽度与墙厚相同，为 240mm，高度为 180mm，纵筋为 4 ± 14，箍筋为 $\phi 6@200$。

截面 4-4、5-5、6-6 可参照以上方法识读。

【能力测试】

一、识读图 2-27，并完成下列填空。

码 2-5　任务 2.2.1
能力测试参考答案

1. 该基础类型为_____，基础底面标高为_____。

2. Ⓐ、Ⓓ 轴线处基础墙体厚度为_____，基础宽度为_____，基础端部高度为_____，根部高度为_____；基础底部横向受力钢筋为_____，纵向构造钢筋为_____。

3. ① ~ ⑦ 轴线处基础墙体厚度为_____，基础宽度为_____，基础端部高度为_____，根部高度为_____；基础底部横向受力钢筋为_____，纵向构造钢筋为_____。

4. QL1 表示_____，顶面标高为_____，截面尺寸为_____，纵向钢筋为_____，箍筋为_____。

5. GZ1 表示_____，截面尺寸为_____，纵向钢筋为____，箍筋为_____。

二、识读图 2-27，按照《建筑结构制图标准》GB/T 50105 – 2010 绘制Ⓑ轴线处墙下条形基础截面配筋详图，比例 1:20。

【能力拓展】

1. 通过识读砌体结构施工图，说出砌体结构中常见的构件有哪些？并给出相应的表示符号。

2. 参观砌体结构基础施工现场，对照施工图识图。

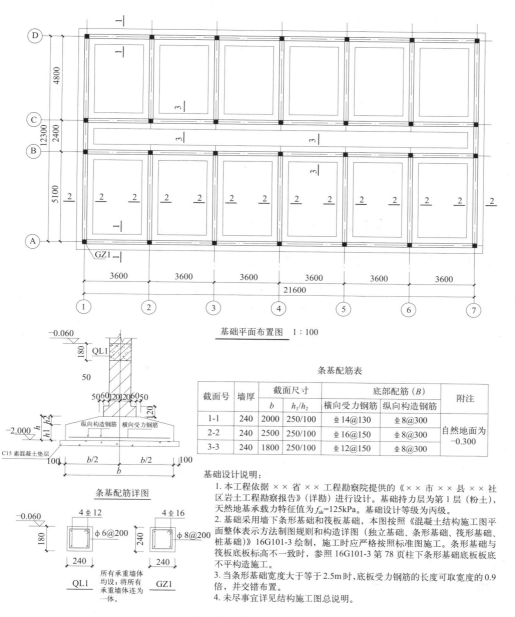

基础平面布置图　1 : 100

条基配筋表

截面号	墙厚	截面尺寸		底部配筋（B）		附注
		b	h_1/h_2	横向受力钢筋	纵向构造钢筋	
1-1	240	2000	250/100	$\Phi14@130$	$\Phi8@300$	自然地面为
2-2	240	2500	250/100	$\Phi16@150$	$\Phi8@300$	−0.300
3-3	240	1800	250/100	$\Phi12@150$	$\Phi8@300$	

条基配筋详图

基础设计说明：

1. 本工程依据 ×× 省 ×× 工程勘察院提供的《×× 市 ×× 县 ×× 社区岩土工程勘察报告》（详勘）进行设计。基础持力层为第 1 层（粉土），天然地基承载力特征值为 f_{ak}=125kPa。基础设计等级为丙级。

2. 基础采用墙下条形基础和筏板基础，本图按照《混凝土结构施工图平面整体表示方法制图规则和构造详图（独立基础、条形基础、筏形基础、桩基础）》16G101-3 绘制，施工时应严格按照标准图施工。条形基础与筏板底标高不一致时，参照 16G101-3 第 78 页柱下条形基础底板板底不平构造施工。

3. 当条形基础宽度大于等于 2.5m 时，底板受力钢筋的长度可取宽度的 0.9 倍，并交错布置。

4. 未尽事宜详见结构施工图总说明。

图 2-27　基础平面布置图及详图

任务 2.2.2　楼（屋）盖结构施工图识读

【任务描述】

楼（屋）盖结构施工图是结构施工图的重要组成部分。通过本任务的学习，要求学生能够：识记楼（屋）盖结构施工图的图示内容与图示方法，正确识读如图 2-28 所示的楼（屋）面结构平面布置图。

【学习支持】

一、楼（屋）面结构布置图的图示内容与图示方法

1. 楼（屋）面结构布置图的图示内容

楼（屋）面结构平面图是表示各楼层、屋面结构构件（如墙、梁、板、柱等）的平面布置情况，以及现浇混凝土构件构造尺寸与配筋情况的图纸。它为施工中安装梁、板、柱等各种构件提供依据，同时为现浇构件支模板、绑扎钢筋、浇筑混凝土提供依据。

根据建筑图的布局，楼面结构平面图可以拆分为地下室结构平面图、一层结构平面图、标准层结构平面图和屋顶结构平面图。当每层的平面布置与构件都相同时，一般归类为标准层结构平面图；当每层的平面布置与构件均有不同时，则必须分别表示每层的结构平面布置图。楼面结构平面布置图一般是以某层的楼盖命名，比如一层结构平面是以一层楼盖命名，也可以按楼盖结构标高命名，如一层楼盖结构层标高为 3.55m 时，可命名为标高 3.55m 结构平面布置图。

楼（屋）面结构平面图主要内容一般包括：梁、板、构造柱、圈梁、过梁、楼梯、阳台、雨篷、预留洞的平面位置，主要表述板的布置或配筋，并结合剖面图或断面图表示，当一张图不能表示所有的内容时，可将梁、过梁、雨篷等构件进行编号并在详图上表示或选用标准图。

【提醒】结构平面图表示了本楼层各种构件的平面位置、平面形状、数量，结合剖面，表示本层各种构件的标高和截面情况。对于同一类构件但尺寸或配筋不同时常以不同编号的形式加以区别，如平面图中有几种梁时，可

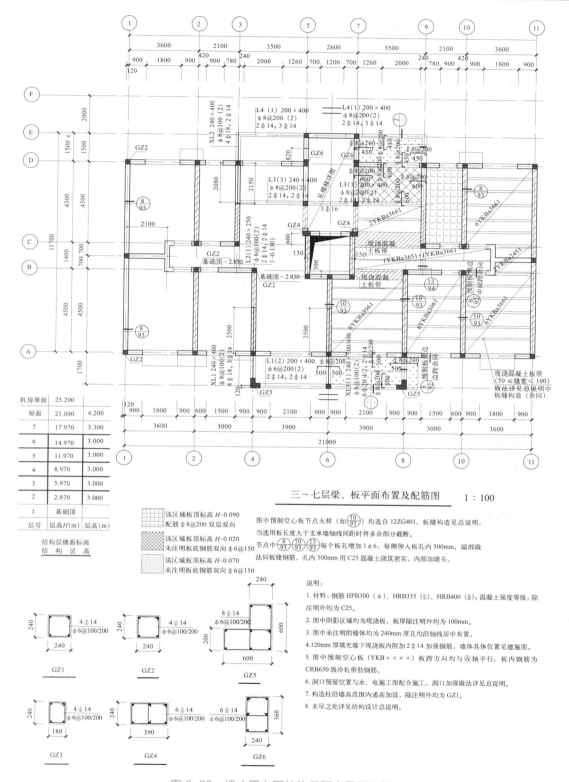

三~七层梁、板平面布置及配筋图　　1：100

图中预制空心板节点大样（如 ⑩/93 ）均选自 12ZG401，板缝构造见总说明，
当选用板长度大于支承墙轴线间距时将多余部分截断。
节点中 ⑧/93 ⑩/93 ⑬/94 每个板孔增加 1ф6，每侧伸入板内 500mm，端部做
法同板缝钢筋，孔内 500mm 用 C25 混凝土浇筑密实，内部加堵头。

说明：
1. 材料：钢筋 HPB300（ф）、HRB335（ф）、HRB400（ф）；混凝土强度等级：除
注明外均为 C25。
2. 图中阴影区域均为现浇板，板厚除注明外均为 100mm。
3. 图中未注明的墙体厚均为 240mm 厚且均沿轴线居中布置。
4. 120mm 厚填充墙下现浇板内附加 2ф14 加强钢筋，墙体具体位置见建施图。
5. 图中预制空心板（YKB××××）板跨方向均与 Ⓐ 轴平行，板内钢筋为
CRB650 级冷轧带肋钢筋。
6. 洞口预留位置与水、电施工配合施工，洞口加强做法详见总说明。
7. 构造柱沿墙高范围内通高加设，除注明外均为 GZ1。
8. 未尽之处详见结构设计总说明。

结构层楼面标高 结构层高		
机房屋面	25.200	
屋面	21.000	4.200
7	17.970	3.300
6	14.970	3.000
5	11.970	3.000
4	8.970	3.000
3	5.970	3.000
2	2.970	3.000
1	基础顶	
层号	层高 H(m)	层高(m)

该区域板顶标高 H-0.090
配筋 ф8@200 双层双向
该区域板顶标高 H-0.020
未注明板底钢筋双向 ф6@150
该区域板顶标高 H-0.070
未注明板底钢筋双向 ф6@150

图 2-28　楼（屋）面结构平面布置图示例

用 L1、L2、L3 等进行编号。

2. 楼（屋）面结构布置图的图示方法

楼面结构平面图是假想沿每层楼板将建筑物水平剖切后，向下所做的水平投影。结构平面图中墙身的可见轮廓用中粗线表示，被楼板挡住而看不见的墙、柱和梁的轮廓用中虚线表示。钢筋混凝土柱断面用涂黑表示，梁的中心位置用点画线表示。

（1）楼层上各种梁、板、柱构件，在图上都用规定的代号和编号标记，查看代号、编号和定位轴线就可以了解各种构件的位置和数量。

（2）楼梯间通常以对角交叉线表示，其结构布置另用详图表示。

（3）预制楼板的表达方式

预制楼板用粗实线表示楼层平面轮廓，用细实线表示预制板的铺设，用虚线表示楼板下不可见墙体的轮廓线。

预制板的布置有以下两种表达形式：

◆ 在结构单元范围内，按实际投影分块画出楼板，并注写数量及型号；对于铺设方式相同的预制板单元，用相同的编号如甲、乙等表示，而不一一画出每个单元楼板的布置，如图 2-29 所示。

◆ 在结构单元范围内，画一条对角线，并沿着对角线方向注明预制板数量及型号，如图 2-30 所示。

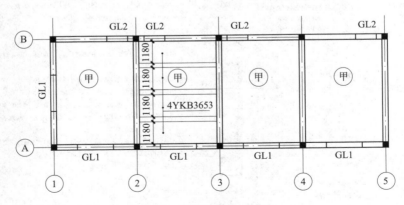

图 2-29　预制板的表达方式一

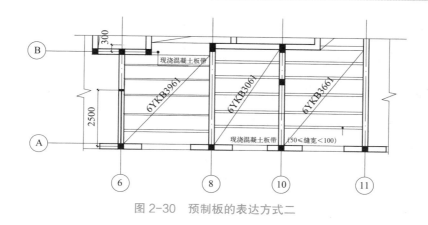

图 2-30　预制板的表达方式二

【例 2-11】 本书选用的预应力空心板图集为中南地区标准图集（12ZG401），预制板标注的含义如下：

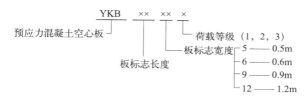

如图 2-30 中"6YKB3961"表示：6 块预应力空心板，板的标志长度为 3900mm（实际板长为 3820mm），板的标志宽度 600mm，荷载等级为 1 级。

按国家标准《预应力混凝土空心板》GB/T 14040-2007 规定，空心板的型号由名称、板高、标志长度、标志宽度、预应力配筋组成，其表示方式如下：

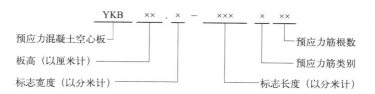

以预应力配筋表达：板高 180mm、标志长度 6.3m、标志宽度 900mm、配置 7 根公称直径 7mm 的 1570MPa 螺旋肋钢丝的空心板型号为 YKB18.9-63-B7。

（4）现浇楼板的表达方式

对于现浇楼板，采用《混凝土结构施工图平面整体表示方法制图规则和构造详图（现浇混凝土框架、剪力墙、梁、板）》16G101-1 中板的制图标准，详见项目 1.6，此处不再重复。对于承重构件布置相同的楼层，只画一个结构平面布置图，称为标准层结构平面布置图。

二、预制板楼面结构布置图的识读

1. 预制板楼层结构平面图的识读内容

（1）图名和比例；

（2）定位轴线和编号与建筑施工图是否一致；

（3）墙、柱、梁和板等构件的位置、代号及编号；

（4）预制板的跨度方向、数量、型号或编号和预留孔洞的大小和位置；

（5）轴线尺寸及构件的定位尺寸；

（6）详图索引及剖切位置；

（7）文字说明。

2. 识读楼面结构施工图及详图

【例 2-12】如图 2-28 所示，是某砌体结构住宅三～七层结构平面布置图。图名为三～七层梁、板平面布置及配筋图，比例为 1 : 100，与结构层楼面标高、层高标注的楼层一致，均为三～七层。

（1）横向定位轴线编号为①～⑪，纵向定位轴线编号为Ⓐ～Ⓕ。图形沿⑥轴线左右对称，即以⑥轴线为中心左右部分平面布置和配筋相同。

（2）墙体均为 240mm 厚，且沿轴线居中布置。横向定位轴线间的距离是房屋的开间尺寸，纵向定位轴线间的距离是进深尺寸。如①、②轴线和Ⓒ、Ⓓ轴线间的房间，其开间尺寸为 3.6m，进深尺寸为 4.3m。

（3）⑤～⑦轴线与Ⓑ～Ⓒ轴线间的符号表示孔洞，此位置为电梯井。

（4）纵横墙转角处设置构造柱，构造柱代号为 GZ。该平面图上共有 6 根不同编号的构造柱，构造柱的配筋参见截面配筋图。如图 2-31 所示为 GZ1 截面配筋图，构造柱 1 截面尺寸为 240mm×240mm，纵筋为 4 根直径 14mm 的 HRB400 级钢筋，箍筋采用直径 6mm 的 HPB300 级钢筋，加密区间距 100mm，非加密区间距 200mm。

（5）该平面图中设置 4 种非框架梁（用 L 表示，

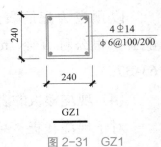

图 2-31 GZ1

分别为 L1、L2、L3 和 L4)、3 种悬挑梁(用 XL 表示,分别为 XL1、XL2 和 XL3),均采用集中标注的方式表达配筋。如 XL2 表示 2 号悬挑梁,梁截面尺寸为 240mm×400mm,箍筋采用 HPB300 级钢筋直径 8mm、间距 100mm 的双肢箍,上部通长筋为 4 根直径 18mm 的 HRB400 级钢筋,下部通长筋为 2 根直径 14mm 的 HRB400 级钢筋。

(6)该平面图楼面做法有两种形式:一种是采用现浇混凝土板,一种是采用预应力空心板。

图中阴影部分楼面采用现浇混凝土板,如图 2-32 所示,其余楼面采用预应力空心板。

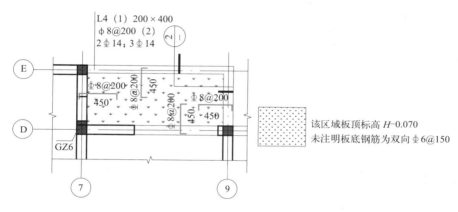

图 2-32　现浇混凝土板一

如图 2-32 所示的现浇混凝土板一,其板顶标高比该层楼面标高低 0.070m,在板底配置双向直径 6mm、间距 150mm 的钢筋网片,板顶部设板支座上部非贯通筋,采用直径 8mm、间距 200mm 的 HRB400 级钢筋,且自支座中线向跨内伸出 450mm。L4 的配筋采用集中标注的表达方式,此梁为非框架梁,编号为 4 号,梁宽 200mm,梁高 400mm,梁中箍筋采用 HPB300 级钢筋,直径 8mm、间距 200mm 的双肢箍,上部通长筋为 2 根直径 14mm 的 HRB400 级钢筋,下部通长筋为 3 根直径 14mm 的 HRB400 级钢筋。

如图 2-33 所示的现浇混凝土板二,其板顶标高比该层楼面标高低 0.020m,在板底配置双向直径 6mm、间距 150mm 的 HRB400 级钢筋网片,板顶部设板支座上部非贯通筋,采用钢筋直径 8mm、间距 200mm 的

HRB400 级钢筋，且自支座中线向跨内伸出 600mm。L3 的配筋采用集中标注的表达方式，此梁为非框架梁，编号为 3 号，梁宽 200mm，梁高 400mm，梁中箍筋采用 HPB300 级钢筋直径 8mm、间距 200mm 的双肢箍，上部通长筋为 2 根直径 14mm 的 HRB400 级钢筋，下部通长筋为 2 根直径 14mm 的 HRB400 级钢筋。

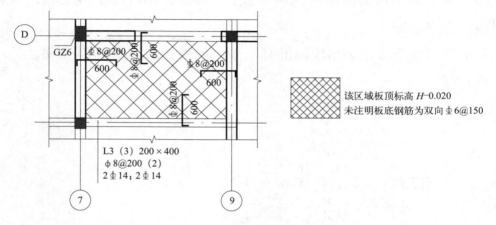

图 2-33 现浇混凝土板二

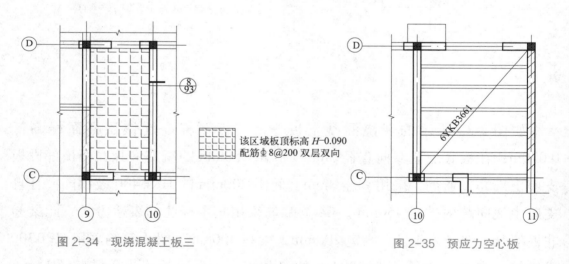

图 2-34 现浇混凝土板三

图 2-35 预应力空心板

如图 2-34 所示的现浇混凝土板三，该板板顶标高比该层楼面标高低 0.090m，在板底、板顶均配置 HRB400 级钢筋、直径 8mm、间距 200mm 的双向钢筋网片。

如图 2-35 所示，在 ⑩~⑪ 轴线与 ©~© 轴线形成的范围内楼面采用预应力空心板，配置数量为 6YKBa3661，表示：6 块预应力空心板，板的标志长度为 3600mm（实际板长为 3520mm），板的标志宽度为 600mm，荷载等级为 1 级。

（7）在 ⑧、⑨ 等轴线上有索引符号，表示剖切位置的构造做法见详图。

3. 屋面结构平面图识读

屋面结构平面图是表示屋面承重构件平面布置的图样。在建筑中，为了得到较好的外观效果，屋顶通常做成各种各样的造型。因此，屋顶的结构形式与楼层会不同，但图示内容和表达方式与楼面结构平面图基本相同。

【能力测试】

1. 识读图 2-36 构造柱截面配筋图，并指出 GZ4、GZ5 在图 2-28 中分别位于什么位置？

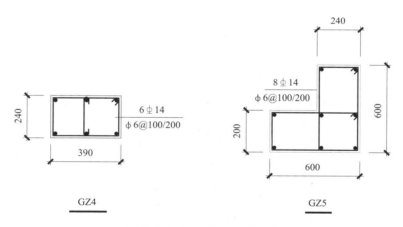

图 2-36　构造柱截面配筋图

2. 识读图 2-37 楼面结构平面布置图（局部）。

【能力拓展】

识读图 2-38 屋面结构平面布置图，并描述屋面板的做法及配筋。

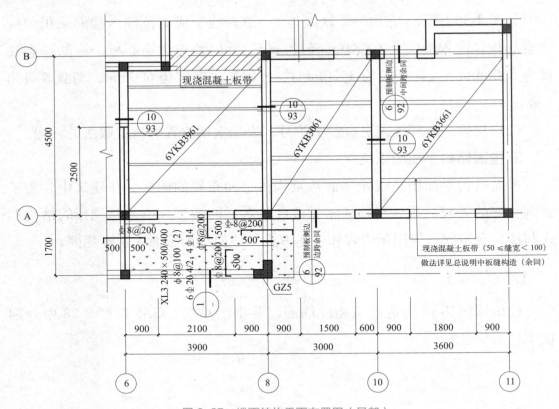

图 2-37　楼面结构平面布置图（局部）

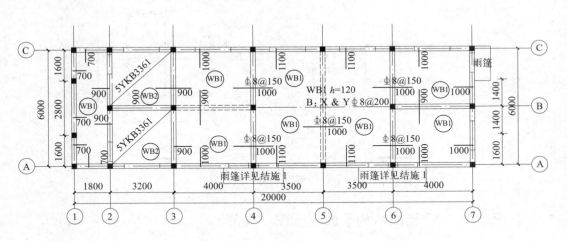

标高 3.300 板配筋图　　1 : 100

图中未注明的现浇板钢筋及分布筋均为Φ8@200，屋面板上部无配筋处，
设置温度筋，采用 ϕ6@150×150，与支座负筋按受拉钢筋要求搭接。

图 2-38　屋面结构平面图

任务 2.2.3 结构详图识读

【任务描述】

结构详图是对结构施工图的进一步补充，是施工的依据。通过本任务的学习，要求学生能够：了解砌体结构详图的类型及绘制方法，并能正确识读如图2-39所示的构件详图。

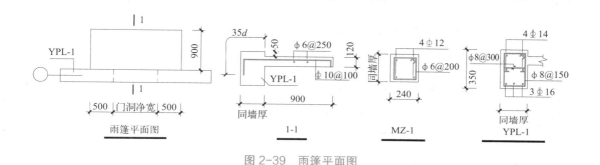

图 2-39 雨篷平面图

【学习支持】

一、砌体结构构件详图的类型与绘制方法

构件详图是表示单个构件形状、尺寸、材料、构造和工艺的详图。砌体结构的构件，一般包括现浇梁或预制梁、过梁、圈梁、构造柱、雨篷、楼梯等。现浇板一般在结构平面上表示；预制板一般选用标准图；构造柱、雨篷和阳台等构件采用现浇的形式，可以在结构平面图上增加剖面或断面图；钢筋混凝土楼梯详图同项目1.7，此处不再重复。若在平面图中还有表达不清楚的部位均可在构件详图上表示，如考虑抗震时构造柱与墙体的连接、构造柱与墙体的连接、女儿墙压顶的做法、现浇板带的做法、墙体穿管的做法等。

二、识读构件详图

识读构件详图主要包括下面几个方面：

（1）构件的名称或代号；

（2）构件的定位轴线及其编号；

（3）构件的形状、尺寸和预埋件代号和布置；

（4）构件的配筋及结构标高；

（5）相关施工说明等。

【例2-13】如图2-39所示为某住宅楼的雨篷平面图。根据建筑施工图，雨篷板顶部标高为2.770m，但在建筑图和结构平面图中未显示其配筋，故另需绘制雨篷板的配筋详图。

由图2-39可知，雨篷外伸长度为900mm；宽度＝门洞尺寸+1000mm，自门洞边两边各伸出500mm；根部设置雨篷梁，代号为YPL-1；雨篷板的配筋见1-1剖面，雨篷板厚度为120mm，保护层厚50mm，上部受力钢筋为$\phi 10@100$，伸入制造长度为35d，垂直于受力钢筋设置分布筋，分布筋采用$\phi 6@250$；雨篷梁截面尺寸为：宽度与墙厚相同，梁高为350mm。梁顶配筋为2$\phi 14$，中部配置2$\phi 14$，梁底设3$\phi 16$，雨篷梁承受扭矩，所以其配筋沿截面放置，箍筋为$\phi 8@300$。

雨篷下的门洞两侧设置构造柱MZ-1，MZ-1的截面尺寸为：一边与墙厚相同，另一边为240mm，纵向钢筋采用4$\phi 12$，箍筋为$\phi 6@200$。

【能力测试】

1. 识读图2-40，并解释图中的做法。

2. 识读图2-41。

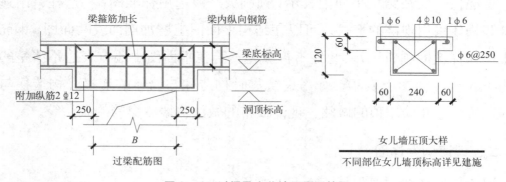

图2-40　过梁及女儿墙压顶配筋图

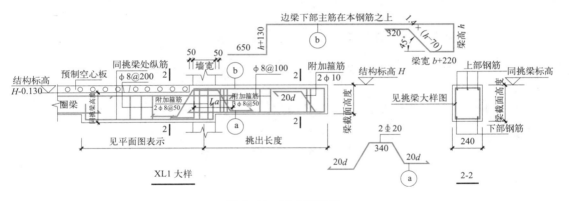

图 2-41　XL1 配筋图

模块 3
钢结构施工图识读

码 3-1　模块 3 导读

依据本课程目标，结合建筑工程施工现场专业人员和技术工人职业岗位对识读普通钢结构施工图的入门要求，以技术工人在从事钢结构制作、安装工作时首先遇到的节点详图识读任务为重要切入点，将钢结构常用材料、常用构件基本构造、常用连接构造、《建筑结构制图标准》GB/T 50105-2010 等内容所涉及的基础知识与职业技能，按照职业岗位工作任务主线进行整合，突出工学结合、做学一体。

通过本模块的学习，学生能够以钢结构工程施工图为案例，以钢结构材料、构件、连接节点等实物为载体，以教学模型、展板、多媒体教学手段或仿真技术为辅助，以课程教学资源平台的远程交互助学为支撑，通过每个任务安排的教学实训和钢结构施工图识读综合教学实训等职业技能操作实践，培养学生细致严谨的职业素养，初步学会识读、绘制钢结构常见节点详图。

项目 3.1　钢结构认知

【项目概述】

码 3-2　项目 3.1 导读

通过本项目的学习，学生能了解钢结构的发展动态，知道钢结构的应用及其主要特点，并通过工程案例，结合学习《建筑结构制图标准》GB/T 50105-2010 和钢结构常用材料的相关国家标准，学会识别常用型材，并能识读或标注钢结构施工图中的常用型材规格。

任务 3.1.1　钢结构应用认知

【任务描述】

> 通过本任务的学习，学生能够：知道钢结构在工业与民用建筑、道路桥梁、塔架桅杆、生产生活设施等领域的主要应用；通过应用实例的学习，认知钢结构的特点，初步了解钢结构设计、施工、材料、工艺等方面的发展动态，学习用可回收再生绿色环保材料建造钢结构的相关知识。

【学习支持】

一、我国钢结构概况

钢结构是指用钢材（钢板，热轧、冷弯或焊接型材，钢绳、钢索等）经设计、加工，形成拉杆、压杆、梁、柱及桁架等基本构件，通过焊、铆、螺栓和胶等连接方式组成的能承受和传递荷载的工程结构形式。

钢结构是由生铁结构逐步发展起来的。在公元前二百多年，我国就用铁建造桥墩，之后在深山峡谷建造铁链悬桥，建造寺庙铁塔等，如图 3-1、图 3-2 所示。

图 3-1　四川泸定的大渡河铁链桥　　　图 3-2　陕西咸阳的千佛铁塔（明代）

中华人民共和国成立后，在苏联重点援建的 156 个装备项目中，鞍钢、本钢、包钢、武钢、长春一汽、沈阳机床厂、哈尔滨锅炉厂、大连造船厂，以及长江上第一座公路铁路桥——武汉长江大桥等，均采用了钢结构。

20 世纪 50 年代后期，通过学习现代工业技术，引进重要装备，吸引专家学者回国建设，加快培养工程技术人员，我国钢结构设计和制造安装水平得到较大提高，有些建成的钢结构在规模和技术上已达到当时的世界先进水平。我国自主研究开发出的 16 锰钢等系列高强度低合金钢，用于南京长江大桥等重大工程，并一直沿用至今。

进入 21 世纪以来，我国建筑钢结构行业获得跨越式发展，涌现出一大批优秀的钢结构建筑，为我国现代化城市建设做出了重要贡献。

二、钢结构的应用

1. 单层钢结构

单层钢结构广泛应用于工业厂房，尤其适用于大跨度、承受动力荷载作用、有振动、有高温的重型工业厂房；厂房内设置吊车梁和桥式吊车；对楼顶的抗震性能要求高。例如，1978 年建成的武汉钢铁公司 1.7m 轧钢厂，用钢量达 5 万 t；1985 年建成的上海宝山钢铁公司一期工程等。

码 3-3　重型工业厂房

2. 多层、高层钢结构

1931 年在纽约用 410 天建成的帝国大厦（Empire State Building），102 层，楼顶高度 381m；1973 年在芝加哥建成的西尔斯大厦（Sears Tower），110 层，高 442m。

台北 101 大厦，楼顶高度 448m，地上 101 层，地下 5 层，如图 3-3 所示。

在上海陆家嘴金融中心，1999 年建成的上海金茂大厦，88 层，高度 420.5m，总建筑面积 28.7 万 m^2；2008 年建成的上海环球金融中心，492m，地上 101 层，94～100 层为观光厅；2016 年建成的上海中心大厦（Shanghai Tower），建筑主体为 118 层，结构高度 580m，总高度 632m，如图 3-4 所示。

阿拉伯联合酋长国迪拜哈利法塔，2010 年 1 月竣工，楼体 162 层，高度 828m，是目前世界最高建筑。

高层建筑钢结构耗钢量在 20 世纪 50 年代为 160～180kg/m^2，进入 21 世纪已减少到 90～120kg/m^2，接近高层钢筋混凝土结构耗钢量。

码 3-4　迪拜哈利法塔

图 3-3 中国台北 101 大厦　　　图 3-4 上海陆家嘴金融中心

3. 大跨度钢结构

1959 年建成的人民大会堂，钢屋架跨度 60.9m，高度 7m；看台钢箱梁悬挑 15.5、16.4m。

码 3-5 上海浦东
国际机场 T2 航站楼

2008 年建成的国家体育场，为第 29 届奥运会主会场，如图 3-5 所示。鞍形顶面的长轴 332.3m，短轴 296.4m；建筑面积 25.8 万 m^2，固定座位 8 万个。钢结构以焊接箱形构件为主，交叉布置的主桁架与屋面及立面的次结构一起形成"鸟巢"的特殊建筑造型。首次使用高强度 Q460 钢材，钢板厚度达到 110mm，钢结构总重量 4.2 万 t。

2008 年初建成的上海浦东国际机场 T2 航站楼主楼，长 414m，宽 138m。前列式指廊长 1404m、宽 42～65m，有 42 座近机位登机桥，25 个可转换机位。

2008 年建成的当时亚洲最大的飞机维修机库，屋面采用空间网架，总建筑面积 70437m^2。可同时容纳 6 架宽体飞机进行维修，为国内机库建设提供了范例，如图 3-6 所示。

图 3-5 国家体育场　　　　　图 3-6 飞机维修机库

大跨度钢结构体系的分类和常见形式，可查阅《钢结构设计标准》GB 50017-2017 的附录 A。

4. 高耸结构：塔、构架、塔架、桅杆

1889 年法国世博会设计建造的高架铁结构"埃菲尔铁塔"，塔高 328m，如图 3-7（a）所示。

广州市新电视塔：塔高 450m，发射天线 160m，总高度 610m，如图 3-7（b）所示。

图 3-7

（a）埃菲尔铁塔；（b）广州市新电视塔

5. 可拆卸和移动的结构

可拆卸和移动的结构可用于建筑施工现场临时房屋、现代农业温室大棚、流动展览馆等。

码 3-6 可拆卸和移动的结构

6. 轻型钢结构

轻型钢结构主要指用轻型板材做围护结构的门式钢架轻型房屋结构（简称"轻钢结构"）和压型钢板拱壳屋盖，如图 3-8 所示。其特点是承载力储备较低，特别是拱形屋盖对半跨雪荷载很敏感。

以下结构都可称为轻型钢结构。

（1）由冷弯薄壁型钢组成的结构；

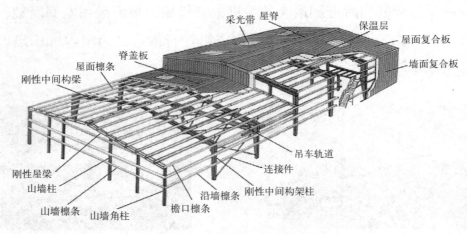

图 3-8 轻钢结构厂房构造

（2）由热轧或焊接轻型型钢组成的结构（工字钢、槽钢、H 型钢、L 型钢、T 型钢等）；

（3）由管材（圆、方、矩形）组成的结构；

（4）由薄钢板焊成的构件组成的结构；

（5）由以上各种构件组成的结构。

采用轻型屋面的轻型钢屋盖，耗钢量比普通钢屋盖节约 25%～50%，自重减小 20%～50%，如图 3-9 所示。

图 3-9 轻型钢屋盖、轻钢结构住宅

【知识拓展】

钢结构或构筑物在其他专业（行业）中的应用

钢结构可应用于对强度和密闭性要求很高的压力容器和管道，如气罐和锅炉等（图 3-10）。

钢结构还可应用于公路和铁路桥梁、火电主厂房和锅炉钢架、输变电铁塔、广播电视通信塔、石油海洋平台、核电站、风力发电、水工闸门、锅炉骨架、井架、起重机、设备构架、管道支架、运输通廊、栈桥、人行立交桥等，如图3-11 所示。

图 3-10 钢结构的应用（一）

图 3-11　钢结构的应用（二）

三、钢结构的主要特点

1. 自重轻而承载力高。钢材属于轻质高强材料，在相同使用条件下，钢结构的自重较轻。

2. 钢材接近于匀质等向体。具有理想的匀质与各向同性性质，钢结构的实际受力情况和力学计算结果较相符。

3. 钢材的塑性和韧性好。在静载作用下，钢材具有很好的塑性变形能力，破坏前有较大的变形预兆。钢材具有一定的抗冲击脆断能力，韧性很好，对动力荷载的适应性较强。

4. 钢材具有可焊性。可简化连接，满足制造复杂形状结构的需要。

5. 钢结构具有不渗漏的特性。

6. 钢结构实现制造工厂化，施工装配化。加工简便，成品精确度高；现场占地小，施工周期短，效率高；具有良好的装配性，施工方便；便于拆除、加固和改扩建。

7. 钢材的耐腐蚀性能差，易锈蚀，影响结构使用寿命，因而维护费用高。

8. 钢结构的耐热性能好，但防火性能差。在无防护条件下，钢材的耐火时间只有 5～30min，即耐热而不耐火。

【知识拓展】

1. 钢结构新材料、新技术的研究开发成果

（1）高效能防护漆：高渗透性带锈防锈漆。可带锈涂刷、方便高效，防锈效果和喷（镀）锌类似，可维持 20 年以上。

（2）喷涂玻璃钢，耐久性可达 40 年以上。

（3）耐候钢：2008 年国家标准《耐候结构钢》颁布。耐候结构钢是通过普碳钢添加少量合金元素 Cu、P、Cr、Ni 等，使其在金属基体表面形成保护层，耐大气腐蚀性能为普通钢材的 2～8 倍。

2. 钢材的工作温度对其力学性能的影响

（1）当辐射热温度在 100℃ 以下时，钢材力学性能（如强度、弹性模量等）基本稳定。

（2）当超过 100℃ 时，强度逐渐下降、塑性增大。

（3）当温度超过 150℃ 时，强度会明显下降。规范规定：当钢结构的表面长期受辐射热达 150℃ 以上或在短时间内可能受到火焰作用时，应采取有效的防护措施。

（4）当温度在 250℃ 左右时，钢材的抗拉强度 f_u 略有提高，但塑性和冲击韧性降低，使钢材呈现脆性，称"兰脆现象"，应避免在此温度附近对构件进行热加工。

（5）当温度达 250～350℃ 时，钢材将产生徐变现象。

（6）当温度达 500～600℃ 时，钢材将丧失抵抗外力作用的能力。

在高温环境下的钢结构温度超过 100℃ 时，根据不同情况应采取的防护措施有：采用砌块或耐热固体材料做成的隔热层加以保护；采取加耐热隔热涂层、热辐射屏蔽、水套隔热降温等措施。

【能力测试】

1. 简述钢结构的主要特点。

2. 简述钢结构在建筑工程中的主要应用。

【能力拓展】

码 3-7　任务 3.1.1
能力测试参考答案

组成学习小组，以课余时间自学为主，辅以交流讨论。

学习成果写入任务 3.1.2 中安排的"课后调研"，以电子文稿的形式在调研成果汇报环节予以体现。

任务 3.1.2　钢结构施工图材料表识读

【任务描述】

通过本任务的学习，学生能够：学会识别常用型材，学会查阅钢结构常用材料的相关国家标准，学会查阅与应用常用型材规格的型钢表数据；能按照现行规范《建筑结构制图标准》GB/T 50105 对常用型材所规定的标注方法，初步学会识读或标注钢结构施工图中的常用型材规格；知道应用于承重结构的钢材品种与牌号，能读懂钢结构施工图案例中的材料表。

工程案例：某企业生产车间桁架式吊车梁 DL-1 施工图（图 3-12）与材料表（表 3-1）。

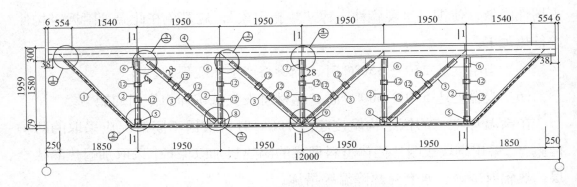

图 3-12　桁架式吊车梁 DL-1 施工图

桁架式吊车梁 DL-1 材料表　　　　　　表 3-1

编号	规格	长度（mm）	数量	质量	
				单件质量（kg）	总质量（kg）
1	[22b	12500	1	355.7	355.7
2	2∠100×10	1550	5	46.9	234.4
3	2∠100×10	2150	4	65.0	260.0
4	H294×200×8×12	11988	1	668.9	668.9
5	—230×10	250	2	3.1	6.2
6	—200×10	500	4	7.8	31.2

续表

编号	规格	长度（mm）	数量	质量	
				单件质量（kg）	总质量（kg）
7	—200×10	230	2	2.6	5.2
8	—250×10	370	2	7.2	14.4
9	—250×10	570	1	11.2	11.2
10	—60×8	136	3	0.5	1.5
11	—60×8	60	3	0.2	0.6
12	—100×8	130	18	0.8	14.4

【学习支持】

一、热轧槽钢和工字钢

1. 热轧槽钢

（1）热轧槽钢的外形与尺寸

本案例中的杆件①是桁架式吊车梁的下弦杆，采用热轧槽钢制作。热轧槽钢的外形如图 3-13（a）所示，根据国家标准《热轧型钢》GB/T 706，其截面尺寸如图 3-13（b）所示。

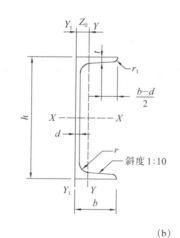

h—高度；
b—翼缘宽度；
d—腹板厚度；
t—翼缘厚度；
r—内圆弧半径；
r_1—边端圆弧半径；
Z_0—YY 轴与 Y_1Y_1 轴间距。

（a）

（b）

图 3-13　热轧槽钢示意图

（a）热轧槽钢的外形；（b）热轧槽钢截面图

热轧槽钢截面的腹板与两端翼缘相交处内侧带有内圆弧，翼缘自由端部内侧带有外圆弧。翼缘内侧带有 1：10 的斜度，槽钢规格中翼缘厚度的取值为其中间厚度，即 $\frac{b-d}{2}$ 处的厚度。

国产热轧槽钢的通常长度范围，根据不同规格分为 5～12m、5～19m、6～19m 三种。根据需方要求，也可在合同中注明交货长度。

（2）热轧槽钢的型号及标注方法

按照《建筑结构制图标准》GB/T 50105 的规定，在施工图中标注热轧槽钢的型号时，采用"截面形状符号 [与槽钢型号"表示。槽钢的型号采用高度 h 的厘米数表示。对于轻型槽钢的标注，需在截面形状符号 [之前，加注"Q"。

我国生产的热轧槽钢型号范围为 [5～[40c。对于高度 h 相同，而腹板厚度 d 不同，应在槽钢型号后用脚标 a、b、c 加以标注。按《钢结构设计标准》GB 50017，槽钢的腹板厚度标注为 t_w。槽钢规格的表示方法为：[高度值 h × 翼缘宽度值 × 腹板厚度值，数值单位为"mm"。例如：槽钢型号 [22b 的规格可表示为 [220×79×9。

【例 3-1】 比较热轧槽钢型号 [22a 与 [22b 的截面尺寸异同点。

【解】 查阅国家标准《热轧型钢》GB/T 706 中的《槽钢截面尺寸、截面面积、理论重量及截面特性》，对热轧槽钢型号 [22a 与本案例中桁架下弦杆所采用的型号 [22b 作截面尺寸异同点的比较，见表 3-2。

[22a 与 [22b 的截面尺寸异同点（单位：mm） 表 3-2

		截面高度 h	翼缘宽度 b	腹板厚度 d（t_w）	翼缘厚度 t	内圆弧半径 r	边端圆弧半径 r_1
相同点		220			11.5	11.5	5.8
不同点	[22a		77	7			
	[22b		79	9			

本案例中桁架下弦杆所采用的热轧槽钢，其翼缘的开口面向桁架内侧，腹板在下弦外侧。槽钢的重心距，即图 3-14 中 YY 轴与 Y_1Y_1 轴的间距 Z_0 =20.3mm。

该构件的理论质量为 28.453kg/m，构件的总质量＝理论质量 × 构件长度 × 构件数量。

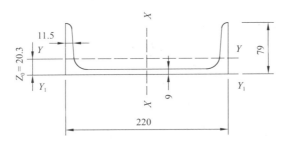

图 3-14　桁架式吊车梁杆件①的截面几何尺寸

2. 热轧工字钢

（1）热轧工字钢的外形与尺寸

热轧工字钢的外形如图 3-15（a）所示，依据国家标准《热轧型钢》GB/T 706，其截面尺寸如图 3-15（b）所示。按照《钢结构设计标准》GB 50017，工字钢的"腰"称为腹板，"腿"称为翼缘，"腿中间厚度"称为"翼缘厚度"。

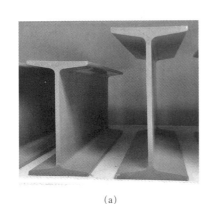

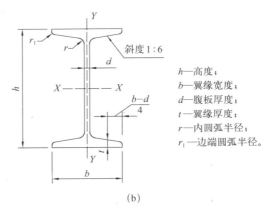

h—高度；
b—翼缘宽度；
d—腹板厚度；
t—翼缘厚度；
r—内圆弧半径；
r_1—边端圆弧半径。

（a）　　　　　　　　　　　　（b）

图 3-15　热轧工字钢示意图

（a）热轧工字钢的外形；（b）热轧工字钢截面图

工字钢通过热轧工艺成形，翼缘与腹板相交处内侧，带有"内圆弧"，半径为 r；翼缘为变截面，内侧带有 1：6 的斜度，靠腹板根部较厚，自由端部较薄；翼缘自由端部内侧带有"边端圆弧"，半径为 r_1。

热轧工字钢的通常长度范围为 5000～19000mm。根据需方要求，可在合同中注明交货长度。

（2）热轧工字钢的型号及标注方法

在施工图中标注热轧工字钢的型号时，采用"截面形状符号Ⅰ与工字钢型号"表示。工字钢的型号采用高度 h 的厘米数表示。对于轻型工字钢的标注，需在截面形状符号Ⅰ之前，加注"Q"。

我国生产的热轧工字钢型号范围为 I10～I63c。对于高度 h 相同，而腹板厚度 d（《钢结构设计标准》GB 50017 中标注为腹板厚度 t_w）不同，应在工字钢型号后用脚标 a、b、c 加以标注。工字钢规格的表示方法为：I 高度值 $h×$ 翼缘宽度值 × 腹板厚度值，数值单位为"mm"。如工字钢型号 I55a 的规格可表示为 I550×166×12.5。

【例 3-2】比较热轧工字钢型号 I36a、I36b 与 I36c 的截面尺寸异同点。

【解】查阅国家标准《热轧型钢》GB/T 706 中的《工字钢截面尺寸、截面面积、理论重量及截面特性》，对热轧工字钢型号 I36a、I36b 与 I36c 的截面尺寸异同点进行比较，见表 3-3。

I36a、I36b 与 I36c 的截面尺寸异同点（单位：mm）　　　　　　表 3-3

		截面高度 h	翼缘宽度 b	腹板厚度 d（t_w）	翼缘厚度 t	内圆弧半径 r	边端圆弧半径 r_1
相同点		360			15.8	12	6.0
不同点	I36a		136	10			
	I36b		138	12			
	I36c		140	14			

二、热轧角钢

1. 热轧等边角钢

型钢的两条肢组成直角且宽度、厚度相同时，称为等边角钢。热轧等边角钢的外形，如图 3-16（a）所示，截面尺寸如图 3-16（b）所示。

本案例中的桁架杆件②和③在桁架中统称为腹杆，其中的竖腹杆②和斜腹杆③均采用 2 根热轧等边角钢，通过节点板和填板⑫连接组成 T 形截面。

（1）等边角钢规格的标注方法

在施工图中标注等边角钢的规格时，采用"截面符号∠和边宽度值×边

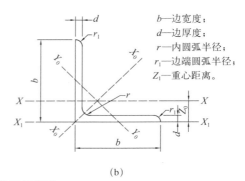

b—边宽度；
d—边厚度；
r—内圆弧半径；
r_1—边端圆弧半径；
Z_0—重心距离。

图 3-16 热轧等边角钢示意图
（a）等边角钢外形；（b）等边角钢截面图

宽度值×边厚度值"表示，例如：$\angle 180 \times 180 \times 18$，可简化标记为$\angle 180 \times 18$，数值单位为"mm"。等边角钢的型号用边宽的厘米数表示，如$\angle 180 \times 18$的型号为 18 号角钢。

【例 3-3】识读本案例材料表中组成竖腹杆②和斜腹杆③的型钢规格"$\angle 100 \times 10$"。

【解】型钢规格"$\angle 100 \times 10$"表示等边角钢，边宽度值为 100mm，边厚度值为 10mm。

（2）等边角钢的规格

我国生产的等边角钢规格范围在$\angle 20 \times 3 \sim \angle 250 \times 35$之间。《钢结构设计标准》GB 50017 规定，在平面桁架等大跨度钢结构中，普通型钢的杆件截面最小规格不宜小于$\angle 50 \times 3$。

在同一种型号的等边角钢中，有几种不同的边厚度可供选择。例如型号为 8 号的等边角钢，边厚度分为 5mm、6mm、7mm、8mm、9mm、10mm 六种规格。

【例 3-4】识读本案例中组成竖腹杆②和斜腹杆③的型钢规格"$\angle 100 \times 10$"的有关参数。

【解】查 GB/T 706 中的《等边角钢截面尺寸、截面面积、理论重量及截面特性》得，热轧等边角钢规格$\angle 100 \times 10$的截面面积 $A=19.26 \mathrm{cm}^2$，单位长度的理论质量 $g=15.1 \mathrm{kg/m}$，角钢的内圆弧半径 $r=12 \mathrm{mm}$，重心距离 $Z_0=28.4 \mathrm{mm}$，如图 3-17 所示。

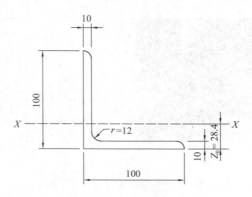

图3-17　腹杆②、③的截面几何尺寸

2. 热轧不等边角钢

型钢由两条宽度不同、厚度相同的肢组成直角时，称为不等边角钢。热轧不等边角钢的外形，如图3-18（a）所示，截面尺寸如图3-18（b）所示。

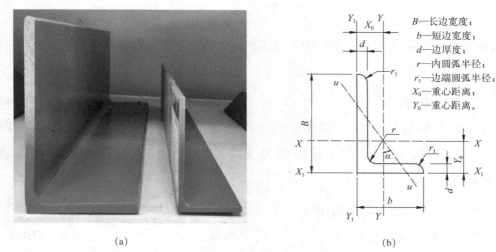

（a）　　　　　　　　　　　　　　　　　（b）

图3-18　热轧不等边角钢示意图

（a）不等边角钢外形；（b）不等边角钢截面图

（1）不等边角钢规格的标注方法

在施工图中标注不等边角钢的规格时，采用"截面符号∠和长边宽度值 × 短边宽度值 × 边厚度值"表示，数值单位为"mm"。不等边角钢的型号用"长边宽度的厘米数 / 短边宽度的厘米数"表示。

【例3-5】识读型钢规格∠100×80×8。

【解】型钢规格"∠100×80×8"表示不等边角钢，其中长边宽度值为

100mm，短边宽度值为 80mm，边厚度值为 8mm。该规格不等边角钢的型号为 10/8 号。

（2）不等边角钢的规格

我国生产的热轧不等边角钢规格范围为 $\angle 25 \times 16 \times 3 \sim \angle 200 \times 125 \times 18$。

角钢的通常长度为 $4000 \sim 19000$mm，根据需方要求，可在合同中注明交货长度。

【例 3-6】识读型钢规格"$\angle 100 \times 80 \times 8$"的有关参数。

【解】查国家标准《热轧型钢》GB/T 706 中的《不等边角钢截面尺寸、截面面积、理论重量及截面特性》得，热轧不等边角钢规格 $\angle 100 \times 80 \times 8$ 的截面面积 $A=13.94$cm^2，单位长度的理论质量 $g=10.9$kg/m，角钢的内圆弧半径 $r=10$mm，重心距离 $X_0=20.5$mm，$Y_0=30.4$mm。

三、热轧 H 型钢和剖分 T 型钢

1. 热轧 H 型钢

按照生产工艺，H 型钢包括热轧 H 型钢和焊接 H 型钢。本案例中的杆件④是桁架的上弦杆，采用的材料为热轧 H 型钢，其规格为 H294$\times$200$\times$8$\times$12。

（1）H 型钢的截面特点

H 型钢的截面形状为双轴（X—X 轴，Y—Y 轴）对称，截面各部分的标注符号如图 3-19 所示。

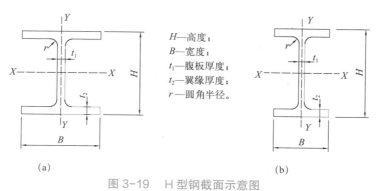

H—高度；
B—宽度；
t_1—腹板厚度；
t_2—翼缘厚度；
r—圆角半径。

（a）　　　　　　　　　（b）

图 3-19　H 型钢截面示意图

（a）宽翼缘 H 型钢截面；（b）窄翼缘 H 型钢截面

H 型钢的截面形状经济合理，与普通工字钢比较，在用钢量相同的条件下，其抗弯、抗剪强度高，抗弯刚度大，即力学性能好，在同等使用条件下，可节省钢材，减轻结构重量。

H 型钢在轧制时，截面上各点延伸较均匀，内应力小。腹板与翼缘相交处的内侧带有圆弧半径为 r 的圆角，出圆角后的翼缘外伸部分为等截面，内外侧平行，内侧无斜度，有利于设置螺栓连接。翼缘端部外缘为直角，用于拼装组合构件，可节约焊接工作量约 25%。

H 型钢与工字钢的截面形状比较，见图 3-20；性能参数对比值示例，见表 3-4。

图 3-20 H 型钢与工字钢的截面形状比较

H 型钢与工字钢截面特性参数对比 表 3-4

型钢类型	型号	截面面积	截面模数（抗弯强度）	惯性矩（抗弯刚度）
H 型钢	H300×150	$A = 46.78\text{cm}^2$	$W_x = 481\text{cm}^3$	$I_x = 7210\text{cm}^4$
工字钢	I25a	$A = 48.51\text{cm}^2$	$W_x = 402\text{cm}^3$	$I_x = 5020\text{cm}^4$
比值		0.96	1.20	1.44

（2）H 型钢的分类与代号

依据标准《热轧 H 型钢和剖分 T 型钢》GB/T 11263，H 型钢的类别、代号以及代号的含义、型钢的截面特征等见表 3-5。

H 型钢的分类与代号 表 3-5

类别	代号	代号含义	截面特征
宽翼缘 H 型钢	HW	W 表示英文 Wide	截面高度 H 与宽度 B 相等
中翼缘 H 型钢	HM	M 表示英文 Middle	高度 H 与宽度 B 之比为 1.33 ~ 1.97
窄翼缘 H 型钢	HN	N 表示英文 Narrow	高度 H 与宽度 B 之比约为 2.00 ~ 3.33
薄壁 H 型钢	HT	T 表示英文 Thin	高度 H 和宽度 B 与 HW、HM、HN 相同的 HT 规格，其腹板厚度 t_1 和翼缘厚度 t_2 较薄，共 19 种型号

宽翼缘 H 型钢 HW，在钢结构中主要用于柱，在钢筋混凝土结构中主要用于框架柱的钢芯柱，也称劲性钢柱。中翼缘 H 型钢 HM，在钢结构中主要用作钢框架柱，在承受动力荷载的框架结构中可用作框架梁，例如设备平台。窄翼缘 H 型钢 HN 主要用于梁。

（3）H 型钢规格的标注方法

在施工图中标注 H 型钢规格时，采用"截面形状符号 H 与截面高度 H 值 × 宽度 B 值 × 腹板厚度 t_1 值 × 翼缘厚度 t_2 值"的顺序表示，数值的单位为毫米（mm），即：

$$\mathrm{H}\, H \times B \times t_1 \times t_2$$

【例 3-7】本案例中的 H 型钢规格 H 294 × 200 × 8 × 12，属于中翼缘 H 型钢，其类别代号为"HM"。该型钢规格的标注表示：截面高度 H=294mm，截面宽度 B=200mm，腹板厚度 t_1=8mm，翼缘厚度 t_2=12mm。其他参数可查阅 GB/T 11263 中的《H 型钢截面尺寸、截面面积、理论重量及截面特性》。

为了保证在同一型号的产品系列中，H 型钢的翼缘内侧高度一致，对同型号翼缘厚度不同的 H 型钢，其截面高度相差 2 倍翼缘厚度变量 Δt_2。

【例 3-8】型钢规格 H 298 × 201 × 9 × 14

【解】查 H 型钢表：本例 H 型钢是型号 300 × 200 系列中的市场非常用规格，与上例中的型钢规格 H 294 × 200 × 8 × 12 为同型号系列产品，但翼缘厚度相差 $2\Delta t_2 = 2 \times$（14–12）= 4mm。在规格定型时，本例规格的高度为 298mm，即增加 4mm，使两种规格的翼缘内侧高度相同。

即：$H-2t_2=294-2\times12=298-2\times14=270\text{mm}$

想一想：为什么 H $294\times200\times8\times12$ 与 H $298\times201\times9\times14$ 的截面宽度 B 相差 1mm？

2. 剖分 T 型钢

热轧 H 型钢经剖分后可制成 T 型钢，其截面形状为单轴（Y—Y 轴）对称，截面各部分的标注符号如图 3-21 所示。

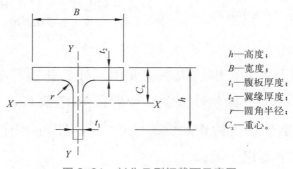

h—高度；
B—宽度；
t_1—腹板厚度；
t_2—翼缘厚度；
r—圆角半径；
C_x—重心。

图 3-21　剖分 T 型钢截面示意图

（1）剖分 T 型钢规格的标注方法

在施工图中标注剖分 T 型钢规格时，采用"截面形状符号 T 与截面高度 h 值 × 宽度 B 值 × 腹板厚度 t_1 值 × 翼缘厚度 t_2 值"的顺序表示，数值的单位为毫米（mm），即：

$$\text{T } h\times B\times t_1\times t_2$$

【例 3-9】 某剖分 T 型钢的截面高度 $h=207\text{mm}$，翼缘宽度 $B=405\text{mm}$，腹板厚度 $t_1=18\text{mm}$，翼缘厚度 $t_2=28\text{mm}$。在施工图中，该剖分 T 型钢的规格应标注为：T $207\times405\times18\times28$。

（2）剖分 T 型钢的规格与范围

国产剖分 T 型钢按宽翼缘、中翼缘、窄翼缘分为三个类别，型钢的型号、规格与相关参数可查阅 GB/T 11263 中的《剖分 T 型钢截面尺寸、截面面积、理论重量及截面特性》。

剖分 T 型钢的代号和各种型号系列的规格范围见表 3-6。

【例 3-10 】 采用型号为 150×150 的 H 型钢规格 H$150\times150\times7\times10$ 和型号为 350×250 的 H 型钢规格 H$340\times250\times9\times14$，剖分为 T 型钢后，产品为哪

两个规格?

剖分 T 型钢的分类代号与规格范围　　　　　　　表 3-6

类别	代号	最小型号与规格	最大型号与规格
宽翼缘剖分 T 型钢	TW	型号：50×100 规格：T $50 \times 100 \times 6 \times 8$	型号：200×400 系列 规格：T $214 \times 407 \times 20 \times 35$
中翼缘剖分 T 型钢	TM	型号：75×100 规格：T $74 \times 100 \times 6 \times 9$	型号：300×300 系列 规格：T $297 \times 302 \times 14 \times 23$
窄翼缘剖分 T 型钢	TN	型号：50×50 规格：T $50 \times 50 \times 5 \times 7$	型号：450×300 系列 规格：T $456 \times 302 \times 18 \times 34$

【解】采用型号为 150×150 的宽翼缘 H 型钢规格 H$150 \times 150 \times 7 \times 10$ 经剖分后,可制成型号为 75×150 的宽翼缘剖分 T 型钢,其类别代号为"TW",其规格为 T$75 \times 150 \times 7 \times 10$。

采用型号为 350×250 的中翼缘 H 型钢规格 H$340 \times 250 \times 9 \times 14$ 经剖分后,可制成型号为 175×250 的中翼缘剖分 T 型钢,其类别代号为"TM"。在施工图中,该剖分 T 型钢的规格应标注为:T$170 \times 250 \times 9 \times 14$。该规格的截面面积为 49.76cm^2,理论质量为 39.1kg/m,重心 $C_x = 31.1\text{mm}$。

H 型钢和采用 H 型钢剖分的 T 型钢,通常的定尺长度为 12m,也可根据需方要求,按合同约定的其他定尺长度供货。对特殊需要的规格,可由供需双方协议供应国家标准 GB/T 11263 附录中的产品或其他参数要求的产品。

四、热轧钢板和钢带

热轧钢板和钢带包括:直接轧制成形的单轧钢板、轧制宽度不小于 600mm 并成卷的宽钢带,以及由宽钢带纵切而成并成卷的纵切钢带(图 3-22)、由宽钢带或纵切钢带横切而成板状的连轧钢板。

案例:本施工图材料表中,编号从⑤至⑨的零件称为"节点板",节点板是桁架结

图 3-22　热轧纵切钢带的外形

构中连接弦杆与腹杆的拼接零件。本案例只有桁架下弦杆（槽钢）在近支座处直接与上弦杆（H型钢）焊接连接，上、下弦杆与腹杆之间均采用节点板相互连接，如图3-23所示。

本案例中的零件⑫称为"填板"。当腹杆由双角钢组成T形截面时，为了使两根角钢能共同工作，在两角钢之间每隔一定间距需焊接一块填板，如图3-24所示。

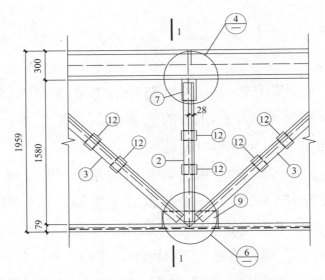

图3-23　桁架式吊车梁DL-1施工图（局部）

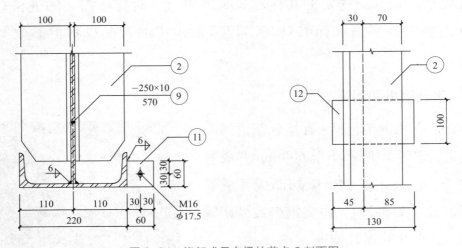

图3-24　桁架式吊车梁的节点6剖面图

1. 钢板和钢带的尺寸

热轧钢板和钢带的公称尺寸范围见表 3-7 的规定。

热轧钢板和钢带的公称尺寸范围（单位：mm） 表 3-7

产品名称	公称厚度	公称宽度	公称长度
单轧钢板	3.00 ~ 450	600 ~ 5300	2000 ~ 25000
宽钢带	≤ 25.40	600 ~ 2200	—
连轧钢板	≤ 25.40	600 ~ 2200	2000 ~ 25000
纵切钢带	≤ 25.40	120 ~ 900	—

2. 钢板和钢带的标注方法

在钢结构施工图中，采用引出线对钢板规格进行标注时，在引出线上方注写"— $b \times t$"，其中"—"为钢板的截面符号，b 为钢板宽度，t 为厚度。在引出线下方标注钢板长度 l，数值单位为毫米。

在钢结构施工图中，钢板和钢带的常用标注方式，如图 3-25 所示。

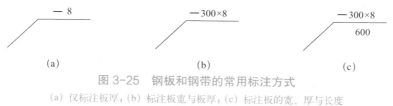

图 3-25 钢板和钢带的常用标注方式
(a) 仅标注板厚；(b) 标注板宽与板厚；(c) 标注板的宽、厚与长度

【例 3-11】钢结构施工图的材料表中，钢板规格的标注方法。

【解】本例的材料表中，填板⑫的规格标注为"— 100×8"，其中"—"表示钢板截面符号，钢板宽度 $b=100$mm，钢板厚度 $t=8$mm。钢板长度为 130mm，在表格中单列。

图 3-24 中，桁架下弦跨中的 6 号节点，在节点剖面图对⑨号节点板进行标注时，采用在引出线上方标注"— 250×10"，表示节点板的宽度 $b=250$mm，节点板的厚度 $t=10$mm；在引出线的下方单独标注"570"，表示节点板的长度 $l=570$mm。

五、钢材的品种与牌号

《钢结构设计标准》GB 50017 规定，承重结构中使用的国产钢材牌号，宜采用碳素结构钢中的 Q235，低合金高强度结构钢中的 Q345、Q390、Q420、Q460 和 Q345GJ 钢，其质量应分别符合《碳素结构钢》GB/T 700、《低合金高强度结构钢》GB/T 1591 和《建筑结构用钢板》GB/T 19879 的规定。

承重结构如处于外露环境，且对耐腐蚀有特殊要求或处于侵蚀性介质环境中，可采用牌号为 Q235NH、Q355NH 和 Q415NH 的耐候结构钢，其质量应符合国家标准《耐候结构钢》GB/T 4171 的规定。

1. 碳素结构钢的牌号表示方法

【例 3-12】识读钢的牌号 Q235AF。

【解】依据国家标准的规定，钢的牌号按顺序由四个部分组成，牌号中数字与符号的含义为：

第一部分：Q 表示钢的屈服强度的"屈"字汉语拼音首字母。

第二部分：用数字表示钢的屈服强度数值，单位为"MPa（兆帕）或 N/mm^2（牛顿每平方毫米）"。本例中的数字"235"，表示钢的屈服强度为 235MPa。

第三部分：用字母符号 A、B、C、D 表示钢由低到高的质量等级。各质量等级对应的相关化学成分含量控制值、冲击功要求和钢材脱氧方法等规定，可查阅 GB/T 700。本例为 A 级钢，仅可用于结构工作温度高于 0℃的不需要验算疲劳的结构，且不宜用于焊接结构。

第四部分：用字母符号表示的钢材脱氧方法。其中的字母含义为：

F 表示沸腾钢"沸"字汉语拼音首字母；

Z 表示镇静钢"镇"字汉语拼音首字母（钢的牌号中可不作标注）；

TZ 表示特殊镇静钢"特镇"两字汉语拼音首字母（钢的牌号中可不作标注）。

质量等级为 A 级和 B 级的 Q235 钢，脱氧方法限定为 F 或 Z。本例的钢牌号中标记为 F，即为沸腾钢；如牌号为 Q235A，则为镇静钢。C 级钢的脱氧方法限定为 Z，D 级钢的脱氧方法限定为 TZ。

适用于外露环境下的承重结构用耐候结构钢，如 Q235NH 等，牌号中的

NH 代表"耐候"汉语拼音首字母。

2. 低合金高强度结构钢的牌号表示方法

低合金高强度结构钢是在冶炼含碳量小于等于 0.20% 的碳素结构钢中加入一种或几种合金元素而炼成的钢材，除含有一定量的锰或硅等基本元素外，质量等级 C 级以上的低合金钢需加入钒（V）、铌（Nb）、钛（Ti）等一个以上的微量元素。

低合金高强度结构钢具有强度高、综合性能好、使用寿命长、应用范围广、比较经济等优点。

【例 3-13】识读钢的牌号 Q345DZ15。

【解】依据国家标准的规定，国产低合金高强度结构钢的牌号按顺序由三个部分组成，牌号中的数字与字母符号的含义与碳素结构钢的牌号表示方法相同。

低合金高强度结构钢的质量等级分为 A、B、C、D、E 五个等级。其中的 E 级钢，要求在 −40℃ 的试验条件下，冲击吸收能量值达到标准限定的要求。

对于厚度在 15 ~ 400mm 范围的镇静钢钢板，当需方要求钢板具有厚度方向性能时，则在上述规定的牌号后面，增加代表厚度方向（Z 向）性能级别的符号。

钢板的厚度方向性能级别是对钢板抗层状撕裂能力的量度。按照厚度方向拉伸试验的断面收缩率，国家标准将钢板厚度方向的性能级别划分为 Z15、Z25 和 Z35 三个级别，具体的规定和要求可查阅国家标准《厚度方向性能钢板》GB/T 5313。

本例的钢牌号中，Q345 表示低合金高强度结构钢，屈服强度为 345MPa；质量等级为 D 级；厚度方向性能级别为 Z15，即表示厚度方向拉伸试样的断面收缩率最小平均值为 15%。

【例 3-14】识读钢的牌号 Q345GJCZ25。

【解】Q345GJ 是适用于制造高层建筑结构、大跨度结构及其他重要建筑结构用的厚度为 6 ~ 200mm 的热轧钢板。钢材牌号的后缀"GJ"代表"高性能建筑结构用钢"。

本例钢的牌号表示高性能建筑结构用钢的热轧钢板，屈服强度为 345N/mm²，钢板的质量等级为 C 级，厚度方向性能级别为 Z25 级。

【知识拓展】

一、热轧钢棒的规格及标注方法

热轧钢棒包括：圆钢、方钢、扁钢、六角钢、八角钢等，其外形如图 3-26 所示，截面形状和尺寸、重量、长度、标记等，可查阅国家标准《热轧钢棒尺寸、外形、重量及允许偏差》GB/T 702。

(a)　　　　　　　　　　(b)　　　　　　　　　　(c)

图 3-26　热轧钢棒的外形
(a) 圆钢；(b) 六角钢；(c) 扁钢

1. 热轧圆钢的规格及标注

热轧圆钢的直径范围为 5.5 ～ 380mm。

圆钢规格标注为"$\varnothing d$"，其中"$\varnothing$"为截面符号，"d"为圆钢直径，数值单位为"mm"。

【例 3-15】识读型钢规格 $\varnothing 50$。

【解】"$\varnothing 50$"表示圆钢，直径 $d=50$mm。在钢结构施工图中，本例应按图 3-27 (a) 进行标注。

2. 热轧方钢的规格及标注

热轧方钢的边长范围为 5.5 ～ 300mm。

方钢规格标注为"□b"，其中"□"为截面符号，"b"为方钢边长，数值单位为"mm"。

【例 3-16】识读型钢规格□ 30。

【解】"□ 30"表示方钢，边长 $b=30$mm。在钢结构施工图中应按图 3-27 (b) 标注。

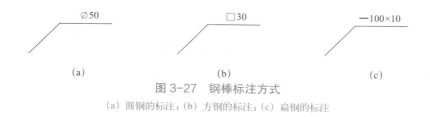

(a)　　　　　　　　　　(b)　　　　　　　　　　(c)

图 3-27　钢棒标注方式

（a）圆钢的标注；（b）方钢的标注；（c）扁钢的标注

3. 热轧扁钢的规格及标注

一般用途的热轧扁钢，截面为矩形，其厚度范围为 3 ～ 60mm，宽度为 10 ～ 200mm。

扁钢规格标注为"**—** $b \times t$"，如图 3-27（c）所示。其中"**—**"为截面符号，"$b \times t$"为扁钢的宽度 b 和厚度 t，数值单位为"mm"。

热轧圆钢、方钢和一般用途的扁钢，截面公称尺寸全部规格的通常长度（不定尺长度）范围为 2 ～ 12m；短尺长度（小于标准规定的通常长度下限值）不小于 1500mm。

二、钢管的规格及标注方法

1. 无缝钢管的规格

结构用无缝钢管包括：热轧（扩）钢管和冷拔（轧）钢管。钢管的外径和壁厚分为三类，即普通钢管、精密钢管和不锈钢管的外径和壁厚，相关规定可查阅国家标准《结构用无缝钢管》GB/T 8162 和《无缝钢管尺寸、外形、重量及允许偏差》GB/T 17395，其外形如图 3-28 所示，其通常长度为 3 ～ 12m。根据需方要求，经供需双方协商可供应通常长度以外的钢管。

图 3-28　无缝钢管的外形

2. 直缝电焊钢管的规格

直缝电焊钢管以热轧或冷轧纵切钢带为材料，采用与钢管纵向平行的直焊缝焊接。

　　适用于建筑工程一般用途的直缝电焊钢管，外径不大于711mm。直缝电焊钢管的公称外径和公称壁厚可查阅《焊接钢管尺寸及单位长度重量》GB/T 21835，其通常长度范围为：外径 $D \leqslant 30$mm，长度范围为 $4 \sim 6$m；30mm $<$ 外径 $D \leqslant 70$mm，长度范围为 $4 \sim 8$m；外径 $D > 70$mm，长度范围为 $4 \sim 12$m。

码3-8　直缝电焊与螺旋焊钢管外形

3. 钢管规格的标注

　　按照《建筑结构制图标准》GB/T 50105 的规定，钢管规格标注为"$\varnothing d \times t$"，其中"$\varnothing$"为钢管截面符号，d 为钢管外径，t 为钢管壁厚，数值单位为"mm"。

　　【例3-17】识读型钢规格 $\varnothing 50 \times 4$。

　　【解】"$\varnothing 50 \times 4$"表示钢管，其外径为50mm，壁厚为4mm。

　　《钢结构设计标准》GB 50017 规定：钢管的最小规格不宜小于 $\varnothing 48 \times 3$；在桁架、网架等大、中跨度钢结构中，钢管最小规格不宜小于 $\varnothing 60 \times 3.5$。

【能力测试】

　　1. 查阅指定型钢规格相应的型钢表或国家标准，查出所需要的数据。

　　2. 以指定样品组为例，说出标注热轧槽钢与热轧工字钢规格的异同点。

　　3. 应用热轧角钢型钢表，查出指定规格等边角钢、不等边角钢的重心距离。

　　4. 以指定样品组为例，说出热轧工字钢和 H 型钢截面特征的异同点。

　　5. 在同型号系列的 H 型钢中，对两种规格进行比较，说出截面尺寸的内在关系。

　　6. 以实物样品为例，判别无缝钢管、电焊（直缝）钢管和螺旋焊钢管。

　　7. 以指定样品组为例，说出标注钢管规格与圆钢规格的异同点。

　　8. 在钢结构施工图案例的材料表或节点详图中，识读指定杆件的规格。

　　9. 识读指定型材样品的标牌或质量证明书，说出碳素结构钢牌号的含义。

　　10. 识读指定型材样品的标牌或质量证明书，说出低合金高强度结构钢牌号的含义。

码3-9　任务3.1.2　码3-10　专题调研能力测试参考答案

【能力拓展】

　　调研冷弯型材的品种、常用型号、规格

和工程应用实例。

项目 3.2　钢结构连接节点详图识读

码 3-11　项目 3.2 导读

【项目概述】

通过本项目的学习，学生能够：通过绘制钢结构工程案例中的连接节点详图，初步学会应用建筑结构制图的图示方法表达焊接连接和螺栓连接节点详图内容，认知梁柱连接的主要构造形式，学会识读和标注施工图中的常用焊接材料与焊缝符号，学会识读和标注螺栓规格、性能等级与图例。

任务 3.2.1　刚架柱牛腿节点详图绘制

【任务描述】

通过本任务的学习，学生能够：学习钢结构工程焊接连接节点详图的案例，并以节点详图绘图技能训练任务为载体，初步体验应用制图标准绘制钢结构节点详图，学会应用图示方法表达节点详图的主要内容，能识读施工说明中的焊条型号，学会识读和标注常用的角焊缝符号。通过教学活动，独立绘制完成焊接连接节点详图一张，并开展成果交流与讲评。

工程实例：某工业厂房刚架 GJ4 立面施工图（图 3-29）、GJ4 中 Ⓓ 轴线钢柱立面施工图（图 3-30）、GJ4 中 Ⓓ 轴线钢柱牛腿节点详图（图 3-31）。

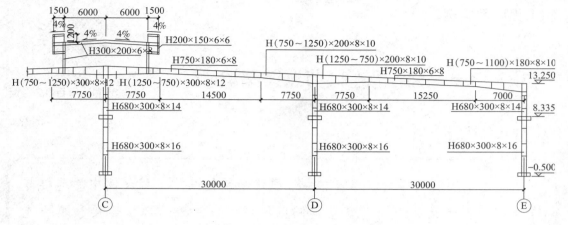

图 3-29　GJ4 立面施工图（局部）

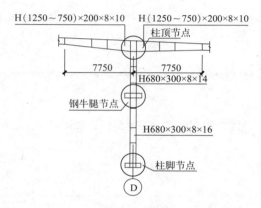

图 3-30　GJ4 Ⓓ轴线钢柱立面施工图

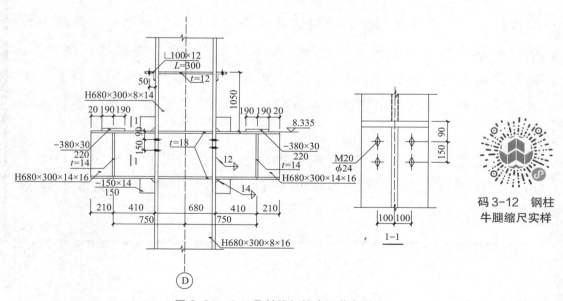

图 3-31　GJ4 Ⓓ轴线钢柱牛腿节点详图

【学习支持】

一、制图标准在钢结构制图中的应用

钢结构施工图绘制，要执行《房屋建筑制图统一标准》GB/T 50001 和
《建筑结构制图标准》GB/T 50105 相关规定。

1. 图线选择

在绘制钢结构施工图前，应按照《房屋建筑制图统一标准》GB/T 50001 的
规定，根据图样的复杂程度与比例大小，先选用适当的基本线宽度 b，再按照
粗线 b、中粗线 $0.7b$、中线 $0.5b$ 和细线 $0.25b$ 的线宽比，选择适用的线宽组，如
0.18、0.35、0.5、0.7，0.25、0.5、0.7、1.0 等。

在应用图线时，应按照《建筑结构制图标准》GB/T 50105 对钢结构施工
图中的图线规定进行线型选择，详见表 3-8。

图线 表 3-8

名称		线型	线宽	一般用途
实线	粗		b	螺栓、钢筋线、结构平面图中单线结构构件线、钢支撑及系杆线、图名下横线、剖切线等
	中粗		$0.75b$	结构平面图及详图中剖到或可见的墙身轮廓线、基础轮廓线；钢结构轮廓线、钢筋线
	中		$0.5b$	结构平面图及详图中剖到或可见的墙身轮廓线、基础轮廓线、可见的钢筋混凝土构件轮廓线、钢筋线
	细		$0.25b$	标注引出线、标高符号线、索引符号线、尺寸线
虚线	粗		b	不可见的螺栓线、钢筋线；结构平面图中不可见的单线结构构件线及钢支撑线
	中粗		$0.75b$	结构平面图中的不可见构件、墙身轮廓线及不可见的钢结构轮廓线、不可见的钢筋线
	中		$0.5b$	
	细		$0.25b$	基础平面图中的管沟轮廓线、不可见的钢筋混凝土构件轮廓线
单点长画线	粗		b	柱间支撑、垂直支撑、设备基础轴线等
	细		$0.25b$	定位轴线、对称线、中心线、重心线
双点长画线	粗		b	预应力钢筋线
	细		$0.25b$	原有结构轮廓线
折断线			$0.25b$	断开界线
波浪线			$0.25b$	断开界线

2. 绘图比例选择

根据图样的用途和被绘物体的复杂程度选用常用比例，在特殊情况下也可选用可用比例，详见表3-9。

比例　　　　　　　　　　　　　　　　　　　　　　　　　　表 3-9

图名	常用比例	可用比例
结构平面图、 基础平面图	1：50， 1：100， 1：150	1：60， 1：200
圈梁平面图、 总图中的管沟、 地下设施等	1：200， 1：500	1：300
详图	1：10， 1：20， 1：50	1：5， 1：30， 1：25

当构件的纵、横向断面尺寸相差悬殊时，可在同一详图中的纵、横向选用不同的比例绘制。轴线尺寸与构件尺寸也可选用不同的比例绘制。

3. 常用构件代号注写

钢结构施工图中的构件名称用代号表示，代号后用阿拉伯数字标注该构件的型号或编号，也可是构件的顺序号。构件的顺序号采用不带角标的阿拉伯数字连续编排。

当采用标准图集、通用图集中的构件时，按该图集中的规定代号或型号注写。

钢结构常用构件的代号见表3-10。

钢结构常用构件的代号　　　　　　　　　　　　　　　　表 3-10

名称	代号	名称	代号	名称	代号
屋面梁	WL	框架	KJ	屋架	WJ
屋面框架梁	WKL	框架柱	KZ	托架	TJ
檩条	LT	框架梁	KL	天窗架	CJ
吊车梁	DL	框支梁	KZL	柱间支撑	ZC
单轨吊车梁	DDL	刚架	GJ	垂直支撑	CC
基础梁	JL	支架	ZJ	水平支撑	SC

【例 3-18】屋架：WJ2；檩条：LT1；托架：TJ3；刚架：GJ4。

4. 常用角焊缝的标注

采用焊接连接的钢结构构件，施工图中表示焊缝或接头时，需按照国家标准《焊缝符号表示法》GB/T 324 以及《建筑结构制图标准》GB/T 50105 中的相关规定标注焊缝符号。学习识读施工图时，应查阅以上标准。现以本任务施工图案例中标注的角焊缝为例，学习常用的焊缝符号标注方法。

（1）焊缝符号

焊缝符号由基本符号或基本符号的组合、指引线、补充符号及数据等组成。基本符号表示焊缝横截面的基本形式或特征，如"⊿"表示角焊缝；指引线由箭头线和基准线（水平线段的表示方式按照 GB/T 50105 执行）组成，焊缝的准确位置由基本符号和指引线之间的相对位置决定，有关规则将结合后续案例学习。

（2）双面角焊缝的标注

当焊缝符号的箭头线指向焊缝所在一面时，表示焊缝横截面基本形式的图形符号（即基本符号，下同）和尺寸数据应标注在横线（即基准线，下同）的上方。当箭头线指向焊缝所在位置相对应的另一面时，应将图形符号和尺寸标注在指引线的横线下方。当双面角焊缝的尺寸相同时，只需在指引线的横线上方标注焊缝尺寸，如图 3-32 所示。

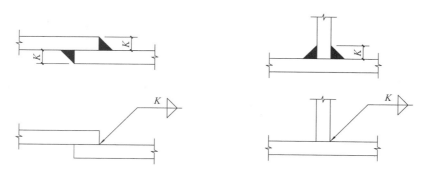

图 3-32　双面角焊缝的标注方法

焊缝符号中的 K 称为"焊脚尺寸"，为角焊缝的横截面尺寸，应标注在图形符号的左侧（与箭头线方向无关）。当需要标注焊缝长度等纵向尺寸时，应标注在图形符号的右侧（GB/T 50105 另有规定的除外）。图形符号右侧无尺寸标注、无说明时，表示该焊缝在工件长度方向连续施焊。

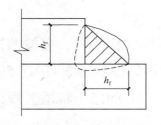

图 3-33　直角角焊缝的焊脚尺寸示意图

在《钢结构设计标准》以及《国家建筑标准设计图集》中，焊脚尺寸标记为 h_f，单位为"mm"。

普通直角角焊缝的焊脚尺寸 h_f，取焊缝横截面内接等边直角三角形的直角边长度，如图 3-33 所示。在施工图中绘制角焊缝的图形符号时，三角形的直角边尺寸为 4mm。学习时可查阅《建筑结构制图标准》GB/T 50105 和《技术制图 焊缝符号的尺寸、比例及简化表示法》GB/T 12212。

（3）3 个及 3 个以上焊件相互焊接的焊缝标注

图 3-34（a）为 3 个焊件相互焊接的情况，其焊缝的图形符号和焊脚尺寸应分别标注，如图 3-34（b）所示。图 3-34（a）的情况不得作为双面角焊缝进行标注。

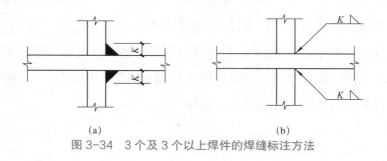

(a)　　　　　(b)

图 3-34　3 个及 3 个以上焊件的焊缝标注方法

（4）不规则分布角焊缝的标注

当焊缝分布不规则时，在标注焊缝符号的同时，宜在焊缝处加中实线，表示可见焊缝，如图 3-35（a）所示；或加细栅线，表示不可见焊缝，如图 3-35（b）所示。

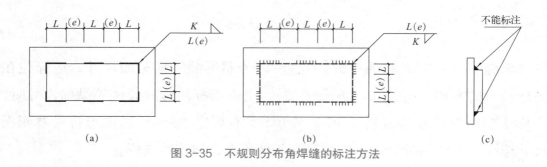

(a)　　　　　　　　　(b)　　　　　　　　　(c)

图 3-35　不规则分布角焊缝的标注方法

在图 3-35（b）中，焊缝符号的箭头线指向焊缝所在位置相对应的反面，所以焊缝的图形符号和焊脚尺寸 K（即 h_f），标注在指引线的横线下方。

分布不规则的焊缝，不能在构件的剖面图上标注焊缝符号，如图 3-35（c）所示。

二、常用对接焊缝的标注

以表 3-11 的对接焊缝形式为例：

1. 在焊件①与焊件②的坡口面之间焊接形成的焊缝，如 Y 型焊缝、带垫板 Y 型焊缝、双 V 型焊缝等；

2. 在焊件①的端面（板厚一侧）与焊件②的坡口面之间焊接形成的焊缝，如带钝边单边 V 型焊缝、带垫板带钝边单边 V 型焊缝等；

3. 在焊件①的板面（或端面）与焊件②的双单边坡口之间焊接形成的焊缝，如双单边 V 型焊缝等。

对接焊缝符号的标注方法举例，见表 3-11。

对接焊缝符号标注方法　　　　　　　　　　　　　　　　　表 3-11

焊缝名称	焊缝断面图例	焊缝尺寸代号	焊缝符号标注
Y 型焊缝	注：当箭头线指向焊缝所在位置相对应的另一面时，应将焊缝图形符号和焊缝尺寸标注在指引线的横线下方		
带垫板 Y 型焊缝	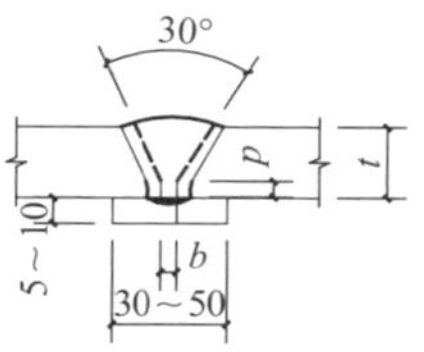	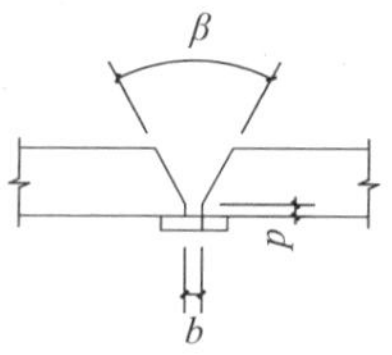	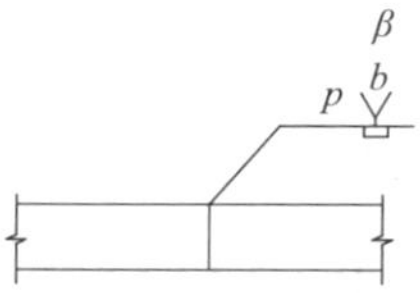

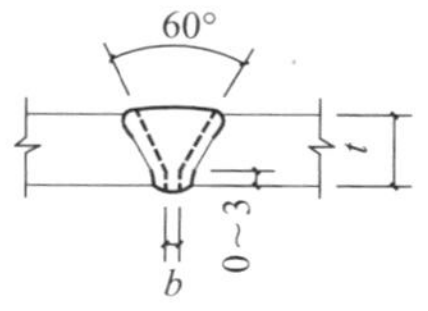

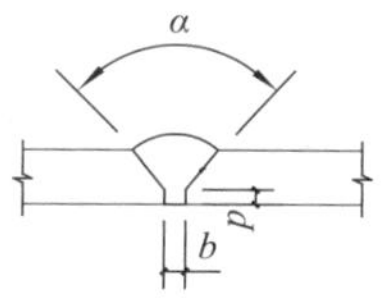

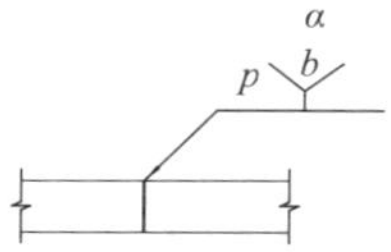

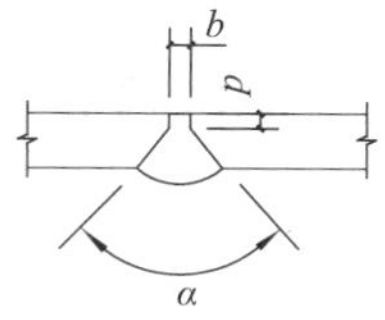

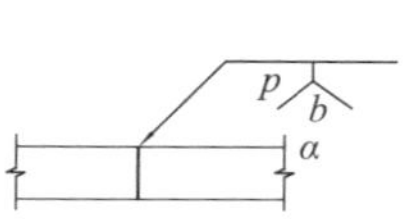

续表

焊缝名称	焊缝断面图例	焊缝尺寸代号	焊缝符号标注
带钝边单边 V 型焊缝	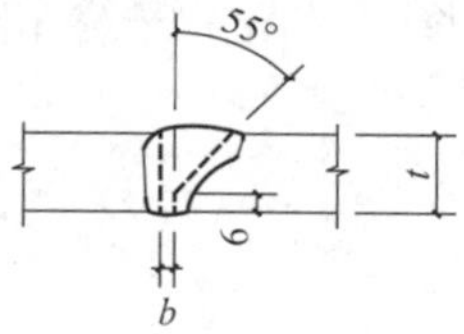 55°	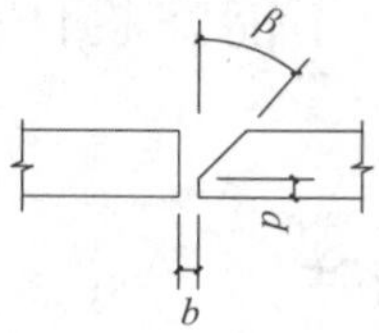 β p b	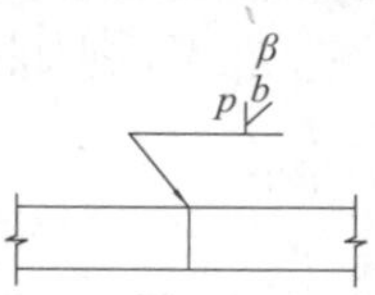 β p b 注：箭头线指向剖口
带垫板带钝边单边 V 型焊缝	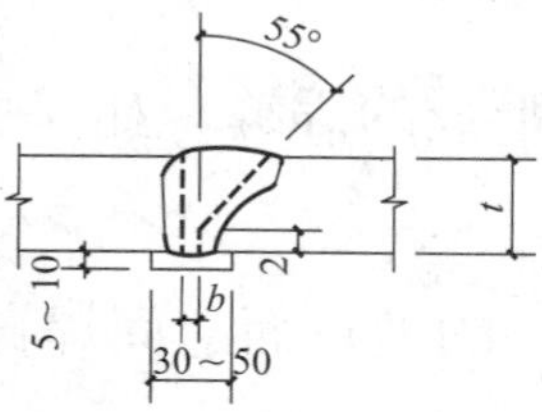 55° 5~10 30~50	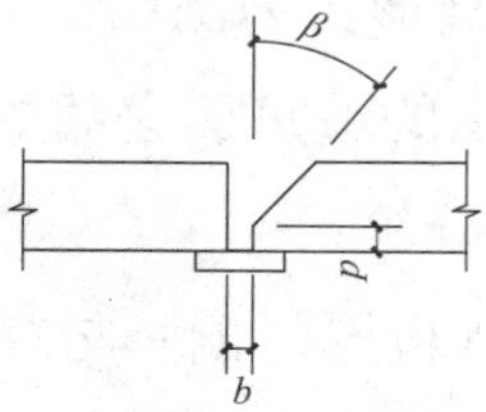 β p	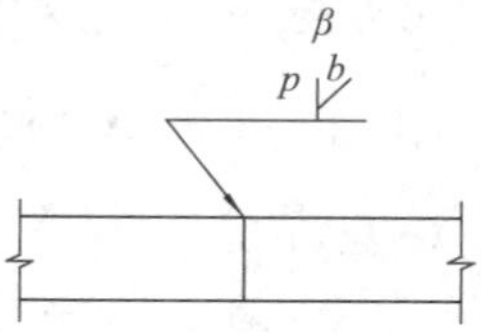 β 注：箭头线指向剖口
双 V 型焊缝	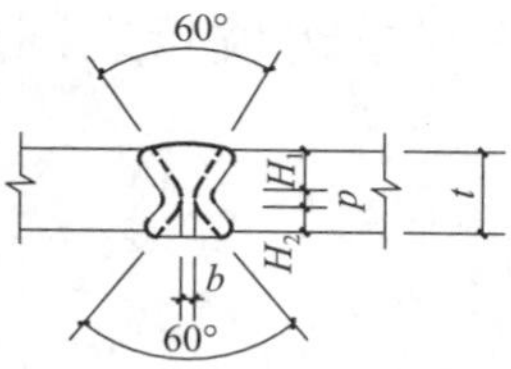 60° 60°	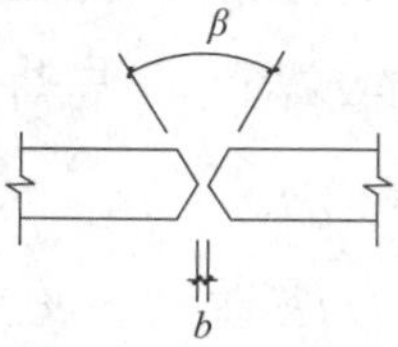 β b 注：当 p=0、$H_1=H_2$ 时	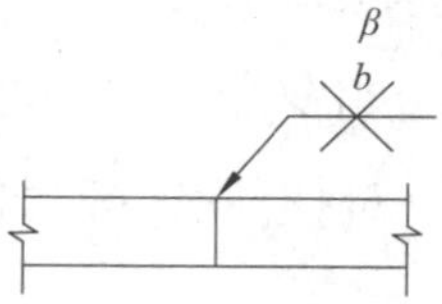 β b
双单边 V 型焊缝	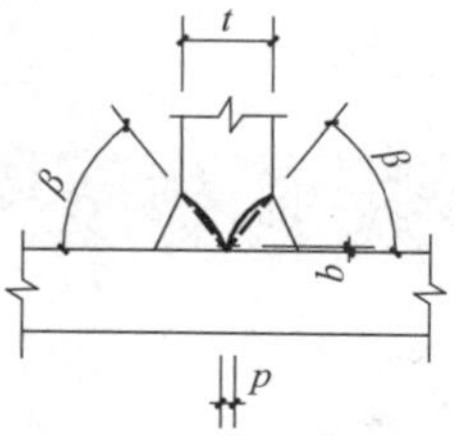 t 注：当 p=0 时	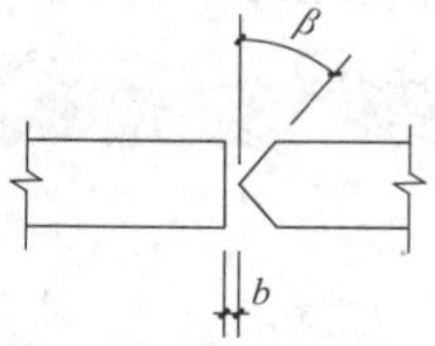 β b 焊缝形式与图例相似	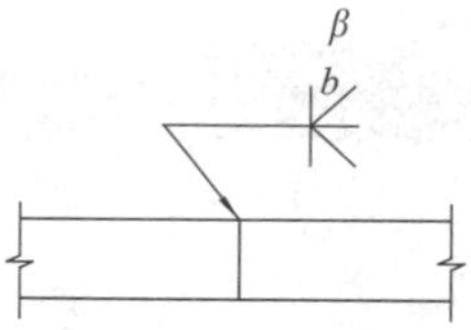 β b 注：箭头线指向剖口

三、钢结构施工图手工绘图的方法和步骤

1. 绘图工器具准备

常用图板 A2，配 60cm 丁字尺或一字尺、30cm 三角尺一副（宜选择含有量角器、曲线板、常用比例的品种）；选择常用建筑模板、结构模板和数字模板各一块；准备绘图铅笔 2B、HB、2H 各一支，墨线笔一套（0.25mm、0.5mm、0.7mm、1.0mm 线形组或 0.18mm、0.35mm、0.5mm、0.7mm 线形组）。

根据绘图任务，宜准备常用图幅为 A2 或 A3 的绘图纸，单面透明胶带等。

2. 初选详图的绘图比例、试打定位轴线、详图轮廓线，在此基础上对试选比

例进行调整；

3. 确定绘图比例，绘出定位线；

4. 选择图线组，绘制节点详图；

5. 标出尺寸线和尺寸；

6. 标出各类图例和符号；

7. 撰写必要的文字说明；

8. 填写图标（学校图纸的特定图标，可统一约定后填写）。

【知识拓展】

一、焊接材料

1. 产品类型

焊接材料的产品类型包括：用于手工电弧焊的药皮焊条，用于等离子弧焊的实心焊丝和填充丝，用于埋弧焊的实心焊丝、药芯焊丝或药芯焊带和焊剂，用于电渣焊的焊丝和焊剂，以及自保护和气保护药芯焊丝等。

2. 材料种类

焊接材料的种类包括：非合金钢及细晶粒钢（包含碳钢、低温钢及耐候钢等合金类别）、高强钢和热强钢、不锈钢、镍及镍合金、铝及铝合金、铜及铜合金、钛及钛合金等。

二、焊条组成

焊条是电弧焊使用的熔化电极，由焊芯和药皮两部分组成。

在焊条前端（引弧端）的药皮有约 45°的倒角，焊芯端面外露，以便于引弧。焊条尾部的夹持端，有一段裸露焊芯，便于焊钳夹持，并有利于导电，其长度约占焊条总长度的 1/16，且不少于 15mm。

1. 焊芯

焊芯即药皮包覆层内的焊接专用钢丝。焊接时，焊芯金属熔化后与母材金属熔合、填充，形成焊缝。焊条的直径即指焊芯直径，直径 1.6mm、2.0mm、2.5mm 的规格，焊条长度范围为 200～350mm；直径 3.2mm、4.0mm、5.0mm、6.0mm、8.0mm 的规格，焊条通常的长度范围为 275～450mm。

2.药皮

药皮是向心地均匀、紧密包覆在焊条金属焊芯周围，由各种矿物等组成的涂料层。药皮焊条的焊接性能、焊缝金属的力学性能等，主要受药皮的影响。

在焊接过程中，焊条药皮的重要作用包括：能提高电弧燃烧的稳定性，保证持续焊接；产生大量气体并形成熔渣，能保护焊接熔池的焊缝金属；药皮中的锰、硅、钛、铝等还原剂，能保证焊缝脱氧、去硫磷杂质；能向焊缝金属补充合金元素，保证其机械性能达到或超过母材；能减少金属飞溅损失，提高焊接生产率。

三、对接焊缝、角焊缝的主要焊接位置

焊缝形式、焊接方法、焊接材料选择、焊接工艺要求等，都与被连接构件的空间相对位置和施焊方向有着紧密的关系。在学习识读钢结构施工图时，应清晰认知构件之间、施工人员与连接构件之间的空间相对位置关系，为自学较复杂的连接构造做准备。

对接焊缝、角焊缝主要焊接位置关系的图形、名称与符号，如图 3-36 所示。

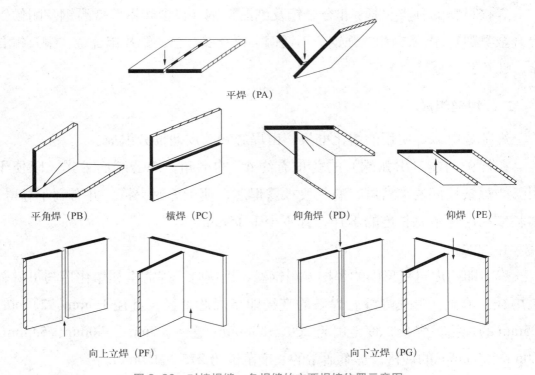

图 3-36　对接焊缝、角焊缝的主要焊接位置示意图

【能力测试】

1. 配合使用绘图工器具

（1）绘制平行线条

用丁字尺（或一字尺）绘制等分平行水平线；

用三角尺与丁字尺配合，绘制等分平行垂线、等分平行斜线。

（2）用模板绘制各常用线型线条、编号和图例

用模板、三角尺与丁字尺配合，绘制定位圆、定位半圆，绘制剖切、断面剖切、索引、剖面详图索引等符号，以及零件或杆件编号等。

用模板或三角尺与丁字尺配合，绘制单点引出线、相同部分引出线与多层构造引出线等。

（3）绘制一般角度直线

用带量角器的三角尺与丁字尺配合，绘制一般角度直线。

用三角尺与丁字尺配合，按直角三角形关系，绘制一般角度直线。

2. 抄绘图 3-31 中 GJ4①轴线钢柱牛腿节点详图

【能力拓展】

识读焊条型号

焊条型号（或牌号）标记在焊条夹持端上或靠近焊条夹持端的药皮表面上，以保证在正常的焊接操作之前和之后，标记都能清晰可辨。

现以识读施工图中非合金钢及细晶粒钢的焊条型号为例，学习焊条型号的标识方法。热强钢焊条等其他各种焊条型号的标识方法，可查阅相关国家标准，如《热强钢焊条》GB/T 5118。

【例 3-19】识读焊条型号 E5515-N5PUH10。

【解】

1. 识读焊条型号的强制分类代号

焊条型号的标识中，规范规定的"强制分类代号"按熔敷金属的力学性能、药皮类型、焊接位置、电流类型、熔敷金属化学成分和焊后状态等，分为五个部分。

第一部分：字母"E"，表示焊条。

第二部分：E后面第一、二位数字。表示熔敷金属最小抗拉强度代号，其含义见表3-12。例中的标记"55"，表示熔敷金属的抗拉强度最小值为550MP。

熔敷金属的抗拉强度代号   表 3-12

抗拉强度代号	最小抗拉强度值（MPa）
43	430
50	490
55	550
57	570

第三部分：E后面第三、四位数字。表示药皮类型、焊接位置、电流类型等，详见表3-13。例中的"15"，表示焊条为碱性药皮，适用于全位置焊接，电流类型只可采用直流反接。

药皮类型代号及适用范围   表 3-13

代号	药皮类型	焊接位置	电流类型	特别适用
03	钛型（含二氧化钛和碳酸钙）	全位置*	交流或直流正、反接	具有 13、16 的特性
10	纤维素（含可燃有机物和钠）	全位置	直流反接	向下立焊
11	纤维素（含可燃有机物和钾）	全位置	交流或直流反接	向下立焊
12	金红石（含大量二氧化钛）	全位置*	交流或直流正接	大的根部间隙焊接
13	金红石（含大量二氧化钛和钾）	全位置	交流或直流正、反接	金属薄板焊接
14	金红石 + 铁粉（少量）	全位置*	交流或直流正、反接	全位置焊接
15	碱性（含大量氧化钙和萤石、钠）	全位置*	直流反接	
16	碱性（含大量氧化钙和萤石、钾）	全位置*	交流或直流反接	交流焊接
18	碱性 + 铁粉（药皮略厚）	全位置*	交流或直流反接	类似 16
19	钛铁矿（含钛、铁氧化物）	全位置*	交流或直流正、反接	高韧性焊缝金属
20	氧化铁	PA、PB	交流或直流正接	角焊缝、搭接焊缝
24	金红石 + 铁粉（铁粉含量高、药皮略厚）	PA、PB	交流或直流正、反接	类似 14 角焊缝、搭接焊缝
27	氧化铁 + 铁粉（铁粉含量高、药皮略厚）	PA、PB	交流或直流正、反接	类似 20，高速角焊缝和搭接焊缝
28	碱性 + 铁粉（铁粉含量高、药皮略厚）	PA、PB、PC	交流或直流反接	类似 18

代号	药皮类型	焊接位置	电流类型	特别适用
40	不做规定	由制造商与购买商之间协议确定		满足特定使用要求
45	碱性	全位置	直流反接	类似15，向下立焊
48	碱性	全位置	交流或直流反接	类似18，向下立焊

注：标注"*"的部分药皮类型适用于"全位置"焊接，其中是否包含适用于"向下立焊"，需由制造商确定。

对接焊缝、角焊缝的主要焊接位置与相应符号的简化示意图，如图 3-37 所示。

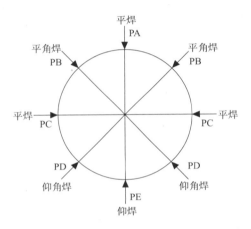

图 3-37　焊缝主要焊接位置与符号的简化示意图

第四部分：熔敷金属化学成分的分类代号

该位置可以"无标记"，或在"—"后加字母、数字或字母数字的组合，详见表 3-14。例中的标记"—N5"，可查表 3-14，表示熔敷金属中主要化学成分镍（Ni）的名义含量为 2.5%。

熔敷金属化学成分的分类代号　　　　　　　　　　　　表 3-14

分类代号	主要化学成分的名义含量（质量分数）（%）				
	锰（Mn）	镍（Ni）	铬（Cr）	钼（Mo）	铜（Cu）
无标记、—1、—P1、—P2	1.0	—	—	—	—
—1M3	—	—	—	0.5	
—3M2	1.5	—	—	0.4	

续表

分类代号	主要化学成分的名义含量（质量分数）（%）				
	锰（Mn）	镍（Ni）	铬（Cr）	钼（Mo）	铜（Cu）
—3M3	1.5	—	—	0.5	—
—N1	—	0.5	—	—	—
—N2	—	1.0	—	—	—
—N3	—	1.5	—	—	—
—3N3	1.5	1.5	—	—	—
—N5	—	2.5	—	—	—
—N7	—	3.5	—	—	—
—N13	—	6.5	—	—	—
—N2M3	—	1.0	—	0.5	—
—NC	—	0.5	—	—	0.4
—CC	—	—	0.5	—	0.4
—NCC	—	0.2	0.6	—	0.5
—NCC1	—	0.6	0.6	—	0.5
—NCC2	—	0.3	0.2	—	0.5
—G	其他成分				

第五部分：焊后状态代号

该位置如无标记，表示"焊态"；P 表示"热处理状态"；AP 表示"焊态"和"焊后热处理"两种状态均可。例中的标记 P，表示焊后状态为热处理状态。

2. 识读焊条型号的可选代号

根据供需双方协商确定的有关要求，在焊条型号编码第六、第七位置可依次附加"可选代号"。

第六部分：可选附加代号"U"

表示在标准冲击试验温度条件下，焊缝熔敷金属应具有更高的抵抗冲击脆性断裂的能力，即试样的冲击吸收能量平均值应不小于47J。对于无附加条件的焊条，该值应不小于27J。

例 3-19 中的标记 U，表示该焊条型号附加焊缝熔敷金属冲击吸收能量平均值不小于 47J。

第七部分：可选附加代号"HX"

随着焊接接头熔敷金属的合金含量增加、强度级别提高，通常在焊接区域产生的氢原子被熔敷金属吸收、冷却后，可能产生由氢导致的"冷裂纹"。

附加代号中的"H"表示熔敷金属的"扩散氢"代号，X 表示每 100g 熔敷金属中扩散氢含量不大于 15mL、10mL 或 5mL，附加代号依次表示为 H15、H10、H5。

例中的标记 H10，表示附加要求每 100g 熔敷金属的扩散氢含量不大于 10mL。

【例 3-20】识读非合金钢（碳钢）焊条型号 E4303。

【解】该焊条型号的标识中：E 表示焊条；43 表示熔敷金属的抗拉强度最小值为 430MPa；03 表示药皮类型为钛型，适用于全位置焊接，电流类型可采用交流或直流正、反接；熔敷金属中主要化学成分锰（Mn）的名义含量为 1.0%；焊后状态为焊态；无其他特殊附加要求。

任务 3.2.2 刚架柱顶节点详图识读

【任务描述】

通过本任务的学习，学生能够：通过施工详图识读训练或节点实样测绘训练，学习识读钢结构工程螺栓连接节点详图案例，认知梁柱连接的主要构造形式，知道螺栓连接的排列构造，会分辨钢结构中常用的螺栓品种，能识读、标注螺栓的规格、性能等级与图例。通过教学活动，初步学会识读常用的螺栓连接节点详图。

工程实例：某工业厂房刚架 GJ4 ⓓ 轴线柱的柱顶螺栓连接节点详图（图 3-38）。

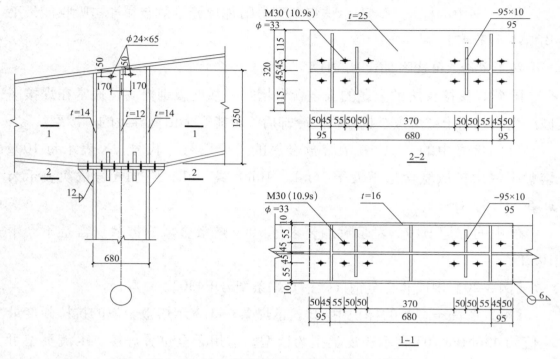

图 3-38　GJ4 Ⓓ 轴线柱的柱顶螺栓连接节点详图

【学习支持】

一、识读梁柱的柱顶连接构造

1. 梁支承于柱顶的铰接连接节点构造（图 3-39）

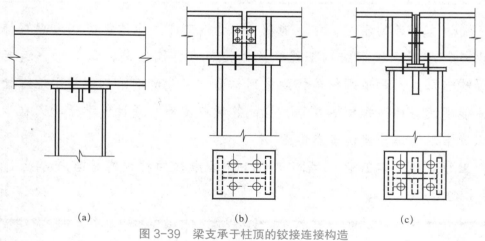

(a)　　　　　(b)　　　　　(c)

图 3-39　梁支承于柱顶的铰接连接构造

(a) 连续梁与柱顶铰接连接；(b) 简支梁的平板支座；(c) 简支梁的凸缘支座

2. 刚（框）架中柱柱顶刚性连接节点构造（图 3-40）

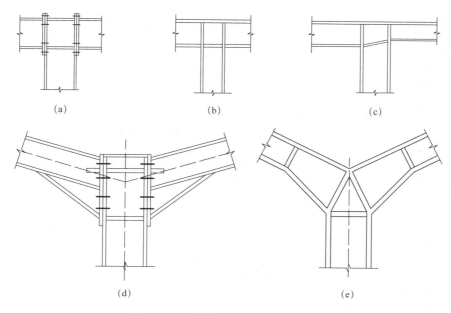

图 3-40　中柱柱顶刚性连接节点构造

3. 刚（框）架边柱柱顶刚性连接节点构造（图 3-41）

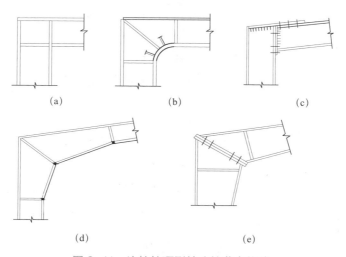

图 3-41　边柱柱顶刚性连接节点构造

二、识读螺栓连接排列构造

钢结构工程项目在完成工厂制作各种单体构件或组合体构件后，进入安装阶段，将构件或组合体构件按照施工图与安装要求组合成整体结构。

钢结构安装的主要方法是焊接和螺栓连接，螺栓连接包括普通螺栓连接、高强度螺栓连接和铆接。

码 3-13　螺栓连接

1. 螺栓排列形式

螺栓连接中螺栓排列的基本形式为并列和错列。第一列螺栓孔中心沿受力方向至节点连接钢板边缘的距离，称为端距；第一行螺栓孔中心沿垂直于受力方向至节点连接钢板边缘的距离，称为边距；两个相邻螺栓孔中心的间距，称为中距，如图 3-42 所示。

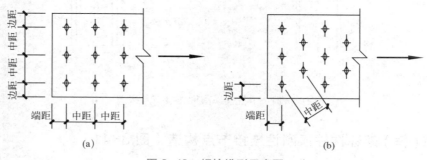

图 3-42　螺栓排列示意图

(a) 并列；(b) 错列

2. 螺栓排列要求（中距、端距、边距）

（1）受力要求：避免板端剪切断裂，降低栓孔周围的应力集中影响，防止钢板过度削弱。

（2）构造要求：防止钢板受压鼓曲，保证连接件之间能接触紧密，防止受潮锈蚀。

（3）施工要求：保证施工中拧紧螺栓时有使用工器具施拧的足够空间。

进行螺栓排列设计时，为了节约用钢量，连接宜采用紧凑布置，即在满足承载能力和最小容许间距的连接构造要求下，应尽可能使螺栓排列紧凑，缩小连接节点尺寸。

螺栓排列的孔距、边距和端距容许值，见表 3-15。

为了便于制作，在同一个高强度螺栓连接或普通安装螺栓连接节点，螺栓宜采用同种规格，使制作时的螺栓孔直径相同。排列尺寸宜按等距离布置，并取 5mm 的整倍数。

连接中的永久性螺栓数，在每一杆件的连接节点上或拼接接头一端，不宜少于两枚。

螺栓排列的孔距、边距和端距容许值   表 3-15

名称	位置和方向			最大容许间距（取两者的较小值）	最小容许间距
中心间距	外排（垂直内力方向或顺内力方向）			$8d_0$ 或 $12t$	$3d_0$
	中间排	垂直内力方向		$16d_0$ 或 $24t$	
		顺内力方向	构件受压力	$12d_0$ 或 $18t$	
			构件受拉力	$16d_0$ 或 $24t$	
中心至构件边缘距离	沿对角线方向			—	
	垂直内力方向	顺内力方向		$4d_0$ 或 $8t$	$2d_0$
		剪切边或手工切割边			
		轧制边、自动气割或锯割边	高强度螺栓		$1.5d_0$
			其他螺栓或铆钉		$1.2d_0$

注：表中 d_0 为螺栓孔径，对槽孔为短向尺寸；t 为相连接板件中外层较薄板件的厚度。

三、识读螺栓规格

1. 普通螺栓规格

钢结构连接所使用的普通螺栓形式以六角头型为主，螺栓连接副包括：六角头螺栓、六角螺母和垫圈。依据钢结构防腐蚀设计规定，不应采用弹簧垫圈。

钢结构连接所使用的普通螺栓，按其加工精度分为 A 级、B 级（标准为《六角头螺栓》GB/T 5782）和 C 级（标准为《六角头螺栓 C 级》GB/T 5780）。

码 3-14　六角头型普通螺栓

A 级螺栓用于公称直径 $d \leqslant 24$mm 和螺栓公称长度 $\leqslant 10d$ 或 $\leqslant 150$mm（按较小值）的螺栓。B 级螺栓用于 $d > 24$mm 和公称长度 $> 10d$ 或 > 150mm（按较小值）的螺栓。

A 级、B 级螺栓加工时，要求栓孔直径与栓杆直径相等，前者只允许有正公差，后者只允许有负公差。B 级普通螺栓的孔径 d_0 较螺栓公称直径 d 大 $0.2 \sim 0.5$mm。螺栓杆表面光滑，螺栓孔要求配 I 类孔，安装时不允许有错孔现象。采用 A 或 B 级螺栓的连接，紧配合，变形小，抗剪性能好，但制造和安装费工时，成本高，可用于重要安装节点或承受动力荷载的同时受剪受拉连接，现应用较少，可用高强度螺栓替代。

Ⅰ类孔的孔壁要求如下：

在装配好的构件上按设计孔径钻成的孔；

在单个零件和构件上按设计孔径分别用钻模钻成的孔；

先钻后扩：在单个零件上先钻（冲）较小孔径，在装配好的构件上再扩钻至设计孔径的孔。

C 级普通螺栓采用圆钢辊压而成，螺杆表面较粗糙，加工精度不高，螺栓孔配Ⅱ类孔，即在单个零件上一次冲成或不用钻模钻成设计孔径，孔径比螺栓公称直径大 1.0 ~ 1.5mm，即：$d_0 = d + (1.0 ~ 1.5mm)$。在传递剪力时，连接节点构件间的剪切滑移变形较大，个别螺栓可能先接触孔壁而超载破坏。

C 级螺栓制作安装简单，成本较低，可用于围护结构或次要结构连接，并可广泛应用于需装拆的连接、临时固定的安装连接和承受沿螺杆轴线方向受拉的连接。当应用于承受较大剪力作用的连接时，必须设置牛腿、剪切板等支托构造来承受剪力。

螺栓规格采用字母 M 和公称直径的毫米数表示，如建筑工程中常用的受力螺栓规格 M16、M20、M24、M30 等。依据钢结构防腐蚀设计规定，螺栓直径不应小于 12mm。

2. 高强度螺栓规格

高强度螺栓分为高强度大六角头螺栓和扭剪型高强度螺栓，采用粗牙普通螺纹，其规格的代号同样采用字母 M 和公称直径的毫米数表示。

（1）高强度大六角头螺栓连接副

每套高强度大六角头螺栓连接副包括：1 个高强度大六角头螺栓（标准为 GB/T 1228）、1 个高强度大六角螺母（标准为 GB/T 1229）和 2 个高强度垫圈（标准为 GB/T 1230），其相应的技术条件可查阅 GB/T 1231，如图 3-43 所示。

高强度螺栓连接副中配套的垫圈，其规格与尺寸示例见表 3-16。

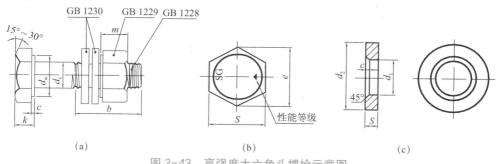

图 3-43　高强度大六角头螺栓示意图

（a）高强度螺栓连接副；（b）大六角螺母；（c）高强度垫圈

高强度垫圈的规格与尺寸（单位：mm）　　　　表 3-16

螺栓副规格		M16	M20	M24
d_1	最大	17.7	21.84	25.84
	最小	17	21	25
d_2	最大	33	40	47
	最小	31.4	38.4	45.4
S	最大	3.3	4.3	5.3
	最小	2.5	3.5	4.5
c	最小	1.2	1.6	1.6

高强度螺栓连接副在组装时，垫圈有倒角的一侧应朝向螺母的支承面（图3-43c）。在大六角头下放置的垫圈，有倒角面的一侧必须朝向螺栓的六角头。

（2）扭剪型高强度螺栓连接副

20 世纪 80 年代初，在上海宝钢工程一期建设中从日本引进扭剪型高强度螺栓连接副后开始国产研制，与大六角头高强度螺栓相比，两者的材料力学性能和拧紧后的接头连接性能基本相同，不同点是螺栓连接副的预拉力控制方法及形状。

目前我国生产的扭剪型高强度螺栓常用规格为 M16、M20、M24、M30，可选规格有 M22 和 M27。公称长度范围为：40～220mm，其中 40～100mm 每 5mm 一个规格，100～220mm 每 10mm 一个规格。扭剪型高强度螺栓连接副包括：1 个螺栓、1 个高强度大六角螺母和 1 个高强度垫圈；其质量标准见 GB/T 3632。

扭剪型高强度螺栓的外形示意图如图 3-44 所示。

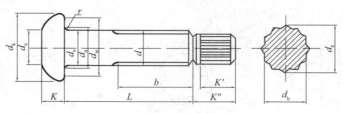

码3-15 扭剪型高强度螺栓

图 3-44 扭剪型高强度螺栓外形示意图

四、识读螺栓性能等级

1. 螺栓性能等级的表示方法

按照国家标准的规定，螺栓性能等级的标记，采用由点隔开的两部分数字组成的代号表示，如：4.6 级、8.8 级、10.9 级等。点左边的数字表示螺栓材料最低抗拉强度的 1/100，单位为 "MPa"，点右边的数字表示螺栓材料屈服强度与最低抗拉强度比值（即屈强比）的 10 倍。

在施工图中标注螺栓的性能等级代号，加后缀 S，如：4.6S、8.8S、10.9S 等，如图 3-45 所示。

图 3-45 大六角头螺栓头部顶面的性能等级标记

【例 3-21】识读图 3-38 节点详图中的标记 "10.9S"。

该标记表示螺栓的性能等级，其中 "10" 表示螺栓材料的最低抗拉强度 $f_{u, min}$ 不小于 1000MPa；"9" 表示螺栓材料的屈强比约等于 0.9。

在制造螺栓的头部顶面或球面时，用凸字制作出性能等级和制造者的识别标志。如图 3-45 中螺栓头部顶面标记的 "4.8" 与 "TBF"，图 3-46（a）中螺栓头部球面标记的 "10.9S" 与 "××"。

在制造螺母时，其顶面用凹字制作出性能等级和制造者的识别标志，如图 3-46（b）中的"10H"和"××"。螺母的性能等级代号，加后缀 H。

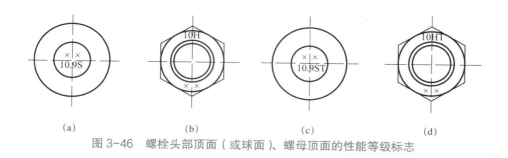

(a)　　　　　　(b)　　　　　　(c)　　　　　　(d)

图 3-46　螺栓头部顶面（或球面）、螺母顶面的性能等级标志

当螺栓和螺母使用标准规定或推荐以外的钢材制造时，应在产品上增加标志"T"，如图 3-46（c）螺栓头部球面中标记的"10.9ST"和图 3-46（d）螺母顶面标记的"10HT"。

2. 普通螺栓的性能等级

普通螺栓中可用于钢结构连接的 A 级、B 级螺栓，性能等级有 5.6 级和 8.8 级；C 级螺栓的性能等级有 4.6 级和 4.8 级。除 8.8 级外，采用碳钢或添加元素的碳钢制造，不做热处理。例如，我国生产的 4.6 级螺栓采用 Q235A·F 钢制成，最低抗拉强度不小于 400MPa。

3. 高强度大六角头螺栓的性能等级

目前我国生产的 8.8 级高强度大六角头螺栓中，45 号或 35 号优质碳素钢适用于制造小于等于 M20 规格螺栓；20MnTiB（20 锰钛硼）、40Cr（40 铬）或 ML20MnTiB（锚螺专用）适用于制造小于等于 M24 规格螺栓；35CrMo（35 铬钼）和 35VB（35 钒硼）适用于制造小于等于 M30 规格螺栓。经热处理后最低抗拉强度 f_u 能达到 800MPa。

我国生产的 10.9 级高强度大六角头螺栓应用较为广泛，其中 20MnTiB 或 ML20MnTiB 适用于制造不大于 M24 规格螺栓；35VB 适用于制造不大于 M30 规格螺栓。

高强度大六角螺母的性能等级分为 8H 和 10H 两级，制造的钢材采用 45 号或 35 号优质碳素钢、锚螺专用钢材 ML35 等，分别与 8.8S、10.9S 的高强度大六角头螺栓配套使用。

高强度垫圈采用 45 号或 35 号钢制造，用热处理硬度为 35HRC ～ 45HRC。

4. 扭剪型高强度螺栓的性能等级

我国生产的扭剪型高强度螺栓性能等级为 10.9 级，规范推荐采用低合金高强度结构钢 20MnTiB 或 ML20MnTiB 制造不大于 M24 规格螺栓；采用 35VB 或 35CrMo（35 铬钼）制造 M27 和 M30 规格螺栓。

码 3-16　扭剪型高强度螺栓头部球面的性能等级标记

五、识读螺栓的产品标记

螺栓产品的标记内容及顺序，按国家标准《紧固件标记方法》GB/T1237 的规定为：

①　②　③　④　⑤　⑥　⑦　⑧　⑨　⑩　⑪

其中依次标记的内容为：

①类别（产品名称）　　　　②标准编号（如省略年份，代表现行标准）

③螺纹规格或公称尺寸　　　④其他直径或特性（必要时）

⑤公称长度（规格）（必要时）　⑥螺纹长度或杆长（必要时）

⑦产品形式（必要时）　　　⑧性能等级、硬度或材料

⑨产品等级（必要时）　　　⑩扳拧形式（必要时）

⑪表面处理（必要时）

【例 3-22】识读螺栓产品标记：螺栓 GB/T 5782－2016-M12×80-8.8-A-O。

【解】查阅现行国家标准《六角头螺栓》GB/T 5782，该产品标记表示：钢结构用六角头螺栓，螺纹规格 d=M12，公称长度 l=80mm，性能等级为 8.8 级，产品等级为 A 级，表面氧化。

依据《紧固件标记方法》的规定，当产品标准中规定两种及其以上的产品形式、性能等级、产品等级等标记内容时，应规定其中一种产品的简化标记。

查阅国家标准 GB/T 5782 的相关规定，该规格产品可简化标记为：

螺栓 GB/T 5782 M12×80

【例 3-23】识读螺栓产品标记：螺栓 GB/T 1228 M20×100。

【解】查阅现行国家标准编号 GB/T 1228，该产品标记表示钢结构用高强度大六角头螺栓，螺纹规格 d=M20，公称长度 l=100mm，性能等级为 10.9 级。

本例中的高强度大六角头螺栓，如性能等级改为 8.8，则该产品不能简化标记，应完整标记为：

螺栓 GB/T 1228 M20×100-8.8S

【例 3-24】识读螺栓产品标记：连接副 GB/T 3632 M20×100。

【解】查阅编号为 GB/T 3632 的现行国家标准，该产品标记表示钢结构用扭剪型高强度螺栓连接副。该产品由以下规格的三个零件组成：

（1）钢结构用扭剪型高强度螺栓，螺纹规格 d=M20，公称长度 l=100mm，性能等级为 10.9 级，表面经防锈处理。

（2）钢结构用高强度大六角螺母，螺纹规格 D=M20，性能等级 10H 级，表面经防锈处理。

（3）钢结构用高强度垫圈，规格为 20mm，热处理硬度为 35HRC ~ 45HRC，表面经防锈处理。

六、识读、标注、绘制螺栓连接图例

在钢结构施工图中，需将螺栓连接中的螺栓、螺栓孔和施工要求，用图形表达清楚，并做相应的标注。《建筑结构制图标准》GB/T 50105 对绘制、标注螺栓连接的图例规定见表 3-17。

螺栓、孔、电焊铆钉的表示方法　　　　　　　　表 3-17

名称	图例		名称	图例	
永久螺栓			高强度螺栓		
安装螺栓			膨胀螺栓		

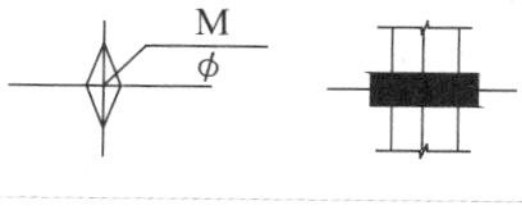

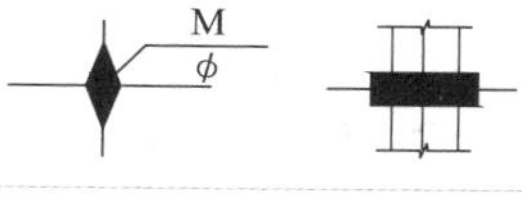

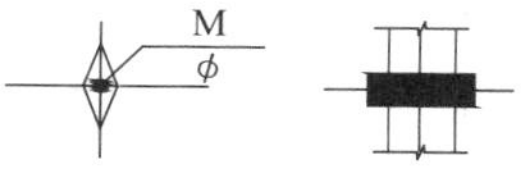

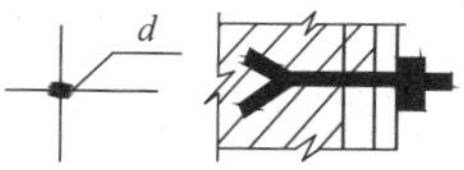

名称	图例	名称	图例
圆形螺栓孔	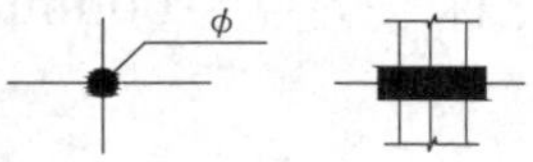	长圆形螺栓孔	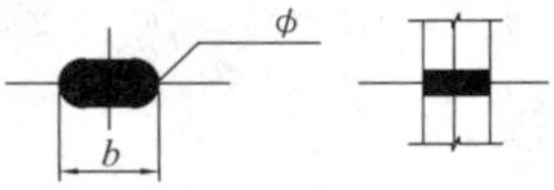

注 1. 图例中的细"+"线表示定位线；

2. 图例中的 M 表示螺栓型号，ϕ 表示螺栓孔直径，d 表示膨胀螺栓直径；

3. 采用引出线标注螺栓时，横线上标注螺栓规格，横线下标注螺栓孔直径。

高强度螺栓摩擦型连接中可采用的孔型有三种，即：标准孔、大圆孔和槽孔，孔型尺寸见表 3-18。在阅读施工图时应特别注意，采用扩大孔连接时，在同一连接面只能在盖板和芯板其中之一的板上采用大圆孔或槽孔，其余仍采用标准孔。高强度螺栓承压型连接中采用的标准圆孔孔型尺寸，同表 3-18。

高强度螺栓连接的孔型尺寸匹配（mm）　　　　　　表 3-18

螺栓公称直径		M12	M16	M20	M22	M24	M27	M30
孔型	标准孔 直径	13.5	17.5	22	24	26	30	33
	大圆孔 直径	16	20	24	28	30	35	38
	槽孔 短向	13.5	17.5	22	24	26	30	33
	槽孔 长向	22	30	37	40	45	50	55

【例 3-25】本案例节点详图（图 3-38）的 1-1 剖面图和 2-2 剖面图中，螺栓图例表示高强度螺栓，由图例引出的标注 M30（10.9S）表示大六角头型螺栓，公称直径为 30mm；螺栓的性能等级为 10.9 级，其最低抗拉强度为 1000MPa，屈强比为 0.9；孔型为标准孔，孔径为 33mm。

【例 3-26】钢结构连接节点采用高强度螺栓摩擦型连接，高强度大六角头螺栓的规格为 M20（即螺纹规格 d=M20），采用标准孔，查表 3-18，螺栓孔的直径 d_0=22mm，在钢结构施工图中绘制该螺栓连接的图例，并用引出线标注螺栓规格和螺栓孔施工要求，如图 3-47 所示。

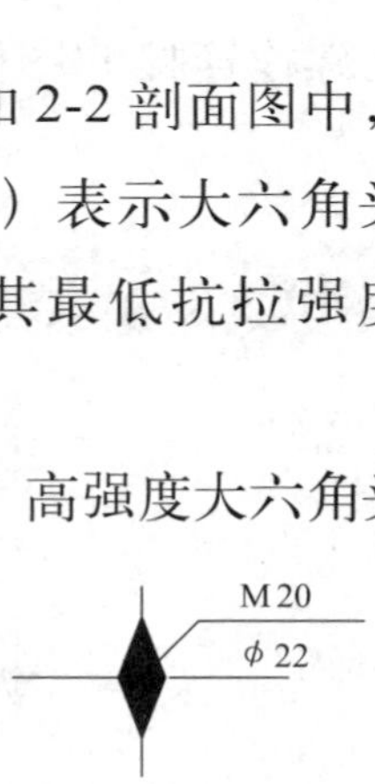

图 3-47　高强度螺栓图例及其引出线标注

【知识拓展】

1. 普通螺栓抗剪连接的特点

普通螺栓连接按照螺栓的受力状态分为承受剪力、承受拉力和同时承受剪力与拉力的螺栓连接。承受拉力的螺栓连接包括螺栓群受轴向力作用、螺栓群受弯矩作用和螺栓群受偏心拉力作用三种情况。受拉螺栓连接破坏以螺栓杆被拉断为主要特征。

承受剪力的螺栓连接在外力作用下，被连接件的接触面产生相对剪切滑移，螺栓杆与连接板件的栓孔壁形成挤压，通过螺栓杆受剪和螺栓孔壁板材承压传递外力。其破坏形式包括：

（1）当螺栓杆较细而板件较厚时，螺栓杆可能被剪断；

（2）当螺栓杆较粗而板件较薄时，可能发生孔壁钢板的挤压破坏；

（3）当螺栓孔对板件的削弱过于严重时，钢板可能被拉断；

（4）当螺栓排列的端距、边距或螺栓间距过小时，钢板端部或螺栓孔之间的钢板可能被剪断；

（5）当被连接板叠较厚而螺栓杆较细长时，螺栓杆可能发生过大的弯曲变形。

普通抗剪螺栓连接的前三种破坏形式可通过相应的强度计算加以控制。当螺栓群排列尺寸满足端距不小于 $2d_0$ 的要求时，可避免连接端部发生冲剪破坏；当螺栓约束的板叠厚度 $\sum t$ 满足不大于 $5d$ 时，可防止螺栓杆产生过大弯曲变形。即后两种破坏形式可通过采取构造措施避免。

2. 高强度螺栓摩擦型连接原理

承受剪力的高强度螺栓连接，采用力矩扳手拧紧螺母，使螺栓杆产生受控制的预拉力 P；预拉力通过螺母和垫圈，对被连接件产生大小相等的预压力 P；在预压力作用下，沿被连接件表面产生较大的摩擦力；当作用在被连接件上的轴向力设计值 N 小于摩擦力时，构件不滑移，则连接有效。高强度螺栓摩擦型连接承受剪力的准则是"设计荷载引起的剪力不超过摩擦力"。

码 3-17　数字显示手动扭矩扳手

3. 高强度螺栓连接构造

高强度螺栓连接的螺栓排列构造要求，应满足表 3-15 的规定。为了提高连接件接触面的摩擦力，构件制作后，应进行

码 3-18　高强度螺栓摩擦型连接节点接触面的表面处理

连接节点接触面的表面处理，使摩擦面的抗滑移效能得到提高。

钢结构施工图说明中对构件连接节点制作时接触面进行处理的方法及其对应的抗滑移系数，见表 3-19。

钢材摩擦面的抗滑移系数 μ　　　　　　　　　表 3-19

连接处构件接触面的处理方法	构件的钢材牌号		
	Q235	Q345 或 Q390	Q420 或 Q460
喷硬质石英砂或铸钢棱角砂	0.45	0.45	0.45
抛丸　（喷砂）	0.40	0.40	0.40
钢丝刷清除浮锈或未经处理的干净轧制面	0.30	0.35	—

4. 扭剪型高强度螺栓的施拧方法

从扭剪型高强度螺栓杆的外形可以看到，其末端带有梅花形卡头，在尾部卡头与螺杆之间有环形切口，用于控制连接副的紧固轴力。施工时采用设置内外双向等值扭矩套筒的专用紧固扳手施拧，其内套套住螺栓杆尾部的卡头，外套套住螺母，施拧时内外套筒反向旋转，螺栓的环形切口处承受纯扭剪。当螺栓尾部的梅花卡头被拧断时，即可达到预拉力设计要求，紧固完成。

扭剪型高强度螺栓的施拧过程示意图，如图 3-48 所示。

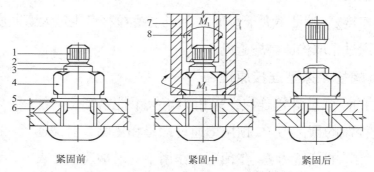

紧固前　　　　　　　　紧固中　　　　　　　　紧固后

图 3-48　扭剪型高强度螺栓的安装示意图

1- 梅花卡头；2- 断裂切口；3- 螺纹部分；4- 螺母；5- 垫圈；6- 被紧固构件；7- 外套筒；8- 内套筒

5. 高强度螺栓连接的隔热防护

高强度螺栓连接在 100 ~ 150℃ 环境温度下，承载能力会下降。《钢结构设计标准》GB 50017 规定：当高强度螺栓连接长期受热达 150℃ 以上时，应采用加耐热隔热涂层、热辐射屏蔽等隔热防护措施。

【能力测试】

1. 识读柱顶螺栓连接节点详图，如图 3-49 所示。

节点详图	识读填空
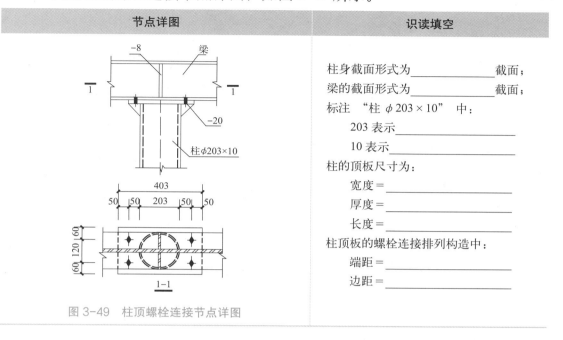	柱身截面形式为＿＿＿＿＿＿＿＿截面； 梁的截面形式为＿＿＿＿＿＿＿＿截面； 标注 "柱 $\phi 203 \times 10$" 中： 　　203 表示＿＿＿＿＿＿＿＿＿＿＿＿ 　　10 表示＿＿＿＿＿＿＿＿＿＿＿＿ 柱的顶板尺寸为： 　　宽度 ＝＿＿＿＿＿＿＿＿＿＿＿＿ 　　厚度 ＝＿＿＿＿＿＿＿＿＿＿＿＿ 　　长度 ＝＿＿＿＿＿＿＿＿＿＿＿＿ 柱顶板的螺栓连接排列构造中： 　　端距 ＝＿＿＿＿＿＿＿＿＿＿＿＿ 　　边距 ＝＿＿＿＿＿＿＿＿＿＿＿＿

图 3-49　柱顶螺栓连接节点详图

2. 识读外墙竖向檩条与梁的螺栓连接节点详图，如图 3-50 所示。

节点详图	识读填空
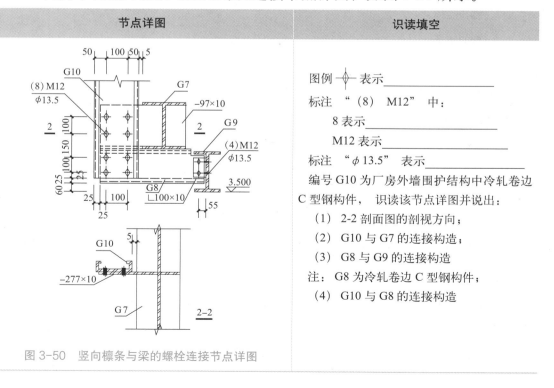	图例 ◇ 表示＿＿＿＿＿＿＿＿＿＿＿＿ 标注 "（8）M12" 中： 　　8 表示＿＿＿＿＿＿＿＿＿＿＿＿ 　　M12 表示＿＿＿＿＿＿＿＿＿＿＿＿ 标注 "$\phi 13.5$" 表示＿＿＿＿＿＿＿＿ 编号 G10 为厂房外墙围护结构中冷轧卷边 C 型钢构件， 识读该节点详图并说出： 　　（1） 2-2 剖面图的剖视方向； 　　（2） G10 与 G7 的连接构造； 　　（3） G8 与 G9 的连接构造 　　注：G8 为冷轧卷边 C 型钢构件； 　　（4） G10 与 G8 的连接构造

图 3-50　竖向檩条与梁的螺栓连接节点详图

3. 如图 3-51 所示，通过查阅资料，说明支承在实腹柱顶的简支梁平板支座构造与突缘支座构造的主要异同点。

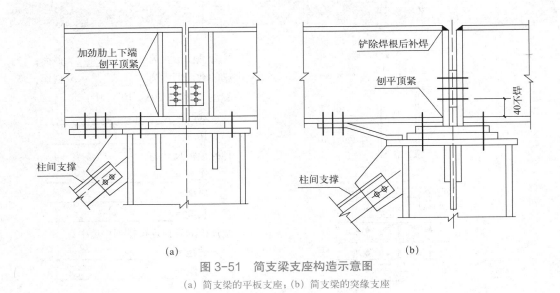

(a)   (b)

图 3-51 简支梁支座构造示意图

(a) 简支梁的平板支座；(b) 简支梁的突缘支座

4. 识别指定螺栓样品组中螺栓的品种与规格，并填写下表。

识别项目	螺栓连接副 1	螺栓连接副 2	螺栓连接副 3
螺栓品种			
钢的牌号			
螺栓规格			
螺栓性能等级			
螺纹规格（公称直径）d			
公称长度 l			
大六角螺母性能等级			
垫圈规格与数量			

5. 识别指定螺栓样品组中螺栓的类型、性能等级，并说出其性能等级代号的含义。

6. 确定螺栓连接节点的螺栓排列时，应考虑哪些构造要求？

7. 动手独立组配普通螺栓、高强度大六角头螺栓和扭剪型高强度螺栓连接副。

码 3-19 任务 3.2.2 能力测试 参考答案

项目 3.3　梁柱节点详图识读

【项目概述】

码 3-20　项目 3.3 导读

　　通过本项目的学习，学生能够：识读钢结构工程施工图案例，以实腹柱身、柱脚和梁柱连接节点详图或节点实样为载体，认知实腹柱、梁的常用截面形式和构造，认知施工图中实腹柱铰接柱脚和刚接柱脚、钢梁之间和梁柱之间的连接节点等常用构造与图示方法，初步学会识读梁与实腹柱连接的铰接或刚接节点详图，初步学会识读实腹柱的柱脚节点详图。

　　相关知识：通过学习格构柱的柱身构造，认知格构柱的主要特点；通过学习焊接组合工字形截面梁的加劲肋设置方法，认知受弯构件的受压区板材局部稳定控制的重要性；通过初步认知以上工程设计案例，培养节约工程材料、注重节能环保的意识。

任务 3.3.1　柱身节点详图识读

【任务描述】

　　通过本任务的学习，学生能够：识读实腹式刚架柱节点详图案例，或应用量具测绘实腹式刚架柱身节点实样，认知实腹式轴向受力构件的截面形式和常用型材，知道实腹柱身的常用构造，并通过识读与绘制节点详图训练，初步学会识读钢结构常用柱身节点详图。

　　工程实例：某工业厂房热轧车间刚架的变截面中柱、牛腿、吊车梁连接节点详图。

　　热轧车间Ⓐ~Ⓖ立面图与 1-1 剖面图，如图 3-52 所示。

　　刚架Ⓓ轴变截面中柱、牛腿、吊车梁连接节点缩尺实样见数字资源，连接节点详图如图 3-53 所示。

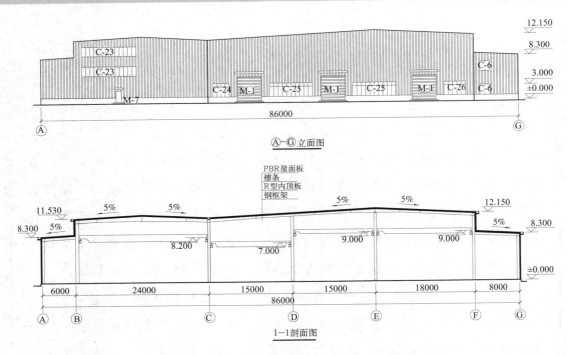

图 3-52　热轧车间Ⓐ~Ⓖ立面图与 1—1 剖面图

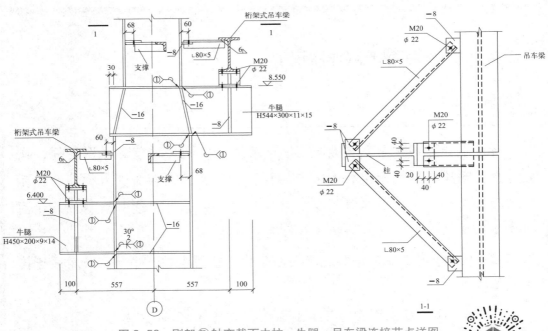

图 3-53　刚架Ⓓ轴变截面中柱、牛腿、吊车梁连接节点详图

码 3-21　钢架Ⓓ轴变截面中柱、牛腿、吊车梁连接节点缩尺实样

【学习支持】

一、实腹式轴向受力构件的截面形式

1. 热轧型钢截面

由常用热轧型钢制作的实腹式轴向受力构件的截面形式如图 3-54 所示。

2. 冷弯薄壁型钢截面

由常用冷弯薄壁型钢制作的实腹式轴向受力构件的截面形式如图 3-55 所示。

3. 组合截面

通过钢板、型钢进行组合的截面形式常用于受压柱，如图 3-56 所示。

图 3-54　实腹式轴向受力构件：热轧型钢截面

图 3-55　实腹式轴向受力构件：冷弯薄壁型钢截面

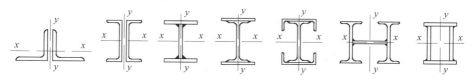

图 3-56　实腹式轴向受力构件：组合截面

二、实腹式柱身的加劲肋构造

1. 横向加劲肋构造

为了提高实腹柱的抗扭刚度，防止腹板在施工和运输过程中发生过大变形，应沿柱身纵向每隔间距 a 成对设置横向加劲肋，如图 3-57 所示。以 H 型焊接截面受压构件为例，横向加劲肋的间距 a 不得大于 $3h_0$，外伸宽度 b_s 不应小于 $h_0/30+40mm$，厚

图 3-57　柱身横向加劲肋构造

度 t_s 不应小于 $b_s/15$。

2. 纵向加劲肋构造

以 H 形、工字形截面轴心受压构件为例，当腹板的计算高度 h_0 与腹板厚度 t_w 之比（高厚比）超过设计标准规定的限值时，可采用纵向加劲肋加强，以满足设计要求。纵向加劲肋通常在横向加劲肋之间、宜在腹板两侧成对布置，其一侧的外伸宽度不应小于 $10t_w$，厚度不应小于 $0.75t_w$，如图 3-58 所示。

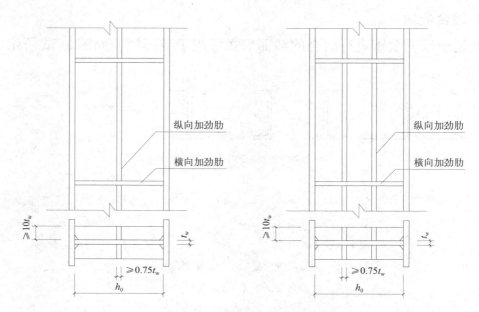

图 3-58　柱身纵向加劲肋构造

3. 实腹式柱身的横隔构造

为了保证大型实腹式柱身（包括格构式柱）在运输和安装过程中具有足够的刚度，防止意外碰撞时构件变形，应沿柱身纵向间隔设置横隔。在柱身直接承受较大横向集中力处和运送单元的端部，也应设置横隔。横隔的间距不宜大于柱截面长边尺寸的 9 倍，也不宜大于 8m。

三、实腹式构件的拼接构造

1. 等截面拉杆、压杆（柱）的杆身拼接构造形式

工厂拼接采用直接对焊或拼接板加角焊缝焊接；工地拼接的拉杆常采用拼接板或端板加高强度螺栓连接；压杆常采用焊接或接触面刨平顶紧后的螺栓连接，如图 3-59 所示。

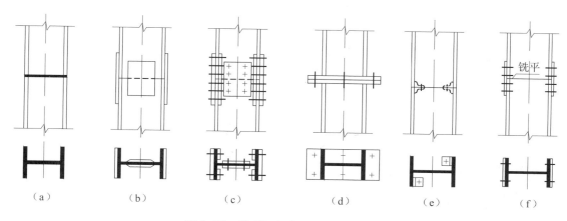

图 3-59 等截面杆身的拼接构造形式

2.变截面柱的拼接构造

当柱截面需做微小变化时，变截面处可直接通过对接焊缝连接，如图3-60（a）所示。

当柱截面变化较大而柱的一侧翼缘外表面需平齐时，柱身变截面处通过设置横隔过渡，并在腹板两侧设置加劲肋。拼接构造如图3-60（b）所示。

当柱截面变化较大而柱的上、下段中轴线需重合时，柱身变截面处也通过设置横隔过渡。拼接构造如图3-60（c）～（e）所示。

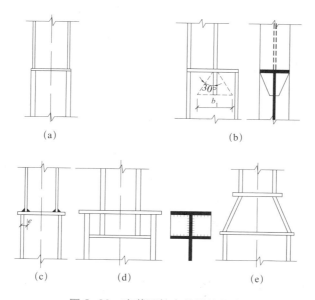

图 3-60 变截面柱身的拼接构造

【知识拓展】

一、格构式受压构件的截面形式

格构柱多用于厂房门架柱等。格构柱通过缀件连接肢件组成整体，共同承受上部荷载传来的压力和弯矩。格构柱可以通过调整肢件之间的距离，使构件对两个主轴的稳定性相等，最大限度发挥材料的作用，有利于节约材料，节能减排，保护环境。

格构柱的常用截面形式如图3-61所示。

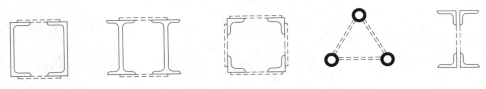

图3-61 格构柱的截面形式

二、格构柱的柱身构造

格构柱的柱身按照缀件与肢件的连接方式不同，分为缀条式格构柱和缀板式格构柱。

用槽钢、工字钢、H型钢等作为格构柱的双肢件，一般用于受力较大的建筑构件。以热轧角钢（四肢件）、钢管（三肢件）等作为格构柱的肢件，一般用于受力较小而长细比较大的受力构件。

1. 缀板式格构柱

缀板式格构柱采用按框架结构布置形式分布的钢板（即"缀板"）与肢件连接，如图3-62所示。

缀板宽度 $b_p \geqslant 2a/3$，厚度 $t_p \geqslant a/40$ 且 $\geqslant 6mm$（a 为两根肢件截面1-1轴的间距）。

缀板与柱肢用角焊缝连接时，搭接长度一般取 $20 \sim 30mm$。

2. 缀条式格构柱

缀条式格构柱采用按桁架结构布置形式分布的横向和斜向缀条与肢件焊接，缀条常采用单角钢，斜缀条与构件轴线间的夹角应为 $40° \sim 70°$，如图3-63所示。

缀条与格构柱的肢件如通过节点板采用螺栓连接，其端部可采用 1 枚螺栓。

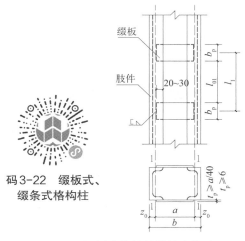

码 3-22　缀板式、
缀条式格构柱

图 3-62　缀板式格构柱的柱身构造

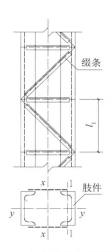

图 3-63　缀条式格构柱的柱身构造

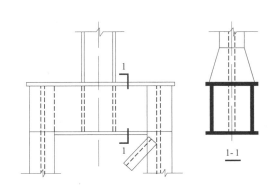

图 3-64　实腹柱与格构柱的连接

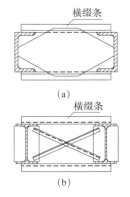

图 3-65　格构柱的横隔

3. 格构柱的连接节点构造

（1）实腹柱与格构柱连接的节点构造

在格构柱的柱顶、两侧缀材同一平面内以及实腹柱的底面，分别用钢板加强，形成箱形连接节点。在柱顶的箱形连接部位，实腹柱通过与格构柱相同宽度的连接件过渡，如图 3-64 所示。

（2）格构柱的横隔构造

格构柱的柱身需设置横隔的位置与间隔要求，与实腹柱相同。

格构柱的横隔分为两种：如图 3-65（a）所示为隔板，如图 3-65（b）所示为隔材，其作用是将双肢柱截面通过横隔的联系成为几何不变体系。图3-65（b）中，在工字形柱肢的截面内侧与外侧，格构柱的横隔所在平面内应设置实腹柱肢相应的横隔。

【能力测试】

1. 识读实腹柱与牛腿焊接连接节点详图

节点详图	识读填空
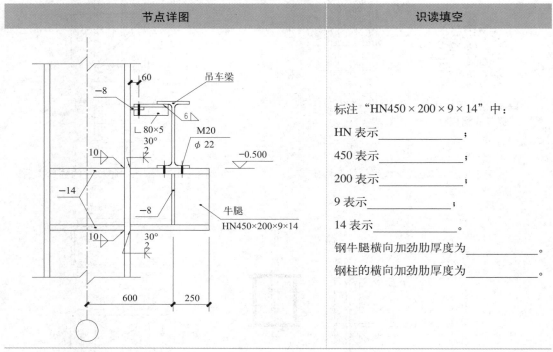	标注"HN450×200×9×14"中： HN 表示_____； 450 表示_____； 200 表示_____； 9 表示_____； 14 表示_____。 钢牛腿横向加劲肋厚度为_____。 钢柱的横向加劲肋厚度为_____。

2. 识读柱身构造示意图

构造示意图	识图填空
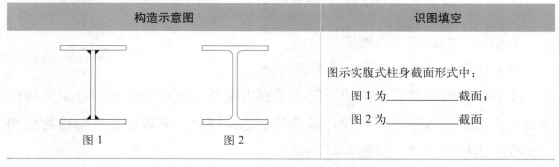	图示实腹式柱身截面形式中： 图1为_____截面； 图2为_____截面

续表

构造示意图	识图填空
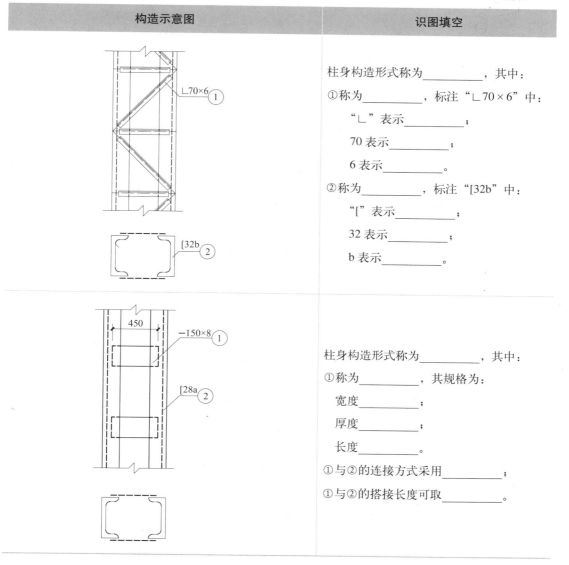	柱身构造形式称为＿＿＿＿＿＿＿，其中： ①称为＿＿＿＿＿＿＿，标注"∟70×6"中： 　"∟"表示＿＿＿＿＿＿＿； 　70表示＿＿＿＿＿＿＿； 　6表示＿＿＿＿＿＿＿。 ②称为＿＿＿＿＿＿＿，标注"[32b"中： 　"["表示＿＿＿＿＿＿＿； 　32表示＿＿＿＿＿＿＿； 　b表示＿＿＿＿＿＿＿。
	柱身构造形式称为＿＿＿＿＿＿＿，其中： ①称为＿＿＿＿＿＿＿，其规格为： 　宽度＿＿＿＿＿＿＿； 　厚度＿＿＿＿＿＿＿； 　长度＿＿＿＿＿＿＿。 ①与②的连接方式采用＿＿＿＿＿＿＿； ①与②的搭接长度可取＿＿＿＿＿＿＿。

【能力拓展】

一、连接节点实样测绘

依据实训条件选择测绘的节点实样。

二、连接节点详图绘制

码3-23　任务3.3.1　　码3-24　连接
能力测试参考答案　节点实样测绘

任务 3.3.2　刚架柱脚节点详图识读

【任务描述】

通过本任务的学习，学生能够：以钢结构门式刚架施工图案例为载体，结合多层和高层民用建筑钢结构典型节点构造详图，学习识读实腹柱的柱脚节点详图所表达的内容，认知柱脚的常用节点构造，初步学会识读、标注节点详图中的各种定位尺寸，能识读锚栓构造，初步学会识读常用柱脚节点详图，并能独立手绘柱脚节点详图。

工程实例：某工业厂房刚架柱脚节点详图（图 3-66）。

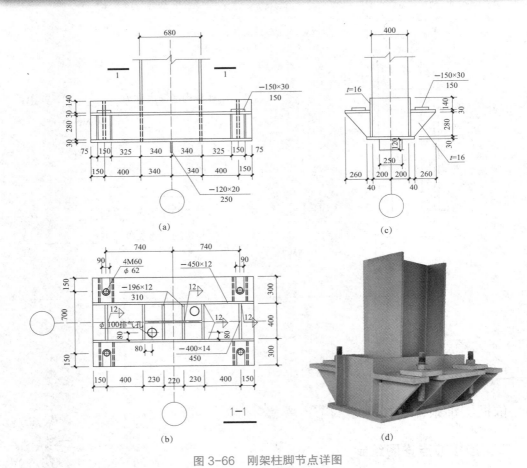

图 3-66　刚架柱脚节点详图

(a) 正立面图；(b) 1-1 剖面图；(c) 侧立面图；(d) 节点缩尺实样

【学习支持】

柱脚是扩大钢柱底端与基础相连接的加强部分，按照传递内力的构造要求不同，分为铰接柱脚和刚接柱脚两种类型。单层厂房的铰接柱脚宜采用外露式柱脚，刚接柱脚可采用插入式（插入混凝土杯形基础）或外露式柱脚。多层、高层结构框架柱可采用埋入式、插入式及外包式柱脚。

一、铰接柱脚构造

铰接柱脚适用于轴心受压柱，其主要作用是将柱身传来的上部竖向荷载传递给混凝土基础，主要特点是构造简明，制作方便，但不能传递弯矩。

1. 铰接柱脚构造形式

本书以外露式 H 形截面柱的铰接柱脚与基础连接的节点构造图（图 3-67）为例，学习铰接柱脚的常用构造形式。

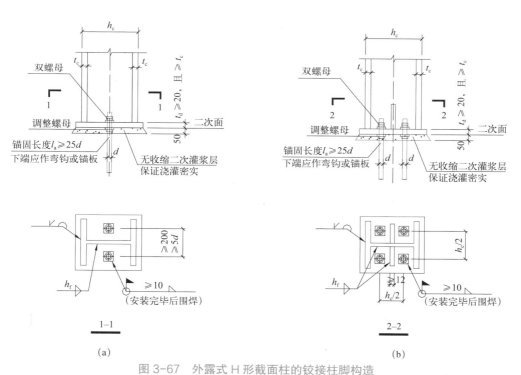

图 3-67 外露式 H 形截面柱的铰接柱脚构造

(a) 适用于截面高度 $h_c < 400mm$；(b) 适用于截面高度 $h_c \geqslant 400mm$

（1）柱与柱脚底板的连接

在图示节点构造中，柱截面为 H 型钢，截面高度为 h_c，翼缘厚度为 t_c。

柱底端磨平后，与包围柱截面并按设计要求进行扩展的底部钢板相互顶紧，沿 H 形截面的翼缘外侧采用半熔透坡口对接焊缝焊接；沿腹板两侧采用焊脚尺寸为 h_f 的角焊缝进行焊接。

【知识拓展】

图 3-67 中标注的焊缝符号名称及其说明，见表 3-20。

焊缝符号标注方法 表 3-20

名称	图例	焊缝符号说明
周围焊缝		需环绕工件周边连续施焊的焊缝，在指引线转折处标注细实线圆圈
现场焊缝		需在安装现场进行焊接的焊缝，在指引线转折处标注涂黑的三角形旗号
相同焊缝		对同一图形中焊缝形式、断面尺寸和辅助要求等都相同的焊缝，可选一处标注焊缝符号和尺寸，并在指引线转折处标注 3/4 圆弧
		在同一图形中有数种相同的焊缝时，宜将焊缝分类编号，并标注在指引线的尾部
三面焊缝		需环绕工件周边连续三面进行焊接的焊缝，在指引线转折处标注槽形三折线

（2）柱脚底板尺寸

柱脚底板的面积取决于混凝土基础在承载能力极限之内能承受并传递上部荷载。柱脚底板厚度 t_d，主要由底板的抗弯强度条件确定。

图例中的铰接柱脚，要求底板厚度 t_d 不小于 20mm，且应不小于柱截面的翼缘厚度 t_c。

2. 铰接柱脚的安装构造

（1）锚栓及其布置

柱脚通过预先埋设在基础内的锚栓进行连接。在铰接柱脚中，锚栓的主要作用是安装过程固定柱的平面位置及抗拔。锚栓可选用 Q235、Q345、Q390 或强度更高的钢材制作，其质量等级不宜低于 B 级。

图例中的铰接柱脚，锚栓的直径 d 应按计算确定，一般取不小于 20mm，锚栓的锚固长度 $l_a \geqslant 25d$（不含弯钩段），锚栓下端应制作成弯钩或连接锚板，如图 3-68 所示。

码 3-25　柱脚锚栓

图 3-68　锚栓下端制作弯钩或连接锚板

柱脚底板上的锚栓孔直径需考虑安装时平面位置的调整，锚栓螺母下的垫板厚度一般为 $0.4d \sim 0.5d$，但不宜小于 20mm。

当柱安装就位后，套住锚栓的垫板与底板之间采用现场角焊缝进行围焊，角焊缝的焊脚尺寸 h_f 应不小于 10mm。锚栓采用双螺母防止松动，以保证连接的可靠性。

当柱截面高度 $h_c < 400$mm 时，采用如图 3-67（a）所示的铰接柱脚节点构造，锚栓间距应不小于 200mm，且不小于 5 倍的锚栓公称直径 d。

当柱截面高度 $h_c \geqslant 400$mm 时，采用如图 3-67（b）所示的铰接柱脚节点构造，在柱腹板两侧设置厚度不小于 12mm 的加劲肋，锚栓间距为 $h_c/2$。

（2）柱脚与基础的安装间隙

在钢筋混凝土基础中心区域的上表面和钢柱脚底面之间，按节点构造规定预留 50mm 间隙，以满足钢柱安装时调整标高的需要。

钢柱安装时，在靠近锚栓的柱脚底板加劲肋或柱肢下侧，每根锚栓侧面设置 1~2 组支承垫板（垫铁），通过支承垫板组进行标高调整。经安装定位后，将支承垫板组之间用点焊固定，采用无收缩细石混凝土等灌浆材料进行二次浇灌，并保证浇灌密实。

3. 柱脚抗剪键设置

当柱脚底部的剪力较大，超过柱脚底板与混凝土基础之间的摩擦力时，需按照如图 3-69 所示的柱脚节点连接构造，设置抗剪键。

如图 3-69（a）所示的柱脚抗剪键设置在底板下方，可用 H 型钢或方钢制作，在工厂进行预制焊接，采用焊脚尺寸为 h_f 的角焊缝进行围焊。在浇筑柱的基础时，应按设计要求的抗剪键截面尺寸和埋置深度，在抗剪键位置预留凹槽口。

如图 3-69（b）所示的柱脚抗剪键构造，在浇筑柱的基础时，先按设计计算确定的抗剪键截面尺寸和埋深，在基础面层以下预埋带有面板的抗剪钢筋。钢柱安装就位后，在受剪切方向的柱底板两侧，采用焊脚尺寸为 h_f 的角焊缝将 H 型钢、槽钢或角钢制作的柱脚抗剪键与抗剪预埋钢筋的面板进行现场围焊，抗剪键顶紧柱脚底板一侧直接用角焊缝焊接。

4. 柱脚加劲肋设置

如图 3-67（b）和图 3-69 所示，柱脚处工字形截面的腹板两侧有一对相同尺寸的部件，称为"加劲肋"，其主要作用是减小柱脚底板的弯曲变形，使其具有足够的刚度。

由于钢材的抗压强度远大于混凝土，钢柱的截面相对较小，其内力的传递过程必须通过设置面积较大的柱脚底板来扩大基础的受压面，使柱的内力能均匀地分布给面积较大的混凝土基础。

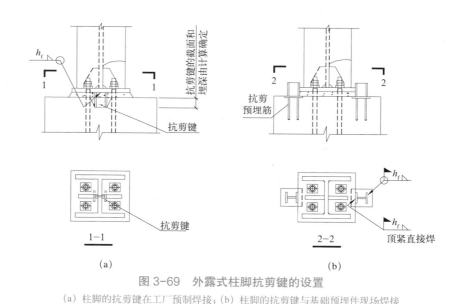

图 3-69　外露式柱脚抗剪键的设置

（a）柱脚的抗剪键在工厂预制焊接；（b）柱脚的抗剪键与基础预埋件现场焊接

当基础承受的均布荷载反作用于柱脚底板上时，柱身就可视为底板的支座。显然，柱截面周边以外的底板受力状态都是受弯曲的悬臂板或三面支承板。底板在受力状态下如出现不可恢复的弯曲变形，即塑性变形，混凝土基础就会因受力不均匀而受损。

在柱脚构造设计中，通过增加底板厚度来提高抗弯能力、减小弯曲变形是不经济的。当柱承受较大荷载时，为了防止底板发生弯曲塑性变形，主要采用设置加劲肋、靴梁（靴板）、隔板等支承分隔系统的构造措施，如图 3-70 所示。

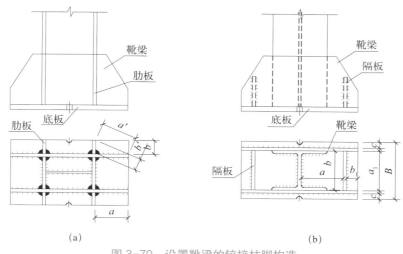

(a)　　　　　　　　　　　(b)

图 3-70　设置靴梁的铰接柱脚构造

柱脚设置支承分隔系统后，底板在小区格内的受力状态将得到显著改善，如图 3-71 所示。

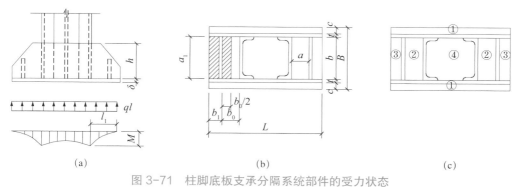

(a)　　　　　　　　　(b)　　　　　　　(c)

图 3-71　柱脚底板支承分隔系统部件的受力状态

(a) 靴梁受力图；(b) 隔板受力图；(c) 底板的受力区格

加劲肋（靴梁、靴板）的高度 h 由加劲肋与柱通过焊接连接传递内力所需要的焊缝长度确定，铰接柱脚的加劲肋厚度应不小于 12mm。

二、刚接柱脚构造

刚接柱脚与铰接柱脚在构造方面的最大差异是通过连接构造保证柱脚具有足够的刚度，连接节点在使用阶段的变形小，能控制在设计允许范围。刚接柱脚通过合理布置锚栓，能承受并有效传递上部结构传给柱的轴向压力、横向剪力和弯矩，适用于承受动力荷载或有振动影响、跨度较大的框架、门式刚架和排架结构等。

1. 刚接柱脚构造形式

本书以适用于多层与高层民用建筑钢结构的刚接柱脚与基础连接的节点构造图（图 3-72）为例，学习刚接柱脚的常用构造形式。

如图 3-72（a）所示为 H 形截面柱的刚性柱脚连接构造，其适用于钢柱底部在弯矩和轴力的共同作用下，锚栓出现较小的拉力或不出现拉力的情况。图 3-72（a）中，柱脚底板双向扩展，在柱两侧设置靴梁、柱翼缘延伸段设置锚栓支承加劲肋，锚栓沿底板周边双轴对称布置，有利于传递弯矩。柱翼缘与底板间采用全熔透（抗震设防）或部分熔透（非抗震设防）的坡口对接焊缝连接。

如图 3-72（b）所示为箱形截面柱的刚性柱脚连接构造，其适用于钢柱底部在弯矩和轴力的共同作用下，锚栓出现较大拉力的情况。图 3-72（b）中，柱脚底板上设置锚栓支承托座，支承托座与底板之间沿柱脚周围均匀设置锚栓支承加劲肋，有效提高柱脚的整体刚度。

如图 3-72（c）所示为十字形截面柱的刚性柱脚连接构造。十字形截面柱仅适用于型钢混凝土柱结构形式，如图 3-72（d）所示。图 3-72 中，柱脚底板上沿十字形截面柱的翼缘周围和每个锚栓两侧均匀设置锚栓支承加劲肋。

2. 刚接柱脚构造要求

对于刚性柱脚，要求底板厚度 t_d 不小于 30mm，且应不小于柱截面的翼缘厚度 t_c。

锚栓支承加劲肋的高度 h 由加劲肋与柱通过焊接连接传递内力所需要的焊缝长度确定，且应不小于 300mm，加劲肋厚度应不小于 16mm。十字形截面刚性柱脚的加劲肋厚度可与被连接的柱截面翼缘厚度大致相同。

对于刚性柱脚，选用的锚栓公称直径 d 应不小于 30mm，一般多在 $30 \sim 76$mm 范围内使用。锚固长度 l_a 不小于 $25d$（不含弯钩段），锚栓下端应做成弯钩。当埋置深度受限或锚栓在混凝土中的锚固较长时，可设置锚板或锚梁。

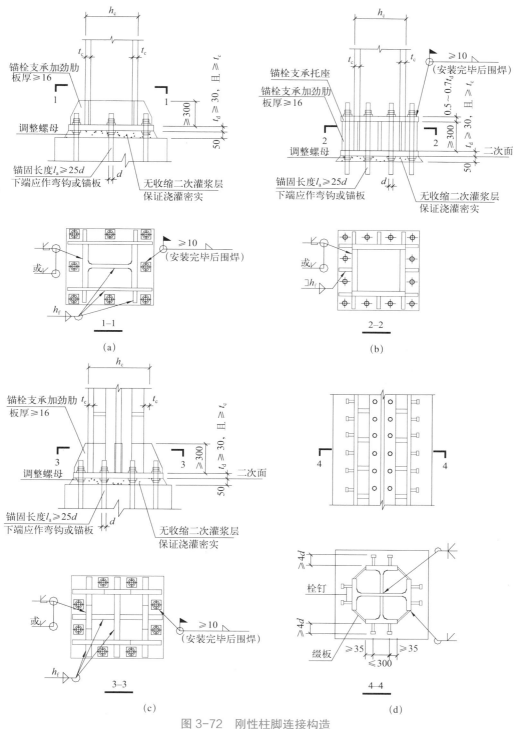

图 3-72　刚性柱脚连接构造

（a）H 形截面柱的刚性柱脚构造；（b）箱形截面柱的刚性柱脚构造；

（c）十字形截面柱的刚性柱脚构造；（d）型钢混凝土柱结构示意图

【知识拓展】

一、分离式柱脚

分离式柱脚是适用于格构柱的柱脚，其构造形式是在格构柱的柱肢分别设置一个独立的轴心受力柱脚，并将两个柱肢的柱脚底板用横向构件相连接，以保证运输与安装所需要的整体刚度。

分离式柱脚的每个分肢柱脚承受各自分肢传来的轴心力，每个分肢柱脚的底板和锚栓均按照分肢截面的形心轴进行对中布置。

分离式柱脚的整体构造形式属于刚接柱脚，因此两根柱肢分别通过锚拴与基础相连后，可传递轴力、剪力和弯矩。在钢结构中，其主要用于有重型工作制吊车、直接承受动力荷载的大型工业厂房。

二、柱脚的防护措施

当外露式柱脚的底面在地面以上时，柱脚底面的基础高出室外地面不应小于 100mm，如图 3-73 所示；高出室内地面不宜小于 50mm。

当外露式柱脚的底面在地面以下时，应采用强度等级较低的混凝土和钢筋网片包裹，保护层厚度不应小于 50mm。包裹的混凝土高出室外地面不应小于 150mm，如图 3-74 所示；高出室内地面不宜小于 50mm。

码 3-26　柱脚
构造形式

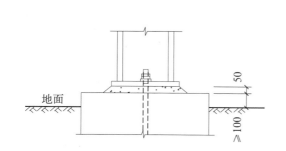

图 3-73　外露式柱脚在室外地面以上时的
防护措施

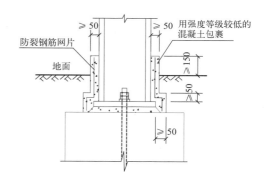

图 3-74　外露式柱脚在室外地面以下时的
防护措施

【能力测试】

1. 识读实腹柱刚性柱脚节点详图（表 3-21）。

2. 说出铰接柱脚和刚接柱脚中设置加劲肋的主要构造要求。

3. 说出铰接柱脚和刚接柱脚的底板厚度构造要求。

码3-27 任务3.3.2
能力测试参考答案

表 3-21

节点详图	识图填空
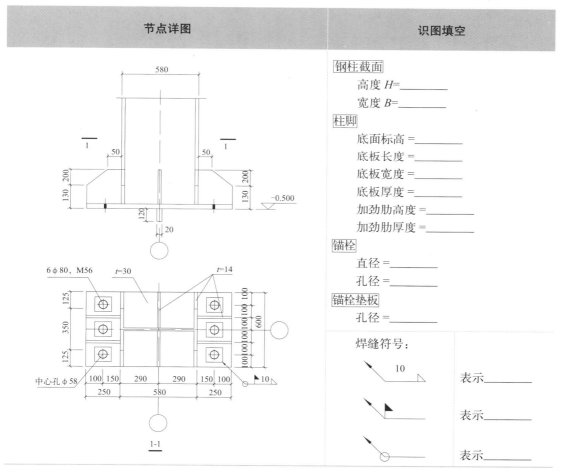	钢柱截面 　　高度 $H=$_____ 　　宽度 $B=$_____ 柱脚 　　底面标高 =_____ 　　底板长度 =_____ 　　底板宽度 =_____ 　　底板厚度 =_____ 　　加劲肋高度 =_____ 　　加劲肋厚度 =_____ 锚栓 　　直径 =_____ 　　孔径 =_____ 锚栓垫板 　　孔径 =_____ 焊缝符号： 　　表示_____ 　　表示_____ 　　表示_____

【能力拓展】

识读钢筋混凝土柱基内的锚栓固定构造

以多层、高层民用建筑钢结构的节点构造为例，柱脚锚栓的预埋方法有直埋法和套管法。采用直埋法施工，钢结构的整体性较好，如图 3-75 所示的锚栓固定构造，即为直埋法。

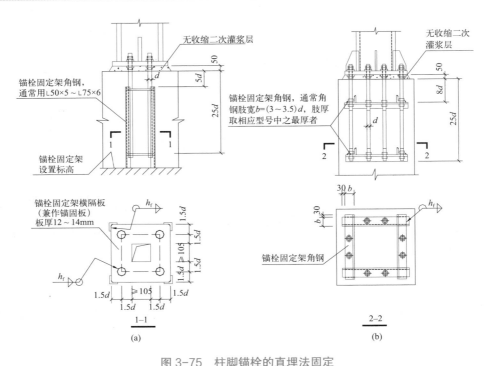

图 3-75　柱脚锚栓的直埋法固定

（a）工字形截面柱的锚栓固定措施；（b）箱形截面柱的锚栓固定措施

　　直埋法是采用在锚栓固定支架横隔板上按照锚栓定位尺寸要求进行开孔，作为套板控制锚栓的间距。在柱的基础底板绑扎钢筋时，埋设固定支架，并与钢筋骨架连接成整体，达到能控制锚栓群的移位。通过整体浇筑混凝土，将锚栓位置一次固定。

任务 3.3.3　钢梁连接节点详图识读

【任务描述】

　　通过本任务的学习，学生能够：识读节点详图案例，并结合多层和高层民用建筑钢结构典型节点构造详图，认知钢梁之间的连接节点常用构造与图示方法，知道组合截面梁腹板加劲肋、支承加劲肋的设置构造；通过识读与绘制节点详图训练，初步学会识读梁与梁的连接节点详图。

　　工程实例：21m 人字形实腹钢梁详图，如图 3-76 所示。

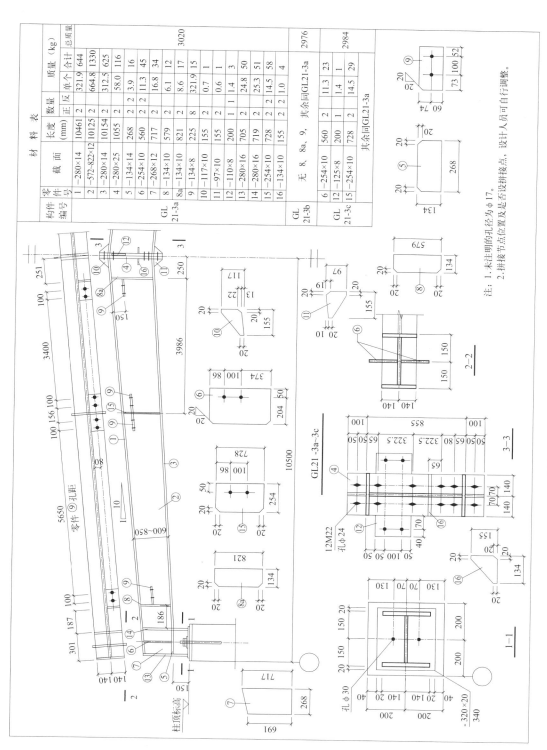

图 3-76　21m 人字形实腹钢梁详图

注: 1. 未注明的孔径为 φ17。
2. 拼接节点位置及是否设拼接点, 设计人员可自行调整。

构件编号	零件号	截面	长度(mm)	数量正反		质量(kg)单个	合计	总质量
GL 21-3a	1	-280×14	10461	2		321.9	644	3020
	2	-572~822×12	10125	2		664.8	1330	
	3	-280×14	10154	2		312.5	625	
	4	-280×25	1055	2		58.0	116	
	5	-134×14	268	2	2	3.9	16	
	6	-254×10	560	2	2	11.3	45	
	7	-268×12	717	2		16.8	34	
	8	-134×10	579	2		6.1	12	
	8a	-134×10	821	8		8.6	17	
	9	-134×8	225	2		321.9	15	
	10	-117×10	155	2		0.7	1	
	11	-97×10	155	2		0.6	1	
	12	-110×8	200	2		1.4	3	
	13	-280×16	705	2		24.8	50	
	14	-280×16	719	2		25.3	51	
	15	-254×10	728	2	2	14.5	58	
	16	-134×10	155	2	2	1.0	4	
GL 21-3b	无	8、8a、9、		其余同GL21-3a				2976
	6	-254×10	560	2		11.3	23	
	12	-125×8	200	1		1.4	1	
	15	-254×10	728	2		14.5	29	
GL 21-3c		其余同GL21-3a						2984

【学习支持】

码3-28 次梁
与主梁的连接

一、梁的应用实例

梁是承受横向荷载而受弯的实腹构件。梁按连接构造和工程力学计算简图的受力特点可分为：简支梁、连续梁、悬臂梁、框架或刚架梁等。

梁按截面形式可分为：型钢梁（图3-77）、焊接截面梁（图3-78）等。

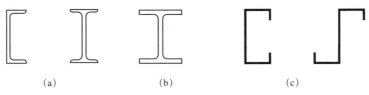

（a）   （b）   （c）

图 3-77　型钢梁的截面形式

（a）热轧槽钢、工字钢截面；（b）热轧 H 型钢截面；（c）冷弯薄壁型钢截面

图 3-78　焊接截面梁的截面形式

二、次梁与主梁连接构造

1. 次梁与主梁的简支连接构造

次梁作为简支梁与主梁连接的常见构造为叠接和侧面连接。

叠接即次梁按照铰支座构造安装在主梁上方。其特点是构造简单，安装方便，但占用建筑高度大。在安装次梁的位置，主梁腹板两侧应设置加劲肋，如图3-79所示。

次梁与主梁的侧面连接构造，以常用的 H 形截面主梁为例，次梁与主梁腹板侧面的横肋或加劲肋按照铰接构造连接，次梁荷载通过横肋或加劲肋传递给主梁腹板。

【例 3-27】次梁与主梁侧面的简支连接构造，如图 3-80 所示。

【解】图 3-80（a）的次梁端部截面需削去上翼缘和部分腹板；图 3-80（b）次梁端部

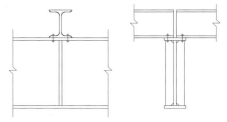

图 3-79　次梁与主梁的叠接构造

截面的上、下翼缘和部分腹板均需削去一部分；图 3-80（c）的次梁腹板与主梁腹板侧面放大的加劲板单面连接，次梁端部截面的下翼缘和部分腹板需削去一部分；图 3-80（d）的次梁腹板采用两块连接板与主梁腹板侧面的加劲板双面连接。当主梁承受次梁传来的荷载较大时，还需设置承托。

图 3-80 中螺栓连接应采用高强度螺栓摩擦型连接；对于次要构件，也可采用普通螺栓连接。图中标注 h_f 为角焊缝的焊脚尺寸（单位：mm）。

次梁与主梁的侧面连接构造，其特点是占用建筑高度小，有利于减小主梁受压翼缘的侧向位移，使主梁的整体稳定性得到提高，但连接构造较复杂。

2. 次梁与主梁的刚接构造（次梁视为连续梁）

（1）次梁与主梁等高连接构造

【例 3-28】H 型钢次梁与主梁的截面高度相等时，连接构造如图 3-81 所示。

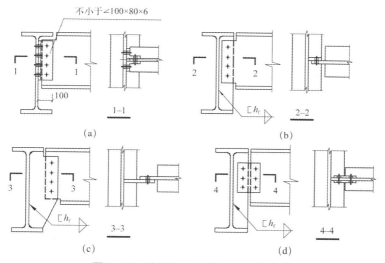

图 3-80 次梁与主梁的简支连接构造

（a）用双角钢与主梁腹板相连；（b）直接与主梁加劲板单面连接（一）；
（c）直接与主梁加劲板单面连接（二）；（d）用连接板与主梁加劲板双面连接

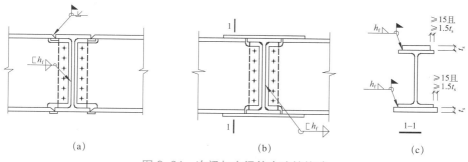

图 3-81 次梁与主梁等高连接构造

【解】如图 3-81 所示的连接构造称为栓焊连接。高度相等的两根 H 型钢梁，正交连接。如图 3-81（a）所示，次梁上、下翼缘端面与主梁上、下翼缘的两侧棱边，采用带垫板的单边 V 形坡口全焊透对接焊缝，现场焊接；次梁腹板与主梁腹板侧面的横肋、加劲肋或连接板采用高强度螺栓摩擦型连接，横肋、加劲肋或连接板与主梁腹板、上下翼缘之间采用双面角焊缝、三面围焊连接。

如图 3-81（b）、（c）所示，次梁上、下翼缘与主梁上、下翼缘分别通过连接盖板两侧棱边和次梁下翼缘棱边的角焊缝连接，现场安装定位后施焊。

栓焊连接构造能满足承受和传递剪力、弯矩的要求，节点变形小，属于刚性连接构造。

（2）次梁与主梁不等高连接构造

【例 3-29】H 型钢次梁与主梁的截面高度不相等时，连接构造如图 3-82 所示。

【解】如图 3-82 所示的连接构造中，次梁腹板与主梁腹板双侧的横向加劲肋之间，通过高强度螺栓摩擦型连接；次梁上翼缘通过连接盖板两侧棱边的角焊缝连接，次梁下翼缘通过两侧棱边角焊缝与盖板焊接，现场安装定位后施焊。

次梁下翼缘的连接板与主梁腹板之间采用单边 V 形坡口全焊透对接焊缝焊接连接。主梁的腹板横向加劲肋，以次梁下翼缘连接板为边界，分为上、下两段，分别与主梁腹板、翼缘板和次梁下翼缘连接板之间采用双面角焊缝、三面围焊。以上焊缝均在工厂制作主梁时完成。

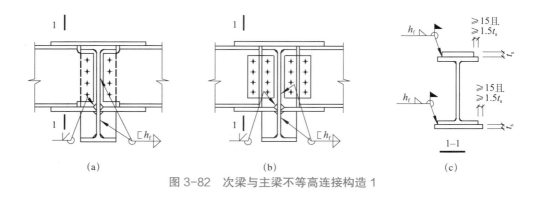

图 3-82　次梁与主梁不等高连接构造 1

【例 3-30】两种构造简明的栓焊连接构造，如图 3-83 所示。图 3-83 中，次梁腹板与主梁腹板两侧面的连接板通过高强度螺栓摩擦型连接。

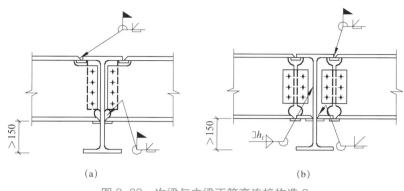

图 3-83　次梁与主梁不等高连接构造 2

三、焊接截面梁设置腹板加劲肋的构造

以双轴对称的焊接 H 形截面梁为例，在腹板两侧每隔一定间距成对焊接的两块钢板称为加劲肋。加劲肋也可采用型钢（H 型钢、工字钢、槽钢、肢尖焊于腹板的角钢）制作，在腹板两侧成对布置或一侧配置。加劲肋分为：横向加劲肋、纵向加劲肋和短加劲肋。通过加劲肋，焊接截面梁的腹板被分隔为若干板块。

在竖向荷载作用下，当梁的腹板可能发生局部屈曲时，加劲肋使腹板在该处的屈曲变形受到刚性的侧向约束，使梁的腹板局部稳定性得到提高。

1. 横向加劲肋的布置

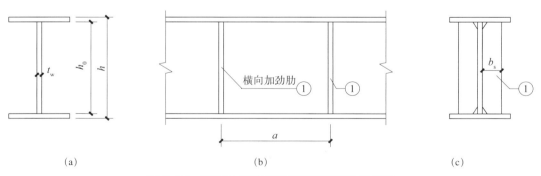

图 3-84　焊接 H 形截面梁腹板横向加劲肋构造

承受静力荷载的焊接 H 形截面梁，当腹板需设置横向加劲肋时，布置构造如图 3-84（b）、（c）所示，横向加劲肋的间距 a 在 $0.5h_0 \sim 2.5h_0$ 之间，加劲肋的截面构造形式，如图 3-85 所示。

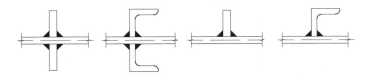

图 3-85　腹板加劲肋常用截面构造形式

2. 纵向加劲肋的布置

焊接 H 形截面梁需设置纵向加劲肋时，应设置在梁的受压区腹板两侧，对于双轴对称 H 形截面梁，纵向加劲肋至腹板计算高度（h_0）受压边缘的距离 h_1 应在 $h_0/5 \sim h_0/4$ 之间。简支梁的布置构造如图 3-86 所示。

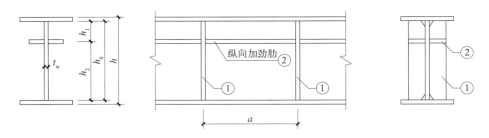

图 3-86　焊接 H 形截面梁的腹板纵向加劲肋构造

3. 短加劲肋的布置

焊接 H 形截面梁在受压翼缘与纵向加劲肋之间需设置短加劲肋时，应设置在梁的受压区由受压翼缘、横向加劲肋和纵向加劲肋包围的腹板两侧范围内，短加劲肋的间距 a_1 应不小于 $0.75h_1$。简支梁的布置构造如图 3-87 所示。

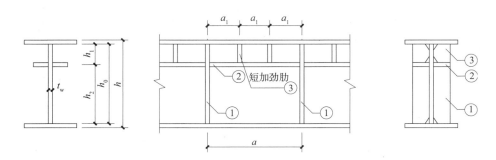

图 3-87　焊接 H 形截面梁的腹板短加劲肋布置构造

四、支承加劲肋的构造

梁的上翼缘承受较大固定集中荷载处或梁端的支座处，宜设置支承加劲肋。梁端支座处的支承加劲肋形式包括：平板式，如图 3-88（a）、（b）所示；

突缘式，如图 3-88（c）所示。图中支承加劲肋作为轴心受压构件计算，截面尺寸中，ε_k 为钢号修正系数（$\varepsilon_k = \sqrt{235/f_y}$）。

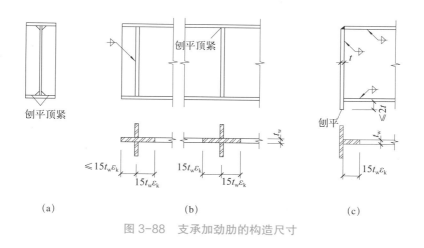

图 3-88　支承加劲肋的构造尺寸

【知识拓展】

一、受弯构件的整体稳定

受弯构件通常在竖向荷载作用的主平面内发生弯曲变形，通过其承载能力设计和变形、振动等方面的控制，保证其各项主要使用功能满足设计要求。

为了提高梁的承载能力，减小变形，在用钢量相近（即梁截面的面积相近）的条件下，一般将梁截面设计得比较高，使梁在作用平面内抵抗弯曲变形的能力得到提高；而梁截面的宽度相对较窄，作用平面外抵抗弯曲变形的能力相对较弱。

当梁上的作用超过临界值时，由侧向干扰引起梁发生不可恢复的侧向弯曲和扭转变形时，梁丧失整体稳定，如图 3-89 所示。

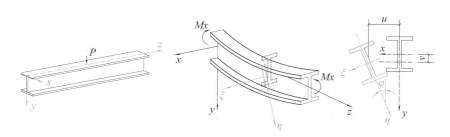

图 3-89　梁的侧向弯曲扭转变形

能满足梁整体稳定性的相关构造包括：用刚性铺板密铺在受压翼缘，并牢固相连，能阻止梁受压翼缘侧向位移；在简支梁的受压翼缘处，设置若干侧向支撑点；确保梁的支座构造能防止梁端截面发生扭转，不出现支座截面的侧向倾倒等。

二、焊接截面梁的局部稳定

增大梁截面高度 h，可提高梁的承载能力，减小弯曲变形；增大梁截面宽度 b，可提高梁的侧向抗弯抗扭能力，提高梁的整体稳定性。

以焊接工字形截面梁为例，截面高度增大使腹板计算高度 h_0 增大，腹板的高厚比 h_0/t_w 增大；截面宽度增大，使翼缘的宽厚比 b/t 增大。在梁的受压区，相对较宽而薄的组成板件，易偏离原来的平面位置而发生波形翘曲，这种现象称为梁丧失局部稳定性，如图 3-90 所示。

1. 焊接工字形截面梁的翼缘局部稳定构造措施

焊接工字形截面梁的翼缘采取限制板件宽厚比 b/t 来保证其局部稳定性。《钢结构设计标准》GB 50017 对工字形截面梁翼缘的宽厚比等级及限值的相关规定见表 3-22。

受压翼缘屈曲　　　焊接工字形截面梁　　　腹板屈曲

图 3-90　梁的局部失稳现象

工字形截面受弯构件的翼缘宽厚比等级及限值　　　表 3-22

截面板件宽厚比等级	S1 级	S2 级	S3 级	S4 级	S5 级
翼缘宽厚比 b/t	$9\varepsilon_k$	$11\varepsilon_k$	$13\varepsilon_k$	$15\varepsilon_k$	$20\varepsilon_k$

注：b 为工字形、H 形截面的翼缘外伸宽度；t 为翼缘厚度；ε_k 为钢号修正系数，$\varepsilon_k = \sqrt{235/f_y}$；$f_y$ 为钢材牌号中的屈服强度数值。

2. 焊接工字形截面梁的腹板局部稳定构造措施

在多数情况下，采用增加腹板厚度 t_w 来提高局部稳定性是不够经济的。

通常应按设计标准规定的构造要求，通过设置适当形式的加劲肋，使腹板的局部稳定得到满足。

钢梁采用符合定型产品技术标准的热轧工字钢、槽钢、H 型钢制作，板件的宽厚比较大，可满足局部稳定性要求。

【能力测试】

识读图示节点构造示意图中的节点构造。

节点构造示意图	识读填空
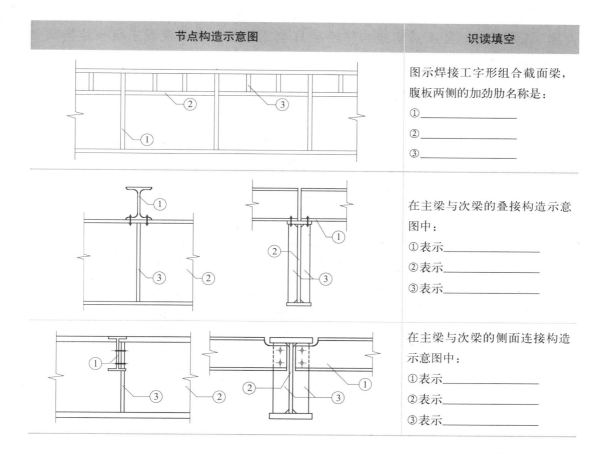	图示焊接工字形组合截面梁，腹板两侧的加劲肋名称是： ①_____ ②_____ ③_____
	在主梁与次梁的叠接构造示意图中： ①表示_____ ②表示_____ ③表示_____
	在主梁与次梁的侧面连接构造示意图中： ①表示_____ ②表示_____ ③表示_____

【能力拓展】

连接节点实样测绘

依据实训条件选择测绘的节点实样。

码3-29　任务3.3.3　码3-30　连接
能力测试参考答案　节点实样测绘

任务 3.3.4　梁与柱的连接节点详图识读

【任务描述】

通过本任务的学习，学生能够：识读节点详图案例，结合多层和高层民用建筑钢结构典型节点构造详图，学习梁柱铰接连接节点、梁柱刚性连接节点、型钢混凝土组合结构连接节点、支撑连接节点等连接构造，初步学会识读钢结构梁柱连接节点详图。

工程实例：某高层钢结构转换层 H 型钢劲性骨架与混凝土组合结构节点详图（图 3-91）。

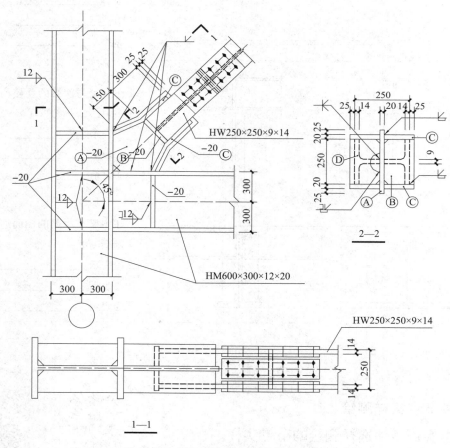

图 3-91　型钢混凝土组合结构节点详图

【学习支持】

梁与实腹柱的连接构造可分为铰接连接、刚性连接等。梁与实腹柱的铰接连接节点构造,允许用于非框架柱;如用于多层框架柱,必须在结构体系中设置抗侧力的柱间支撑或钢板剪力墙等结构构件,高层钢结构中不宜采用。

一、梁与实腹柱的铰接连接构造

【例 3-31】梁与柱翼缘的连接板铰接连接节点。

【解】将梁的腹板采用高强度螺栓与焊接在 H 型钢截面柱翼缘上的连接板相连,如图 3-92 所示。当采用单块连接板时,简称"单板连接"构造,如图 3-92 中的 1-1 剖面构造详图,对螺栓而言可称"单剪连接"。

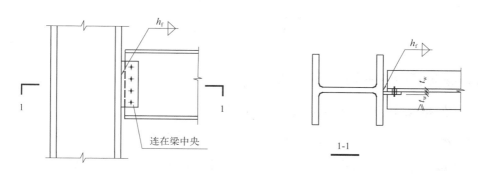

图 3-92 梁与柱翼缘连接板的单板连接构造

单板连接在工厂预制,连接板厚度不宜小于梁腹板的厚度 t_w,采用双面角焊缝焊接在柱的翼缘上。

绘制节点详图或加工时应注意:连接板的连接中心应与梁高度的中心位置重合。

铰接连接节点中常用的螺栓规格有 M20、M22、M24。螺栓孔径按表 3-18 匹配。

【例 3-32】梁与柱腹板的连接板铰接连接。

【解】将梁的腹板采用高强度螺栓与焊接在 H 型钢截面柱腹板上的连接板相连,如图 3-93 所示。当采用两块连接板时,梁的腹板位置在两块连接板之间,简称"双板连接"构造,如图 3-93 中的 2-2 剖面详图所示,对螺栓而言可称"双剪连接"。

为了能清晰表达 H 型钢截面柱翼缘之间的连接板构造、螺栓排列的定位尺寸等，图 3-93 在节点的正投影图中采用了细波浪线将正面翼缘断开。

采用双板连接时，一块连接板在工厂采用双面角焊缝预制焊接在柱的腹板上，连接板的连接中心应与梁腹板高度的中心位置重合。双板连接的另一侧连接板在安装现场采用单面角焊缝焊接。

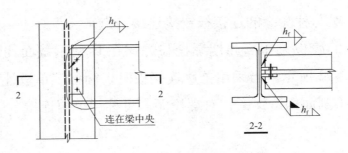

图 3-93　梁与柱腹板的双板连接板构造

二、梁与框架柱的刚性连接构造

1. 框架横梁与 H 形截面柱的刚性连接构造

【例 3-33】框架 H 型钢横梁的翼缘与 H 型钢柱的翼缘采用"坡口对接焊缝"连接，横梁的腹板与柱翼缘的连接板采用高强度螺栓摩擦型连接，形成刚性连接构造，如图 3-94 所示。当梁柱采用刚性连接时，对应于梁翼缘的柱腹板部位应设置横向加劲肋。

图 3-94 中连接板为双板，双板中的一块连接板在工厂预制焊接，另一块连接板和上下翼缘坡口对接焊缝，需待梁安装就位后现场焊接。

在图 3-94 的 1-1 剖面图中，悬臂梁段与柱的弱轴（腹板）为全焊连接，与中间梁段连接的构造之一是全焊连接，即用安装螺栓拼接后现场焊接，如图 3-95（a）所示；其二是采用栓焊连接，如图 3-95（b）所示。

绘制节点详图或构件加工时应注意：柱中对应于 H 型钢框架梁翼缘所在位置设置的支承加劲肋，其中心线应与梁翼缘的中心线对准。

当顶层框架梁与 H 形截面柱或箱形截面柱的刚性连接采用栓焊连接时，连接构造如图 3-96 所示。

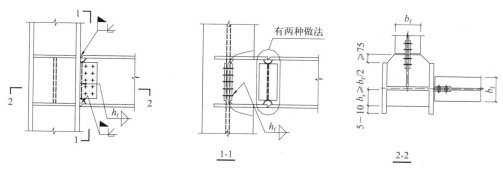

图 3-94　框架梁与 H 形截面柱的刚性连接

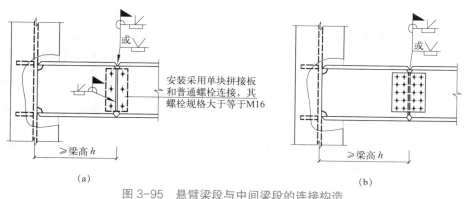

图 3-95　悬臂梁段与中间梁段的连接构造

（a）全焊连接构造；（b）栓焊连接构造

2. 框架横梁与箱形截面柱的刚性连接构造

【例 3-34】H 型钢框架梁与箱形截面柱的隔板贯通式连接，采用栓焊连接构造，如图 3-97 所示。

梁翼缘与柱的对应平面设置的贯通式水平加劲隔板，采用坡口对接焊缝连接。框架梁的腹板通过箱形截面柱身的双板连接构造，采用高强度螺栓摩擦型连接，形成刚性连接构造。隔板厚度

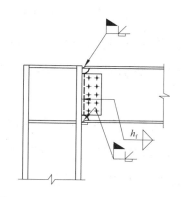

图 3-96　顶层框架梁与柱的刚性连接

t_s 应等于梁翼缘中较厚者加 2mm，且不小于柱壁板厚度 t_c。1-1 剖面图的梁端虚线部分，表示用于抗震设防时在上、下翼缘加焊楔形板，加强翼缘的连接构造措施。

三、圆柱头焊钉

在超高层建筑结构中，常采用型钢构件组成劲性骨架（图 3-98），在劲

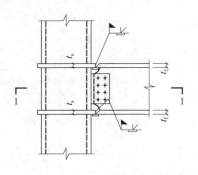 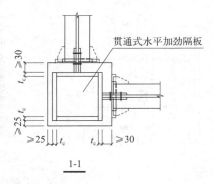

图 3-97　框架梁与箱形截面柱的刚性连接

性骨架周围再绑扎安装钢筋骨架，并浇筑混凝土，形成型钢混凝土组合构件。

　　为了保证钢构件与钢筋混凝土材料能连接牢固，共同工作，在组合构件出现的初期，通过采用药皮焊条手工电弧焊在钢构件表面焊接许多用圆钢弯成的预埋件，焊接效率很低。

　　随着工程材料的研究发展和技术进步，出现焊接新工艺——电弧螺柱焊，在建筑工程中也称"栓钉焊"，可瞬间将圆柱头焊钉（也称"栓钉"）焊接在钢构件平面上，焊接效率提高数十倍。电弧螺柱焊用圆柱头焊钉的国家质量标准见 GB/T 10433。

图 3-98　中央电视台型钢混凝土构件劲性骨架缩尺节点

　　圆柱头焊钉属于高强度刚性连接的紧固件，主要适用于土木建筑工程中各类结构的抗剪件、埋设件及锚固件。例如组合楼板和组合梁采用穿透栓钉焊时，将压型钢板焊透，使栓钉、压型钢板和钢构件连为一体。

　　【例 3-35】型钢混凝土结构中，梁与十字形截面柱的刚性连接构造，如图 3-99 所示。

　　【解】在节点连接构造图中，十字形柱的翼缘通过双连接板与横梁腹板用高强度螺栓摩擦型连接，横梁上下翼缘采用坡口对接焊缝与柱的翼缘现场焊接连接，形成刚性连接构造。当梁端腹板采用工地现场焊接时，构造作法可参照图 3-100，图中螺栓采用普通螺栓，属于安装螺栓。

在图 3-101 所示的十字形截面柱身构造中，栓钉的公称直径 d 选用 19mm，长度不小于 $4d$，柱身中部的栓钉间距不大于 300mm。

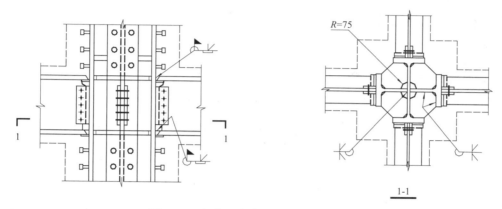

图 3-99　梁与十字形截面柱的刚性连接

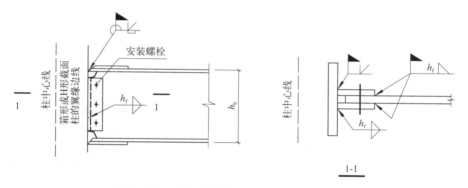

图 3-100　梁端腹板与双连接板现场焊接构造

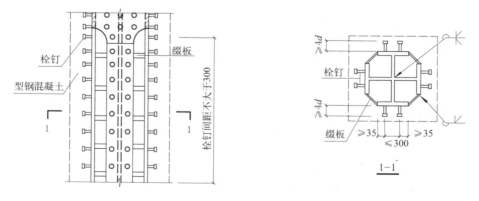

图 3-101　十字形截面柱身构造

在十字形截面柱中对应于框架梁的上下翼缘所在位置应设置水平加劲肋，如图 3-99 所示，其中心线应与梁翼缘的中心线对准。在抗震设防的结构中，水平加劲肋厚度 t_s 不得小于梁翼缘厚度加 2mm；在非抗震设防的结构中，其厚度不得小于 0.5 倍较大梁翼缘厚度；加劲肋的宽厚比不应超过设计标准规定的限值。

1. 圆柱头焊钉的规格

国产圆柱头焊钉的构造尺寸示意图如图 3-102 所示。焊钉头部顶面可制成凹穴凸字，作为产品制造者的识别标志。焊钉与瓷环的外形如图 3-103 所示。

焊钉的公称直径 d 有 10mm、13mm、16mm、19mm、22mm、25mm 共 6 种规格，焊后长度设计值 l_1 有 40mm、50mm、60mm、80mm、100mm、120mm、150mm、180mm、200mm、220mm、250mm、300mm 共 12 种规格。

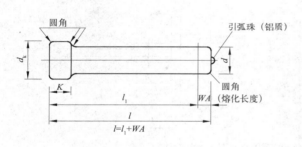

图 3-102　圆柱头焊钉的构造尺寸

图 3-103　圆柱头焊钉与瓷环外形

圆柱头焊钉的焊前长度 $l=l_1+$ 熔化长度 WA，而熔化长度 WA 按焊钉的公称直径分别为：4mm（$d=10mm$）、5mm（$d=13mm$、16mm）和 6mm（$d=19mm$、22mm、25mm）。

2. 圆柱头焊钉的材料

圆柱头焊钉采用非热处理型冷镦和冷挤压用钢制造，牌号为 ML15 或 ML15Al（ML 为"铆螺"汉语拼音的首字母），其力学性能指标要求满足抗拉强度 σ_b 不大于 530MPa，断面收缩率 ψ 不小于 50%。圆柱头焊钉的产品标记，举例如下：

【例 3-36】电弧螺柱焊用圆柱头焊钉，公称直径 $d=19mm$，焊后长度设计

值 l_1 =150mm，制造材料为 ML15，不经表面处理。

【解】该规格的圆柱头焊钉可简化标记为：焊钉 GB/T 10433　19×150。

3. 圆柱头焊钉用瓷环

瓷环的材质为陶瓷，其主要作用是在电弧燃烧过程中能有效隔离空气，防止焊缝产生气孔，并保证圆柱头焊钉焊接端的"焊肉"能良好成型。

瓷环形式分为：

B1 型，如图 3-104（a）所示，适用于普通平焊，也适用于 13mm 和 16mm 焊钉的穿透平焊；

B2 型，如图 3-104（b）所示，仅适用于 19mm 焊钉的穿透平焊。

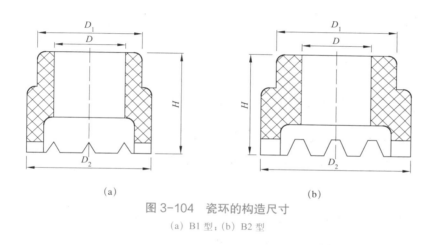

（a）　　　　　　　　　　　　　　（b）

图 3-104　瓷环的构造尺寸

（a）B1 型；（b）B2 型

圆柱头焊钉用瓷环的产品标记，举例如下：

【例 3-37】电弧螺柱焊用圆柱头焊钉，公称直径 d=19mm，采用普通平焊，B1 型瓷环。

【解】按照国家标准的规定，该规格的瓷环可简化标记为：瓷环 GB/T 10433　19 B1。

【知识拓展】

电弧螺柱焊（栓钉焊）的施焊过程

在对圆柱头焊钉实施电弧螺柱焊时，先在钢构件上打好样冲孔，焊钉定位后，将使用前经 100℃烘干的瓷环套在焊钉底部，用焊枪夹住焊钉，使焊钉顶端的铝质引弧珠对准样冲孔，并把焊钉调整到其中心线垂直于钢构件表面，完成"拉弧"准备（图3-105a）。

启动焊钉焊机，使引弧珠与钢构件短路，随后即刻微微提起焊枪拉起焊钉，引燃电弧，即"拉弧"。随着焊机电流产生的电弧热量不断增加，瓷环内焊钉底端和钢构件局部被熔化，形成熔池（图3-105b），熔池内的熔敷金属凝固后形成焊缝（图3-105c）。

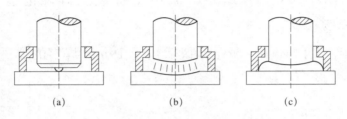

图 3-105　电弧螺柱焊的施焊过程

四、支撑构造与节点详图

多层与高层民用建筑钢结构常用的支撑类型有中心支撑以及偏心支撑、带缝钢筋混凝土抗震墙板、内藏钢支撑钢筋混凝土墙板等延性墙板或其他消能支撑。

中心支撑指支撑的轴线交会于梁、柱构件轴线的交点中心；当确有困难时，偏离该交点中心不得超过支撑杆件宽度。中心支撑按斜杆的布置形式可分为单斜杆、人字形斜杆、十字交叉斜杆、交叉支撑在横梁处相交等形式，分别如图 3-106 所示。抗震等级较低和房屋高度较低的钢结构房屋，可采用中心支撑。

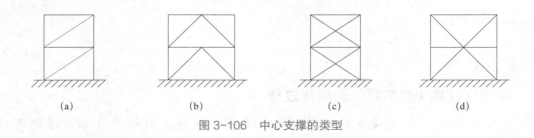

图 3-106　中心支撑的类型

偏心支撑的类型按斜杆的布置形式可分为门架式、单斜杆式、人字形式和 V 字形式等，如图 3-107 所示。偏心支撑等消能支撑主要用于有 8 度、9 度抗震设防要求，房屋高度较高，例如超过 12 层的钢结构房屋；在有条件时，抗震等级较低、房屋高度较低的钢结构房屋也可采用。

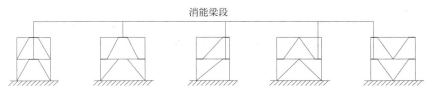

图 3-107　偏心支撑的类型

1. 单斜杆式中心支撑

【例 3-38】采用双槽钢腹板相靠，组成工字形截面的单斜杆中心支撑，如图 3-108 所示。图中三条细单点长划线分别为柱、梁、斜杆支撑的轴线，三线交汇于一点，满足构造要求。

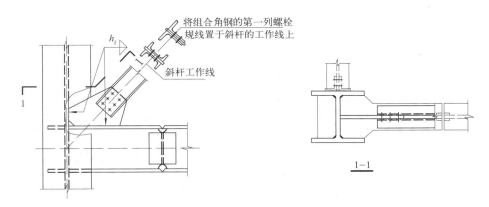

图 3-108　单斜杆中心支撑连接节点构造

采用双角钢双肢相靠，组成 T 形截面的单斜杆中心支撑，只宜用于非抗震设防结构中按受拉杆设计的中心支撑斜杆。角钢组合截面第一列螺栓的规线要置于斜杆的工作线（轴线）上。

在支座处，斜杆与节点板之间采用高强度螺栓摩擦型连接。

2. 人字形斜杆中心支撑

【例 3-39】人字形中心支撑的斜杆上部与框架梁伸臂的连接构造、斜杆下部与框架梁柱焊接悬臂杆的连接构造，如图 3-109 所示。

　　中心支撑的人字形斜杆采用 H 型钢，两根斜杆的轴线与框架横梁轴线交汇横梁处的伸臂段与横梁翼缘板采用坡口对接焊缝连接。人字形斜杆内侧翼缘的圆弧半径不小于 200mm。斜杆与横梁伸臂端的连接采用双盖板高强度螺栓摩擦型连接。

　　框架梁腹板两侧对应于支撑斜杆翼缘板位置以及三轴线交汇点位置，应分别设置横向加劲肋。加劲肋厚度应不小于支撑斜杆的翼缘板厚度 t_f。

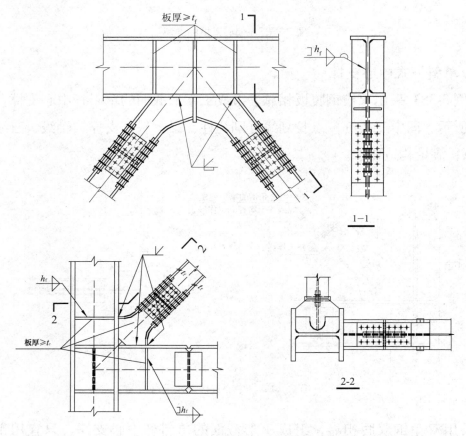

图 3-109　人字形斜杆中心支撑连接节点构造

【知识拓展】

【例 3-40】框架梁与设有外连式水平加劲板的箱形截面柱连接节点。

连接节点构造详图	连接构造
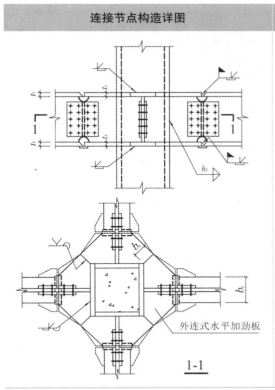 1-1	（1）框架梁柱连接节点构造为栓焊混合连接，属于刚性连接构造；外连式水平加劲板与箱形截面柱采用单边 V 形坡口全焊透焊接，在工厂制作；外连式水平加劲板与框架梁翼缘采用单边 V 形坡口全焊透对接焊缝，在现场焊接。 （2）外连式水平加劲肋和梁端加虚线的部分，表示用于抗震设防时加强梁端翼缘的连接构造。 （3）对应于框架梁翼缘所在位置设置的外连式水平加劲板厚度，应等于梁翼缘中的最厚者加 2mm，且不小于柱壁板的厚度。 （4）箱形截面柱角至水平加劲板边缘的宽度 $b_s \geq 0.7b_f$。宽厚比 b_s/t_s 不大于设计标准对截面板件宽厚比的限值

【能力测试】

识读 H 形截面梁端的下翼缘与 H 型钢柱腹板上焊接的钢牛腿采用普通螺栓铰接连接的构造。

连接节点构造示意图	连接构造	构造要求
$t_s \geq b_s/15$ $t_s = 6 \sim 12\text{mm}$ ≥ 12 $\subset h_f$	柱的横向加劲肋外伸宽度	
	柱横向加劲肋厚度的取值范围	
	柱横向加劲肋的最小厚度取值	
	横向加劲肋与柱连接的方式	
	牛腿支承面的钢板厚度	
	角焊缝的焊脚尺寸	

续表

连接节点构造示意图	连接构造	构造要求
1-1	牛腿支承面板与柱的连接方式	
	牛腿支承肋的连接方式	
	梁的支座连接一侧最少螺栓数	
	螺栓的类型与规格	

【能力拓展】

工程案例：识读某高层钢结构转换层 H 型钢混凝土组合结构跨中节点详图（图 3-110）。

码 3-31 任务 3.3.4 能力测试 参考答案

码 3-32 钢结构节点缩尺实样

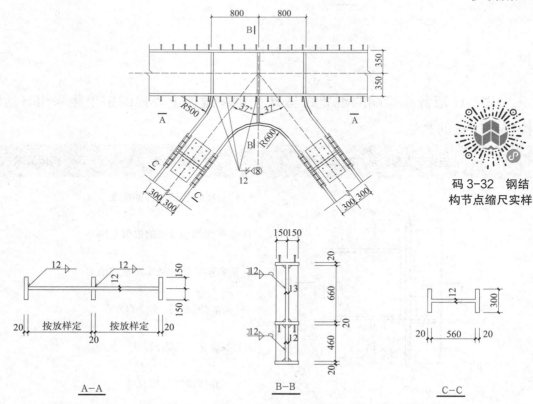

图 3-110 型钢混凝土组合结构跨中节点详图

识读内容	要素	认知
变截面斜腹杆	倾斜角度	
变截面斜腹杆	翼缘变化曲率	
斜腹杆的定位轴线	交汇点位置	
斜腹杆连接节点构造	高强度螺栓连接（双剪）	
三杆汇交点构造	加劲肋位置、尺寸与连接方式	

项目 3.4 普通钢桁架施工图识读

【项目概述】

码 3-33 项目 3.4 导读

通过本项目的学习，学生能够：识读钢桁架施工图案例，以绘制、识读钢桁架施工图为学习载体，认知钢桁架连接节点的常用构造，初步学会用节点放样的方法确定桁架节点板尺寸及节点各杆件的定位尺寸，初步学会识读、绘制普通钢结构的桁架施工图。

相关知识：通过自学钢屋盖结构体系的分类和构造特点，桁架组合截面杆件的填板设置构造，轻型屋面三角形钢屋架（剖分 T 型钢）施工图等，开展应用学校教学资源和公共信息资源上网查阅、学习钢屋盖支撑系统的布置和连接构造等工程资料，培养学习能力，拓展专业知识和能力，建立环保意识。

任务 3.4.1 普通钢桁架节点详图绘制

【任务描述】

通过本任务的学习，学生能够：认知普通钢桁架的结构组成和常用杆件截面形式，认知普通钢桁架上弦和下弦一般节点、屋脊拼接节点的常用构造形式，学习应用两种比例绘制钢桁架施工图，初步学会应用节点放样方法确定普通钢桁架节点板尺寸，确定汇交于连接节点各杆件的加工制作及定位尺寸，学会标注桁架连接节点各杆件、节点板、零配件定位尺寸和制作加工符号等，完成指定图样的抄绘，并通过独立完成普通钢屋架下弦、上弦节点详图的绘图实训，测试实践能力。

案例：梯形屋架下弦和上弦一般节点详图绘制；三角形屋架屋脊节点详图绘制。

【学习支持】

一、绘制桁架轴线图

1. 桁架结构的主要构件和零件名称

通过学习土木工程力学的基础知识，认知桁架结构是一种在土木工程中应用广泛的结构形式，如图 3-111、图 3-112 所示。

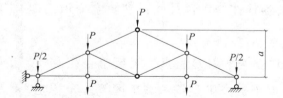

图 3-111　三角形屋架计算简图

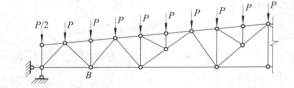

图 3-112　梯形屋架计算简图

桁架结构是由若干等截面直杆按照三角形分布铰接连接而成的杆系结构，当组成结构的各杆件轴线位于同一平面时，称为平面桁架结构，各杆件相互连接的部位称为"节点"。

桁架结构的上部外围构件称为"上弦杆"，当桁架承受横向作用为主、节点之间无荷载作用时，上弦杆可按照轴心受压杆件进行截面设计。

桁架结构的下部外围构件称为"下弦杆"，当下弦杆的节点之间无荷载作用时，可按照轴心受拉杆件进行截面设计。

桁架上、下弦杆之间的杆件受力状态包括轴心受拉杆和轴心受压杆，在桁架结构中统称为"腹杆"。腹杆按照其布置形式，可分为竖腹杆和斜腹杆。

在普通钢结构中，桁架弦杆与腹杆的汇交点通过"节点板"进行连接。

2. 确定绘制桁架施工图的比例

由于钢桁架的上弦杆、下弦杆与腹杆的纵向轴线尺寸与杆件的横向断面尺寸相差悬殊，在绘制施工图时，适用"在同一详图中的纵、横向选用不同比例绘制"的制图规定，杆件轴线尺寸与横截面尺寸可选用不同比例绘制。

桁架施工图中的节点详图，应根据其节点构造的复杂程度，优先选用常用比例。例如，杆件轴线尺寸选用 1∶20，也可选用 1∶30 或 1∶25 的比例绘制，杆件横截面尺寸的比例可选用 1∶10 的比例绘制。

3. 绘制桁架轴线图

绘制桁架施工图时，首先要按照选定桁架形式的几何尺寸关系，采用细单点长划线绘制轴线图。绘制桁架轴线图的主要依据是：

（1）按照桁架的标志跨度和支座构造，确定计算跨度；

（2）根据桁架的跨中高度、梯形桁架端部竖腹杆的几何长度，确定上、下弦杆轴线；

（3）根据腹杆的几何尺寸关系，确定腹杆的轴线位置。

二、绘制桁架下弦一般节点详图

在钢屋架的设计中，当确定杆件的截面形式和节点连接构造形式之后，杆件的截面规格由强度条件、整体稳定条件（受压情况）、刚度条件确定。

钢屋架的腹杆与节点板、弦杆与节点板之间的连接尺寸，当采用焊接连接时，由传递内力或连接构造所需要的焊缝尺寸确定。

节点板尺寸是在杆件的截面规格、杆件连接焊缝尺寸、节点连接构造等限定条件下，结合制作与安装施工要求，通过作图方法确定。

现以普通梯形钢屋架下弦节点 B 为例，学习应用手工作图法确定节点板尺寸和各杆件定位尺寸，学会钢屋架节点详图的绘图步骤与方法，为采用计算机辅助设计打好基础。

1. 绘制下弦节点 B 的几何轴线图

依据所选定屋架形式的几何尺寸关系，用 1∶50、1∶100 等常用比例绘制屋架轴线图。

竖腹杆 cB 的几何轴线应垂直于下弦杆；斜腹杆 bB 和 dB 的轴线斜率，分别由 b 点和 d 点的位置确定，如图 3-113 所示。

2. 绘制下弦节点 B 的杆件轮廓线

（1）认知下弦节点杆件的常用截面形式

汇交于普通钢屋架下弦节点的杆件包括下弦杆、竖腹杆和斜腹杆，常用的型钢截面和组合形式见表 3-23。

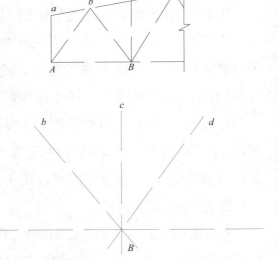

图 3-113　绘制 B 节点的几何轴线图

在满足抗拉强度和构件的刚度（容许长细比）条件下，下弦杆可选用屋架平面外刚度较大的截面形式，有利于运输和吊装。

普通钢屋架下弦节点杆件截面形式　　　　　　　　　　　　表 3-23

杆件名称	杆件截面形式	杆件截面示意图
腹杆	通常采用两根等边角钢相并组成的 T 形截面	
	梯形屋架支座斜腹杆内力较大，可选用两根不等边角钢长肢相并组成的 T 形截面	
	当腹杆内力较小时，可采用单角钢	
下弦杆	通常采用两根不等边角钢短肢相并，水平肢在下的 T 形截面	
	当屋架跨度较小时，可采用两根等边角钢相并，水平肢在下的 T 形截面	
	采用热轧剖分宽翼缘或中翼缘 T 型钢，翼缘在下方	

（2）确定杆件截面的重心距

本例中的杆件采用双角钢组成的 T 形截面。按设计选择的下弦杆和腹杆的型钢规格和截面组合形式，在相应的型钢表中查出截面重心距 Z_0，并按照构造要求调整为 5mm 的整倍数。

【例 3-41】等边角钢 $\angle 50 \times 4$

【解】从 GB/T 706 可查出：

重心距 $Z_0 = 13.8mm$，对角钢轮廓线进行定位时，应将重心距调整为 $Z_0 = 15mm$。

【例 3-42】等边角钢 $\angle 80 \times 6$

【解】从 GB/T 706 可查出：

重心距 $Z_0 = 21.9mm$，对角钢轮廓线进行定位时，应将重心距调整为 $Z_0 = 20mm$。

【例 3-43】两根不等边角钢 $\angle 100 \times 63 \times 7$ 组成的 T 形截面。

【解】从 GB/T 706 可查出：

当短肢相并组成 T 形截面时，重心距 $x_0 = 14.7mm$，应调整为 15mm；

当长肢相并组成 T 形截面时，重心距 $y_0 = 32.8mm$，应调整为 35mm。

（3）绘制下弦杆轮廓线

选择结构施工图详图的常用比例（1∶10 或 1∶20），按照杆件形心线与几何轴线重合的要求，用中实线绘制下弦角钢轮廓线。

当下弦杆采用两根等边角钢相并组成的 T 形截面时，角钢伸出肢背位置在杆件轴线下侧，边缘至杆件几何轴线距离取调整后的重心距 Z_{01}；当下弦杆采用两根不等边角钢短肢相并的 T 形截面时，作图时重心距取 $Z_{01} = x_0$，且必须标注角钢在投影面上的短肢宽度尺寸 b，如图 3-114 所示。

（4）绘制斜腹杆 bB 的轮廓线

对于承受静力作用的桁架，绘制各腹杆的轮廓线时，为避免焊缝过密，方便施焊，应保证弦杆与腹杆、腹杆与腹杆之间的间隙不小于 20mm。

绘制斜腹杆 bB 的轮廓线时，依据腹杆的重心距 Z_{02} 和在投影面上的肢宽尺寸，在下弦杆近斜腹杆一侧边缘作 20mm 间隙的平行辅助线，与斜腹杆下边缘轮廓线相交。过此交点作斜腹杆轴线的垂线，由此确定斜腹杆端面位置，如图 3-114 所示。

在制作腹杆时，端部应垂直于杆件轴线。对于角钢规格较大的腹杆，如支座处的斜腹杆，为了减小节点板尺寸，减少用钢量，可将角钢的一肢斜切，如图 3-115 所示。

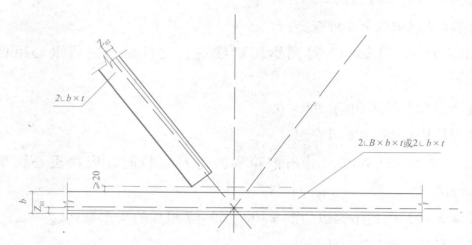

图 3-114　绘制 B 节点的下弦杆和斜腹杆 bB 轮廓线

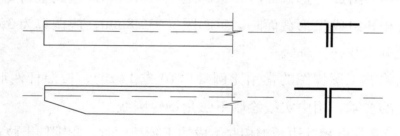

图 3-115　角钢杆件端部的加工

（5）绘制竖腹杆 cB 的轮廓线

竖腹杆端面轮廓线应延伸到靠近下弦杆，作图时可取竖腹杆轮廓线边缘至下弦杆的间隙为 20mm。本例下弦 B 节点的竖腹杆内力较小，与节点板连接的焊缝长度由连接构造确定。

（6）绘制斜腹杆 dB 的轮廓线

由双角钢组成的 T 形截面的翼缘位置在几何轴线的上侧，绘制方法同斜腹杆 bB，如图 3-116 所示。

3. 确定下弦节点 B 的节点板尺寸

当节点采用在角钢肢背、肢尖的侧面角焊缝连接时，按照节点板能包围全部连接焊缝长度和节点构造尺寸，并应考虑制作和装配误差后确定节点板尺寸。

（1）确定斜腹杆实际需要的角焊缝长度 L_w

根据结构设计中对斜腹杆双面侧焊缝进行强度计算得到的角焊缝计算长度 l_w，在手工电弧焊两端的焊接起弧、灭弧点各增加 5mm，并调整为 5mm 的整倍数后，确定实际需要长度 L_w。即：

角钢肢背焊缝 $L_{w1}=l_{w1}+10mm$ 角钢肢尖焊缝 $L_{w2}=l_{w2}+10mm$

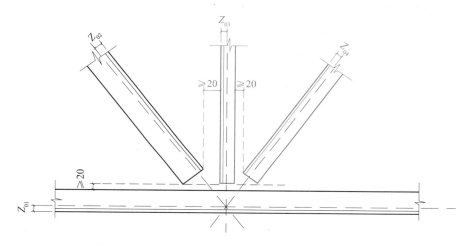

图 3-116　绘制 B 节点的竖腹杆和斜腹杆 dB 轮廓线

（2）度量并标记斜腹杆的角焊缝长度 L_w

从斜腹杆 bB 和 dB 的杆端轮廓线开始，在角钢肢背与肢尖位置，按绘制节点详图的相同比例，度量斜腹杆实际需要的角焊缝长度，并做标记，如图 3-117 所示。

（3）作图确定节点板形状

有多根腹杆交汇的上、下弦一般节点，节点板形状应采用矩形或具有两个直角的梯形，如图 3-118 所示。节点板在斜腹杆处的转角，应在斜腹杆的肢宽范围内，如图 3-119 所示。

在一榀屋架中，除支座节点板外，各节点的节点板均采用同一厚度，支座节点板厚度应增大 2mm。节点板的厚度由计算确定，但不得小于 6mm。为了保证下弦杆与节点板的焊接，节点板下边缘应伸出下弦肢背 10～15mm。按节点板包围全部焊缝的设计要求，绘出节点板边缘线，如图 3-119 所示。

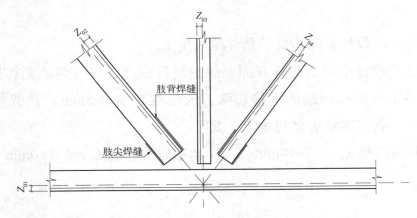

图 3-117　标记 B 节点斜腹杆 bB 和 dB 的焊缝长度

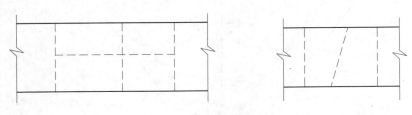

图 3-118　节点板的形状

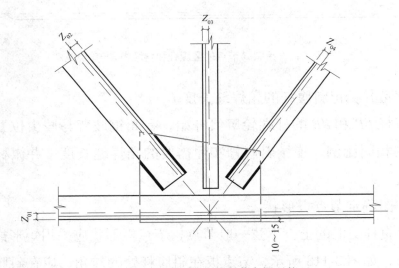

图 3-119　图解方法确定节点板形状

（4）度量、换算、标注节点板定位尺寸

度量节点轴线汇交中心至节点板两侧边缘的尺寸，将量取的尺寸按绘图比例换算为实际尺寸。节点板的平面尺寸应考虑制作和装配的误差，并可调整为 5mm 的整数倍。

为了方便桁架的加工制作，减少零件规格，当有两个直角的梯形节点板其左侧和右侧高度相差较小时，可调整为矩形；当一榀桁架中有尺寸相近的节点板时，可按稍大尺寸对节点板做调整。

节点板的尺寸必须以杆件几何轴线汇交点为中心，向节点板两个方向延伸标注，即按照定位尺寸的要求进行标注，如图 3-120 中的 a_1、a_2 和 b_1、b_2、b_3 等。

按作图法（放样）初步确定节点板尺寸后，对于桁架的节点设计工作，尚需做弦杆与节点板、竖腹杆与节点板之间的焊缝强度验算。

4. 确定腹杆的定位尺寸

在按照作图法绘制的节点大样图中，度量节点上各杆件几何轴线的汇交点至腹杆近端面的距离，将量取的尺寸按绘图比例换算为实际尺寸。手绘时可使用比例尺直接按绘图比例量取。

通过按比例作图后量取的定位尺寸，应考虑制作与装配的误差，并可调整为 5mm 的整数倍。标注腹杆定位尺寸时，尺寸界线应垂直于被标注的腹杆轴线，如图 3-120 中的 c_1、c_2 所示。

5. 标注杆件编号和焊缝符号

标注杆件编号或型钢规格，并按照焊缝类型与施焊工艺等要求，标注焊缝符号和焊脚尺寸 h_f。本例需标注肢背焊缝 h_{f1} 和肢尖焊缝 h_{f2}，如图 3-121 所示。

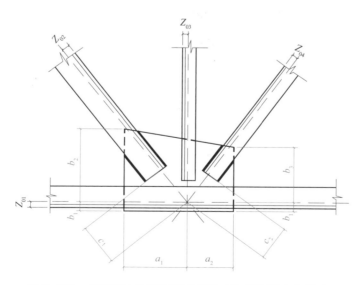

图 3-120　用图解方法确定节点板尺寸和斜腹杆定位尺寸

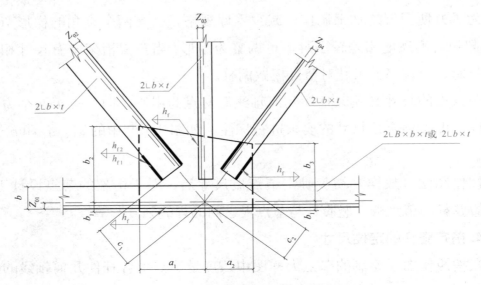

图 3-121　标注杆件编号或规格和焊缝符号

三、绘制桁架上弦一般节点详图

本书以绘制普通梯形钢屋架上弦 b 节点详图为例进行介绍。已知条件：钢屋架几何轴线图及相关尺寸；上弦杆、腹杆 bA 和 bB 的型钢规格与组合形式；斜腹杆与节点板之间采用双面侧焊缝的角焊缝长度计算（或已知杆件轴力 N，求出焊缝长度）。

通过绘制节点详图，应用作图方法确定屋架上弦 b 节点的节点板尺寸和斜腹杆的定位尺寸。

1. 绘制上弦节点 b 的几何轴线图

根据已知屋架形式和几何轴线尺寸，按结构平面图的常用比例绘制屋架轴线图。

已知竖腹杆 Aa、cB 和下弦杆 AB 节点间的几何轴线尺寸，可作图确定上弦杆几何轴线的斜率。

已知上弦 b 节点在 a、c 节点间的位置，作图连接 bA 和 bB 即可确定斜腹杆 bA 和 bB 几何轴线的斜率，如图 3-122 所示。

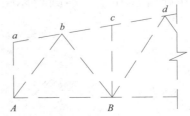

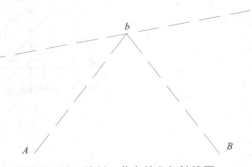

图 3-122　绘制 b 节点的几何轴线图

2. 绘制上弦节点 b 的杆件轮廓线

（1）认知上弦节点杆件的常用截面形式

汇交于普通钢屋架上弦节点的杆件包括上弦杆、竖腹杆和斜腹杆，上弦杆常用的型钢截面和组合形式见表 3-24。

普通钢屋架上弦杆截面形式   表 3-24

杆件名称	杆件截面组合形式	杆件截面示意图
上弦杆	在钢筋混凝土大型屋面板的无檩屋盖中，梯形屋架常采用两个不等边角钢短肢相并，水平肢在上的 T 形截面	
	在轻型屋面的有檩屋盖中，三角形屋架常采用两个等边角钢相并，水平肢在上的 T 形截面	
	采用热轧剖分宽翼缘或中翼缘 T 型钢，翼缘在上方	

上弦杆为受压构件，所选截面规格需满足构件的强度、整体稳定和刚度条件。

采用剖分 T 型钢作钢屋架的上弦杆和下弦杆，可提高屋架的整体刚度和耐腐蚀性能，节点构造简洁，用钢量减少 12% ~ 15%，经济性更好，其在轻型屋面的钢屋盖中已得到广泛使用。

（2）确定杆件截面的重心距

按上弦杆和腹杆的型钢规格和截面组合形式，在型钢表中查出重心距 Z_0，并调整为 5mm 的整数倍。当上弦杆采用两根不等边角钢短肢相并的 T 形截面时，重心距应取 x_0；当支座斜腹杆采用两根不等边角钢长肢相并的 T 形截面时，重心距应取 y_0。

（3）绘制节点各杆件轮廓线

选择结构施工图详图的常用比例，绘制屋架上弦 b 节点各杆件的轮廓线。在作图时，上弦杆 T 形截面的翼缘投影线在其轴线的上侧，间距为调整后的重心距。支座斜腹杆 bA 和斜腹杆 bB 的 T 形截面翼缘投影线，也在腹杆轴线的上侧。

确定斜腹杆 bA 和 bB 的端面轮廓线时，应保证杆端与上弦杆边缘轮廓线之间的间隙大于等于 20mm（静力作用），且应垂直于杆件轴线。

绘制杆件轮廓线后，应标出轴线至角钢肢背的距离（即调整后的重心距 Z_0）；对于不等边角钢构件，必须标注角钢在图面上投影的肢宽尺寸，如图 3-123 所示。

当上弦杆为双角钢，节点有竖向腹杆时，竖腹杆的端面轮廓线应延伸到靠近弦杆肢尖不小于 20mm 处。

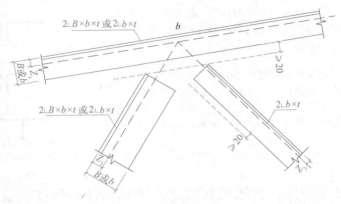

图 3-123　绘制屋架上弦 b 节点的上弦杆和斜腹杆轮廓线

3. 确定上弦节点 b 的节点板尺寸

根据结构设计对斜腹杆与节点板之间角焊缝焊接连接强度进行计算，得到焊脚尺寸取 h_f 时能满足角焊缝连接强度条件的最短焊缝长度，即计算长度。考虑焊接工艺后可确定斜腹杆肢背、肢尖实际需要的角焊缝长度 L_w。

在斜腹杆 bA、bB 的肢背和肢尖轮廓线上，自腹杆端面轮廓线起，度量并标记斜腹杆传递内力所需的角焊缝长度 L_w。

按节点板必须包围全部焊缝的基本要求，用作图法确定节点板的边缘线。在作图确定节点板的两条短边位置时，必须使节点板的边缘线垂直于上弦杆轴线。

在无檩屋盖中，屋架上弦杆采用双角钢组成的 T 形截面时，节点板上边缘可伸出上弦杆肢背翼缘 10～15mm，两侧用角焊缝焊接。

在有檩屋盖中，当需设置檩条承托，节点板的上边缘应缩进上弦杆角钢肢背翼缘 10～15mm（或 $2t/3$，t 为节点板厚度），采用塞焊缝，如图 3-124 所示。

用比例尺直接在节点放样图中按绘图比例量取节点板的定位尺寸 a_1、a_2、b_1、b_2，按照节点板形状要求、转角处搭接构造和适量的制作与装配误差，取 5mm 的整数倍进行尺寸标注，如图 3-124 所示。

按作图法初步确定节点板尺寸后，对于桁架节点的结构设计，尚需进行弦杆与节点板、竖腹杆与节点板之间的焊缝强度验算。

4.确定斜腹杆的定位尺寸 c_1、c_2（略）

5.标注杆件编号和焊缝符号（图 3-124）

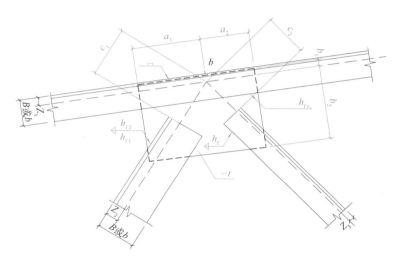

图 3-124　绘制屋架上弦 b 节点的节点板轮廓线

四、绘制普通钢屋架屋脊拼接节点详图

跨度较大的钢屋架受到运输条件限制，需在工厂制作时分成几个运输单元，并在屋脊节点和下弦节点设计制作适合拼接的节点，在施工现场进行拼接。例如在工厂将左半跨屋架的弦杆、斜腹杆等与屋脊节点板进行焊接；右半跨钢屋架的弦杆和斜腹杆与屋脊节点板的连接焊缝，在工地进行现场拼装后焊接。

现以芬克式普通钢屋架的屋脊拼接节点为例，学习常用拼接构造，并通过学习拼接节点详图的绘图方法和步骤，应用作图方法确定屋脊拼接节点的节点板尺寸和斜腹杆的定位尺寸。

1.绘制屋脊拼接节点 E 的几何轴线图

根据芬克式屋架的标志跨度和计算跨度、屋架高度、腹杆布置形式等几何尺寸关系，按结构平面图的常用比例绘制屋架轴线图，如图 3-125 所示。

芬克式屋架的腹杆布置形式合理，其中计算长度比较短的腹杆 BF、CG、DH 为受压杆，稳定性较好。杆件较长的斜腹杆为受拉杆，除斜腹杆 EH 外，内力均较小。因此芬克式屋架受力合理，腹杆的截面规格较少，比较经济。当跨度较大时，可分为 2 个小桁架制作与运输。

按芬克式屋架几何轴线图中的杆件几何关系，绘制屋脊拼接节点 E 的杆件轴线图。已知屋架跨中竖杆 EI 的轴线高度、下弦杆 AI 段（计算跨度 $l_0/2$）和 GI 段长度，可按线段比例作图确定上弦杆 EA 和斜腹杆 EG 的几何轴线斜率，如图 3-126 所示。

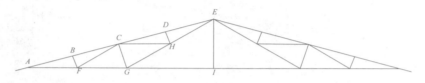

图 3-125　芬克式钢屋架几何轴线图

图 3-126　屋脊拼接节点 E 的杆件轴线图

2. 绘制屋脊拼接节点 E 的杆件轮廓线

选择常用比例绘制杆件轮廓线的基本方法同绘制如图 3-123 所示的上弦 b 节点详图类似，不同之处主要是连接节点构造。

（1）弦杆拼接预留间隙

在钢屋架上弦杆屋脊拼接节点和下弦杆工地拼接节点，杆端应预留间隙，如图 3-127 所示。

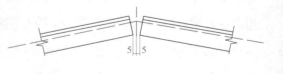

（2）弦杆的接长

受型钢长度限制而需要接长弦杆或弦杆截面改变时，应选择弦杆内力较小

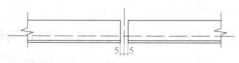

图 3-127　等截面弦杆的拼接构造

的节间进行拼接。弦杆的接长一般在钢结构生产厂内进行，称为工厂拼接。

采用不同规格的角钢进行弦杆接长时，拼接处两侧弦杆的角钢肢背应齐平，以方便拼接，并适合上弦杆放置屋面构件。

两根不同规格角钢重心线的中线应与钢屋架的几何轴线重合。由于两根不重合的构件重心线相距很近，在绘制结构施工图时，应在交汇处将其各自向外错开，如图 3-128 所示。

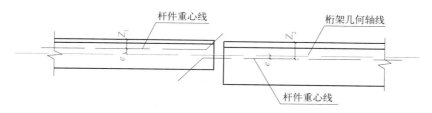

图 3-128　弦杆接长采用不同规格角钢时的拼接构造

（3）绘制杆件的轮廓线

当斜腹杆 EG 采用双角钢 T 形截面时，水平伸出肢在杆件轴线下方。当中竖杆 EI 采用双角钢十字形截面时，间隔为填板厚度，填板厚度与屋脊节点板厚度相同。中竖杆应伸至屋脊拼接点近端，如图 3-129 所示。

3. 作图确定屋脊节点 E 的节点板尺寸

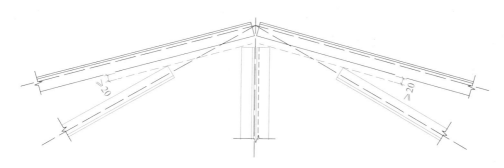

图 3-129　屋脊拼接节点 E 的各杆件轮廓线

确定屋脊节点板尺寸，主要依据传递斜腹杆 EH 承受的轴心拉力所需要的角焊缝长度。在斜腹杆 EH 的角钢肢背与肢尖位置标出角焊缝实际需要的长度，按节点板包围全部焊缝的要求和屋脊拼接节点构造，采用作图法确定节点板的边缘线。

屋脊节点板的形状与上弦一般节点不同，当有斜腹杆时，节点板两边应垂直于节点板下侧边缘，如图 3-130 所示。当屋脊节点无斜腹杆时，节点板两边可垂直于上弦杆轴线。

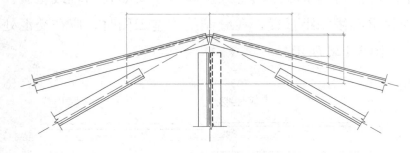

图 3-130　屋脊拼接节点 E 的节点板轮廓线

节点板尺寸的标注深度需满足加工和制作时的定位需要。

对需要切割加工的钢板，现行《建筑结构制图标准》GB/T 50105 要求标注板材各线段长度及位置，如图 3-131 所示。

4. 标出腹杆的定位尺寸（略）

5. 确定拼接角钢的规格和尺寸

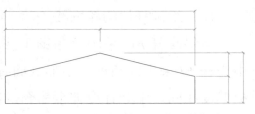

图 3-131　零件切割加工的尺寸标注

（1）拼接角钢规格

为了保证拼接处具有足够的强度和屋架平面外具有足够的刚度，一般应采用与弦杆截面相同的拼接角钢进行现场拼接。拼接时先通过拼接角钢将左右两半跨的弦杆用安装螺栓进行定位、夹紧，然后现场施焊，将拼接角钢与弦杆通过四条角焊缝焊牢，如图 3-132 所示。

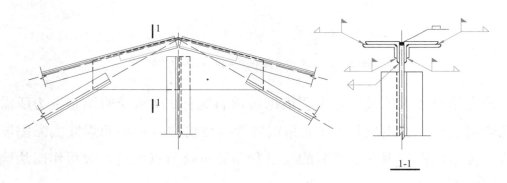

图 3-132　拼接角钢与上弦杆的拼接构造示意图

（2）拼接角钢长度

拼接角钢长度主要由拼接角钢与弦杆之间所需焊缝的长度、弦杆拼接之间的预留间隙和安装螺栓连接排列构造等条件确定，且不应小于 400～600mm，跨度较大的屋架取较大值。

（3）拼接角钢的削棱和切肢

为使拼接角钢与弦杆贴紧，并能可靠实施焊接，应对拼接角钢进行削棱与切肢加工。削棱高度应不小于拼接角钢的内圆弧半径 r，即 $\Delta_1 \geq r$；切肢高度 $\Delta_2 = t + h_f + 5\text{mm}$，式中，$t$ 为角钢肢厚，h_f 为焊脚尺寸，5mm 是使焊缝能避开弦杆角钢肢尖的边端圆弧半径 r_1，如图 3-133 所示。

图 3-133　拼接角钢的削棱和切肢

（4）拼接角钢的成型

当屋面坡度较小时，上弦屋脊节点拼接角钢可通过热弯成型；当屋面坡度较大时，可将角钢的竖肢切去斜角后冷弯，并用对接焊缝焊接成型。

为了正确定位和便于实施焊接，需在拼接角钢长度范围内设置安装螺栓，如图 3-134 所示。

下弦杆的拼接角钢削棱和切肢，要求与上弦拼接角钢相同。当拼接角钢肢宽大于等于 130mm 时，宜将四个直角切成四个斜边，有利于内力通过焊缝匀缓传递。拼接构造如图 3-135 所示。

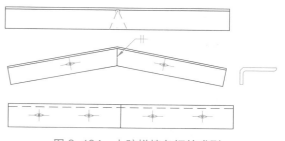

图 3-134　上弦拼接角钢的成型

6. 节点标注

节点标注包括节点板定位尺寸、腹杆定位尺寸、弦杆定位尺寸、杆件与零件编号或规格、焊缝符号与焊脚尺寸、安装螺栓规格与孔径等，如图 3-136 所示。

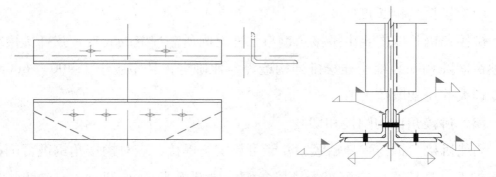

图 3-135　下弦拼接角钢的成型及拼接构造示意图

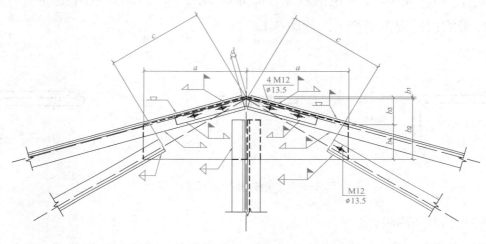

图 3-136　屋脊拼接节点

【知识拓展】

一、钢屋盖结构体系

1. 钢屋盖的组成

钢屋盖由屋面系统、屋架（含托架）和屋盖支撑系统三个部分组成。

2. 无檩屋盖体系

无檩屋盖的荷载传递路线为：屋面荷载→钢筋混凝土大型屋面板→屋架→柱→基础。

梯形钢屋架适用于屋面坡度 $i < 1/3$ 的无檩屋盖体系（含带天窗架），大型屋面板搁置在梯形屋架上弦杆的 T 形截面翼缘上。

3. 有檩屋盖体系

有檩屋盖的荷载传递路线为：屋面荷载→轻型屋面→檩条→屋架→柱→基础。

三角形屋架适用于屋面坡度 $i > 1/3$ 的有檩屋盖体系，腹杆布置包括芬克式、人字形、单斜式等。

二、桁架组合截面杆件的填板设置

桁架杆件采用双角钢或双槽钢组合截面时，为了确保组合杆件能共同工作，在双型钢之间每隔一定间距 l_d 设置一块连接钢板，称为填板，用角焊缝与杆件连接，也可采用普通螺栓连接。

1.填板的规格尺寸

填板的厚度与桁架节点板厚度相同。采用角焊缝连接时，填板的宽度与焊缝需要的长度相对应，在常用的平面桁架中，填板宽度可取 $40 \sim 60$mm。

填板的长度与组合截面杆件的形状相关。对于双角钢组成 T 形截面的杆件，填板长度应两端伸出角钢肢宽各 $10 \sim 15$mm，以满足角焊缝的焊接构造要求，如图 3-137 所示。

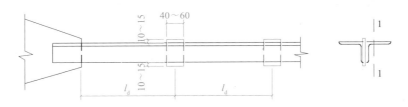

图 3-137　双角钢组合 T 形截面杆件的填板连接构造

对采用双角钢组成十字形截面的桁架腹杆，填板长度应两端缩进角钢肢尖各 $10 \sim 15$mm。填板沿杆件长度每间隔 l_d 转 90º 交叉布置，如图 3-138 所示。

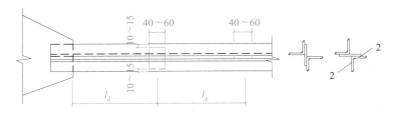

图 3-138　双角钢组成十字形截面杆件的填板连接构造

2.填板的间距

填板间距 l_d 的取值与杆件的受力状态和杆件单肢截面的回转半径 i

（$i=\sqrt{I/A}$，I 为杆件单肢截面惯性矩，A 为杆件单肢截面面积）有关。杆件受压时需保证具有足够的稳定性，可适当减小间距，增加填板设置数量。杆件的截面回转半径 i 值较大，体现为截面比较开展，抵抗弯曲变形的能力比较强，填板的间距可以适当放大。

根据设计标准，受压杆的填板间距 $l_d \leqslant 40i$，在受压构件的两个侧向支承点之间的填板数不应少于两块。受拉杆的填板间距 $l_d \leqslant 80i$。

回转半径 i 的取值规定为：T 形截面中 i 取一个角钢对平行于填板自身形心轴的回转半径（图 3-137 中的 1-1 轴）；十字形截面中 i 取一个角钢的最小回转半径（图 3-138 中的 2-2 轴）。回转半径 i 可在 GB/T 706 的型钢表中查得。

3. 填板的标注

在钢结构桁架施工图中，填板按零件顺序编号，统计在材料表中。在桁架节点详图中，可用引出线标注填板的数量及尺寸，如图 3-139 所示。其中在引出线上方标注填板数量 n、钢板符号"一"，填板宽度 b 和厚度 t；在引出线横线下方标注填板的长度 L。

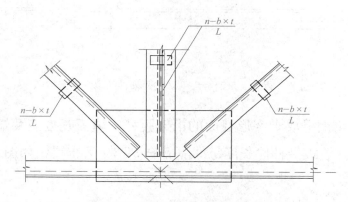

图 3-139　桁架节点详图中填板的标注方式

【能力测试】

一、普通钢屋架下弦节点详图绘图实训

按照建筑结构施工详图的制图要求（包括线型、字体、符号、尺寸标注、焊缝标注等），用手工或计算机辅助设计软件，按 1∶10 的比例绘制普通钢屋架下弦节点详图。

已知条件如下：

1. 普通钢屋架下弦节点轴线图，如图 3-140 所示。

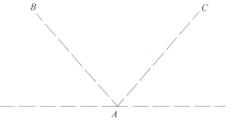

图 3-140　普通钢屋架下弦节点轴线图

2. 下弦杆采用 $2 \angle 100 \times 80 \times 8$，短肢相连组成 T 形截面，节点板伸出下弦杆角钢肢背 15mm。角焊缝的焊脚尺寸 $h_{f1} = h_{f2} = 5mm$，在节点板范围内满焊。

3. 斜腹杆 AB 采用 $2 \angle 80 \times 8$ 组成 T 形截面，肢背角焊缝的焊脚尺寸 $h_{f1} = 6mm$，焊缝计算长度 $l_{w1} = 120mm$；肢尖角焊缝的焊脚尺寸 $h_{f2} = 5mm$，焊缝计算长度 $l_{w2} = 90mm$。

4. 斜腹杆 AC 采用 $2 \angle 70 \times 6$ 组成 T 形截面，角焊缝的焊脚尺寸 $h_{f1} = h_{f2} = 5mm$，肢背焊缝计算长度 $l_{w1} = 100mm$，肢尖焊缝计算长度 $l_{w2} = 70mm$。

二、普通钢屋架上弦节点详图绘制实训

按照建筑结构施工图详图的制图要求（包括线型、字体、符号、尺寸标注、焊缝标注等），用手工或计算机辅助设计软件，按 1：10 的比例绘制普通钢屋架上弦节点详图。

已知条件如下：

1. 普通钢屋架上弦节点轴线图，如图 3-141 所示。

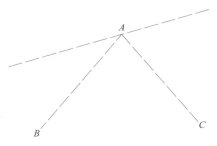

图 3-141　普通钢屋架上弦节点轴线图

2. 上弦杆采用 $2 \angle 100 \times 10$ 组成 T 形截面，节点板缩进上弦杆角钢肢背 10mm，采用塞焊。角焊缝焊脚尺寸 $h_{f1} = h_{f2} = 5mm$，节点板范围内满焊。

3. 斜腹杆 AB 采用 $2 \angle 90 \times 56 \times 8$，长肢相连组成 T 形截面。肢背角焊缝的焊脚尺寸 $h_{f1} = 8mm$，焊缝计算长度 $l_{w1} = 120mm$；肢尖角焊缝的焊脚尺寸 $h_{f2} = 6mm$，焊缝计算长度 $l_{w2} = 90mm$。

4. 斜腹杆 AC 采用 $2 \angle 70 \times 6$ 组成 T 形截面，角焊缝焊脚尺寸 $h_{f1} = h_{f2} = 5mm$，肢背焊缝计算长度 $l_{w1} = 90mm$，肢尖焊缝计算长度 $l_{w2} = 60mm$。

码3-34　任务3.4.1
能力测试参考答案

【能力拓展】

一、抄绘钢屋架施工详图

选择钢结构工程案例，抄绘钢屋架指定节点的施工详图，并开展学习成果评价与交流。

二、查阅并学习钢屋盖支撑系统的有关资料

通过学校教学资源平台或公共信息资源，查阅并学习以下资料：

1. 上弦横向支撑布置形式和要求，主要作用，连接构造等；

2. 下弦横向支撑和下弦纵向支撑布置形式和要求，主要作用，连接构造等；

3. 垂直支撑布置形式和要求，其在钢屋架安装阶段和使用阶段的主要作用，连接构造等；

4. 系杆布置形式和要求，刚性系杆截面形式和主要作用，柔性系杆截面形式和主要作用，连接构造等。

任务 3.4.2　普通钢屋架施工图识读

【任务描述】

通过本任务的学习，学生能够：认知普通钢屋架的结构组成和施工图的识读方法，初步学会识读平面桁架结构施工图细部尺寸和符号标注，初步学会识读普通钢屋架支座节点等连接节点的常用构造和节点详图，完成三角形普通钢屋架施工图的识读或抄绘训练。

工程实例：某厂房屋盖三角形普通钢屋架施工图（图 3-142）和施工图材料表（表 3-25）。

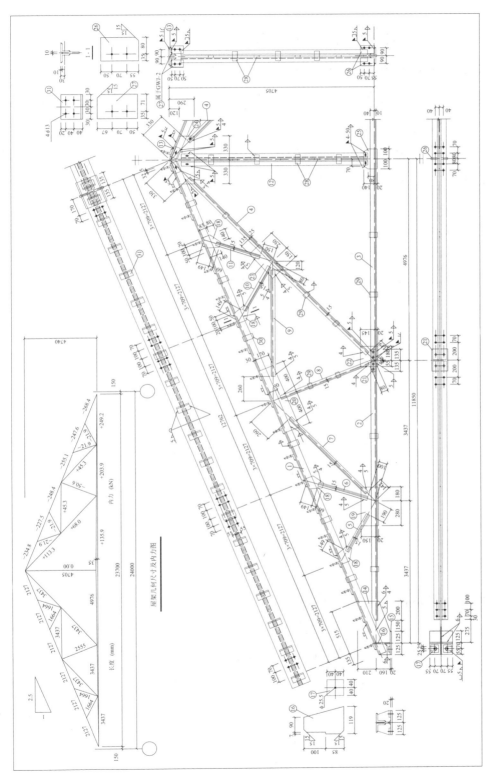

图 3-142 三角形普通钢屋架（GWJ24）施工图

【学习支持】

一、识读平面桁架结构几何尺寸和内力值的标注

1. 平面桁架结构几何尺寸的标注

通常在桁架施工图的左上角用中实线绘制一个桁架单线图，比例可选用 1：100、1：150 等，如图 3-143 所示。

在桁架杆件对称布置的单线图中，桁架杆件的几何尺寸应标注在表示杆件的中实线上方，如图 3-144 所示。

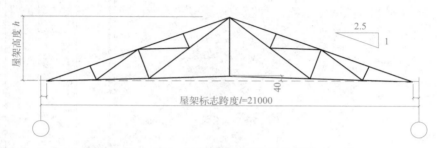

图 3-143　三角形普通钢屋架单线图

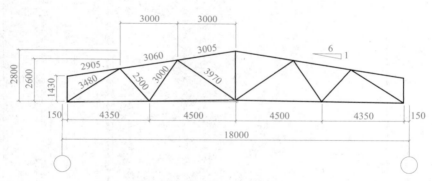

图 3-144　梯形普通钢屋架几何尺寸标注方法

2. 平面桁架结构内力值的标注

在桁架杆件布置和受力均对称的桁架单线图中，当需要标注杆件内力值时，可在桁架的左半部分标注杆件的几何轴线尺寸，右半部分标注杆件的内力值和反力值。中竖杆的几何轴线尺寸可标注在左侧，内力值标注在右侧。在非对称桁架的单线图中，杆件中实线上方标注几何轴线尺寸，下方标注杆件内力值和反力值。

本工程案例的屋架几何尺寸和内力图如图 3-145 所示。图中内力值的

"+"表示杆件承受轴向拉力，"−"表示杆件承受轴向压力，内力值的单位为"kN（千牛）"。

二、识读平面桁架结构上弦坡度和下弦起拱的标注

1. 平面桁架结构上弦坡度的标注

钢屋盖中桁架结构的上弦杆坡度，通常采用直角三角形对边 a 和邻边 b 的比值关系来表示，即坡度为 $\tan\alpha=a/b$，α 为屋架上弦杆轴线与水平线的夹角。

【例3-44】当根据使用条件确定屋架形式和跨度后，可按屋面构造的坡度要求确定屋架的高度。本案例由上弦杆、下弦杆和跨中竖腹杆构成的直角三角形中，半跨屋架下弦杆的几何轴线尺寸为 $b=24000/2-150=11850$mm，按照设计要求确定的上弦杆坡度为 $a/b=1/2.5$，则屋架的跨中高度 a 取值为：

$$a=b/2.5=11850/2.5=4740\text{mm}$$

2. 平面桁架结构下弦起拱的标注

平面桁架属于大跨度钢结构，随着桁架跨度增大，下弦跨中的竖向位移也会增大，即整榀桁架的挠度会增大。当桁架的挠度超过一定限值，将会影响屋盖的正常使用和外观视觉。为了改善外观和符合使用条件，在满足桁架最大挠度在限定的容许值之内，在制作跨度较大的钢桁架时可预先将下弦跨中高度适当提升，称为"起拱"。起拱的大小应视实际需要而定，以平面桁架为例，起拱值可取不大于跨度的 1/300。

依据工程实践和技术资料，对于梯形屋架标志跨度 $L \geqslant 24$m、三角形屋架 $L \geqslant 15$m 时，在制造时将下弦杆拼接处起拱，起拱值可取 $L/500$。

【例3-45】如图 3-143 所示三角形普通钢屋架，标志跨度 $L=21$m > 15m，制作时在下弦杆拼接处起拱，起拱值取 $L/500=21000/500=42$mm。本例取值为 40mm。

【例3-46】如图 3-145 所示三角形普通钢屋架，标志跨度 $L=24$m，起拱值按跨中计算时，$L/500=24000/500=48$mm。本例的实际起拱点在下弦杆③的左右两侧与下弦杆②的拼接节点处（图 3-142），该节点处的起拱值取 35mm。

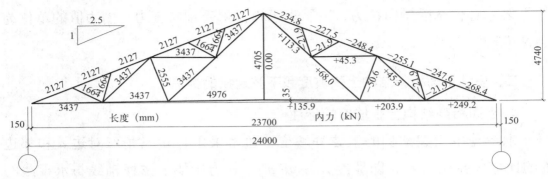

图 3-145　对称桁架几何尺寸和内力图

三、识读平面桁架结构施工图细部尺寸和符号的标注

1. 杆件和零件的定位尺寸

（1）桁架节点轴线汇交中心至杆件近端的距离

（2）桁架节点轴线汇交中心至节点板边缘的距离

（3）桁架几何轴线至角钢肢背的距离

（4）对应工地拼接构件、安装零件的定位尺寸或螺栓定位尺寸等

【例 3-47】确定本工程实例（图 3-142）施工图中杆件⑦的实际长度 L。

【解】杆件⑦为桁架斜腹杆。

由图 3-145 可查出：该腹杆轴线的几何长度为 3437mm。

由图 3-142 可查出：下弦节点的轴线汇交点至腹杆⑦的近端距离为 142mm；上弦节点的轴线汇交点至腹杆⑦的近端距离为 260mm。

腹杆⑦的实际长度 $L=$ 几何长度 3437- 两端距离（142+260）=3035mm。

【例 3-48】确定本实例（图 3-142）施工图中上弦杆①的实际长度 L。

【解】由图 3-142 可查出：上弦杆①轴线的几何长度 =2127×6，支座端部的外伸长度为 135mm。在屋脊拼接节点处，左右半榀屋架上弦杆的最小间隔 =5×2=10mm。上弦杆轴线汇交点至杆件近端的尺寸 =32+5=37mm，如图 3-146 所示。

上弦杆①的实际长度 L=2127×6+135-37=12860mm。

2. 杆件和零件的安装要求

需在工地进行拼接或安装的构件，应在施工图中对应位置，通过标注螺栓图例、规格和性能等级，及焊缝指引线、焊缝符号和尺寸，明确连接构造与安装要求。

【例 3-49】图 3-146、图 3-147 为跨中十字形竖腹杆与屋脊节点板连接构造，上弦杆、拼接角钢与屋脊节点板连接构造。跨中竖腹杆为独立运输单元，在节点详图中用安装螺栓符号表示采用现场安装拼接，并经校准定位后，采用角焊缝进行现场焊接。

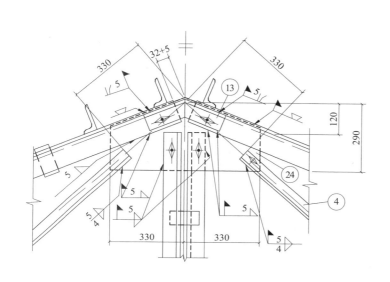

图 3-146　屋脊拼接节点构造

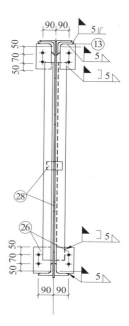

图 3-147　屋架跨中竖腹杆节点构造

【例 3-50】图 3-142 中的 1-1 剖面图如图 3-148 所示。屋架上弦杆采用 $2 \angle 100 \times 7$ 组成 T 形截面，节点板⑱的厚度为 10mm。角钢肢背与节点板之间采用塞焊，节点板缩进角钢肢背 10mm。根据施工图说明，未注明的角焊缝焊脚尺寸 h_f 取 4mm。

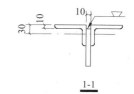

图 3-148　普通钢屋架（GWJ24）的 1-1 剖面图

四、识读普通钢屋架支座节点详图

屋架支座可以简支在钢筋混凝土柱或砌体柱的顶部，也可以与钢柱之间形成刚性连接，组成刚架。本案例的屋架支座为简支构造形式，支撑为钢筋混凝土柱，如图 3-149 所示。

屋架承担的屋面荷载作用及其自身质量，通过屋架支座传递给柱顶。简支形式的屋架支座构造与轴心受压柱脚类似，由支座底板、节点板、加劲肋、锚栓和垫板等零件组成。

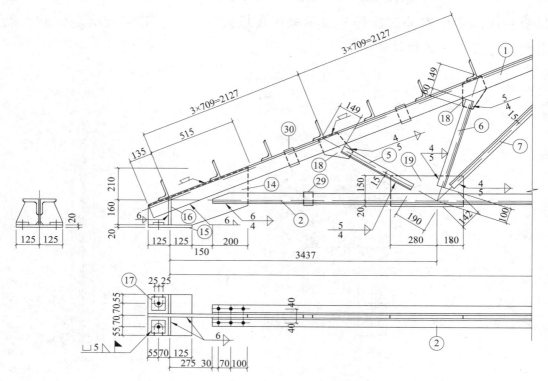

图 3-149　三角形普通钢屋架施工图（局部）——支座和上弦、下弦一般节点

1. 支座底板

支座底板的作用是扩大支座节点与柱顶混凝土的接触面积，使柱顶材料能在其抗压强度限值内工作，并保证简支形式的屋架支座以轴心压力形式传递的上部作用力，能通过支座底板均匀地传递给柱顶支承面。因此支座底板应具有足够的刚度，弯曲变形小。普通钢屋架支于砌体或混凝土上的平板支座，底板厚度应根据支座反力对底板产生的弯矩进行计算，且不宜小于12mm。

支座底板通常采用矩形，加工制作时或绘制施工图时，应保证其中心位置在屋架支座反力 R 的作用线上，即屋架上弦杆与下弦杆轴线交汇点的垂线上。

2. 支座节点板

按照桁架节点构造要求，支座节点板厚度应比其他节点的节点板厚度增大 2mm。

支座节点板的高度取决于加劲肋与节点板之间传递内力所需要的焊缝长度。下弦杆与支座底板的间距要方便施焊，应不小于下弦角钢水平肢宽度，且不小于 130mm。

支座节点板的内侧长度，取决于下弦杆与节点板之间传递内力所需要的焊缝长度。因此，为了节约钢材，可将下弦杆与节点板搭接的边切肢，减小支座节点板的内侧长度。

连接构造主要考虑上弦杆的肢尖边缘至下弦杆近端的间距不小于 20mm，方便施焊。

3. 加劲肋

在确定支座底板厚度时，完全通过增加底板厚度来提高其抵抗弯曲变形的能力是不经济的。加劲肋的作用是传递内力，加强支座底板的竖向刚度，同时增加节点板的侧向刚度。

加劲肋的高度除了满足与节点板之间的焊缝长度要求外，还需满足加劲肋所在部位的构件连接构造所需要的最小高度。对于梯形屋架，通常与节点板的高度相等；对于三角形屋架，在支座三根轴线交汇点处设置的加劲肋，其高度应按照顶部顶紧上弦杆的水平肢及焊接构造确定。

加劲肋的厚度一般与节点板厚度相同。在加工制作时或绘制施工图时，支座加劲肋厚度的中位线应与屋架上、下弦杆轴线交汇点的垂线相对应。

4. 锚栓和垫板

锚栓预埋在柱顶混凝土中，屋架支座底板上的锚栓孔径通常比锚栓公称直径大 1~1.5 倍，外侧开口，便于吊装屋架时进行位置调整。

锚栓螺母下的垫板开孔的孔径可取锚栓公称直径加 1.5~2mm。屋架吊装就位并调整定位后，套在锚栓螺母下的垫板应采用角焊缝与支座底板焊接。

【例 3-51】本案例中，其他连接节点的节点板厚度均为 10mm，支座节点板⑭的钢板厚度为 12mm。

支座底板⑮的厚度为 20mm，锚栓孔定位中心至底板两外侧边缘各 55mm，锚栓孔半径 25mm。

如图 3-150 所示的支座加劲肋⑯，高度为 185mm，厚度 10mm；上方内侧切角是为了能与上弦杆角钢水平肢的内圆弧转角贴紧；高 100mm、宽 7mm 的切槽，与规格为∠100×7 的上弦杆角钢尺寸匹配。下方内侧切角是避让节点板与底板间焊脚尺寸为 6mm 的双面角焊缝。宽度为支座底板宽度 250mm 减去支座节点板厚度 12mm 后等分，即 119mm。

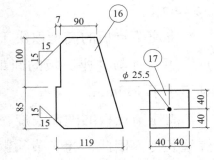

图 3-150　支座加劲肋和锚栓垫板尺寸

　　如图 3-150 所示的锚栓垫板⑰，厚度为 12mm，中心开孔，孔径 25.5mm，比锚栓 M24 的公称直径大 1.5mm。垫板在安装现场用单面角焊缝与底板三面围焊，焊脚尺寸 5mm。

五、识读施工图材料表与施工说明

1. 识读施工图材料表

　　屋架中所有的杆件和零部件按照主次、上下、左右的顺序进行编号，并列出材料表，填入规格、尺寸、数量、单件质量和整榀质量。相同的杆件和零部件，可采用同一编号。

　　【例 3-52】本案例（图 3-142）的施工图材料表，详见表 3-25，零件编号与零件名称对照及相关说明，见表 3-26。

三角形普通钢屋架（GWJ24）材料表　　　　　　　　表 3-25

零件编号	截面规格	长度（mm）	数量		质量（kg）	
			正	反	单件	共计
1	∠100×7	12860	2	2	138.9	556
2	∠75×50×5	6565	2	2	31.6	126
3	∠75×50×5	9940	2		47.8	96
4	∠45×4	6425	2		17.6	35
4′	∠45×4	6425	1	1	17.6	35
5	∠50×4	1325	2		4.1	8
6	∠50×4	1415	2		4.3	9
7	∠45×4	3035	2		8.3	17
8	∠50×4	2385	4		7.3	29
9	∠45×4	3055	2		8.4	17

续表

零件编号	截面规格	长度（mm）	数量		质量（kg）	
			正	反	单件	共计
10	∠50×4	1435	2		4.4	9
11	∠50×4	1363	2		4.2	8
12	∠56×4	4505	2		15.5	31
13	∠100×7	270	2		2.9	6
14	—370×12	600	2		20.9	42
15	—250×20	250	2		9.8	20
16	—119×10	185	4		1.7	7
17	—80×12	80	4		0.6	2
18	—170×10	185	8		2.5	20
19	—170×10	460	2		6.1	12
20	—190×10	800	2		11.9	24
21	∠75×50×5	270	4		1.3	5
22	—165×10	235	2		3.0	6
23	—160×10	400	2		5.0	10
24	—305×10	660	1		15.8	16
25	—160×10	200	1		2.5	3
26	—115×10	175	2		1.6	3
28	—60×10	90	7		0.4	3
29	—60×10	70	18		0.3	5
30	—60×10	120	12		0.6	7
31	∠100×80×6	120	38		1.0	38
合　计						1205

零件编号与零件名称对照　　　　　　　　　　　表 3-26

零件编号	零件名称	说明
①	上弦杆	屋架上侧外围构件，由两根等边角钢组成 T 形截面，水平肢在上
②	支座段下弦杆	屋架下侧外围构件，由两根不等边角钢短肢相连组成 T 形截面，水平肢在下，即 T 形截面高度为 50mm
①②	上、下弦杆	当两根杆件的形状、尺寸完全相同，仅开孔位置、切角等不同，使两根杆件成"镜面对称"时，可采用同一编号，但在材料表中应按"正""反"加以区别
③	跨中段下弦杆	③为独立运输单元，杆件截面组合形状与②相同。两侧通过节点板㉒和拼接角钢㉑与支座段下弦杆②进行现场拼接

零件编号	零件名称	说明
④④′	斜腹杆	由①②④或④′围合的三角形，组成近 13m 长的独立运输单元。 斜腹杆④或④′是承受轴向拉力值最大的腹杆（+113.3kN），且是运输单元的外围杆件。为了增加杆件的刚度，防止运输过程发生变形，所采用的两根等边角钢组成 T 形截面，其水平肢设置在运输单元的外侧。 ④′是跨中右半跨带安装螺栓孔的斜腹杆，与杆件④镜面对称
⑧	斜腹杆	受压腹杆中承受的轴向压力值（−50.6kN）最大，几何长度最长。 采用两根等边角钢组成 T 形截面
⑤⑥⑦ ⑨⑩⑪	腹杆	杆件的几何长度较短，且承受的内力较小，选用单角钢∠45×4
⑫ ㉘ ㉕	跨中竖腹杆 填板 节点板	跨中竖腹杆⑫是独立运输单元。 中竖杆⑫由两根等边角钢组成十字形截面，用 7 块填板㉘，沿杆件与节点板连接之间的净距，间隔交叉均匀布置，双面角焊缝焊接。 中竖杆⑫通过节点板㉕与跨中段下弦杆③现场拼接
⑬㉑ ㉒㉔	拼接角钢 节点板	上弦杆在跨中屋脊节点处，通过节点板㉔、拼接角钢⑬进行拼接。拼接角钢的规格与上弦杆相同； 下弦杆②与③通过节点板㉒、拼接角钢㉑进行安装，现场拼接。拼接角钢的规格与下弦杆相同。 ⑬㉑均需做切肢与削棱的加工
⑭~⑰	支座零件	⑭支座节点板、⑮支座底板、⑯支座加劲肋、⑰锚栓垫板
⑱	节点板	单角钢腹杆⑤⑥⑩⑪，通过节点板⑱单独与上弦杆连接。 适用于单根腹杆与弦杆的连接。构造要求：节点板边缘与腹杆边缘的夹角不应小于 15°；其外形应尽可能使连接焊缝中心受力（图 3-151） 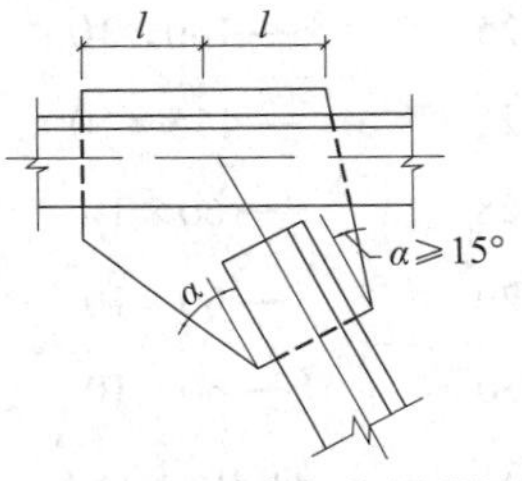 图 3-151 单角钢腹杆与节点板连接构造
⑲⑳㉓	节点板	用于多根腹杆的节点连接。 在腹⑩杆与节点板的搭接范围，角焊缝沿腹杆两侧满焊
㉖㉗	连接板	跨中十字形腹杆的上、下两端部，与垂直支撑或系杆相连的连接零件
㉙㉚	填板	用于双角钢组成的 T 形截面腹杆或弦杆，在杆件与节点板连接之间的净距内，间隔均匀布置，用双面角焊缝焊接。 填板㉙的长度 70mm，比下弦杆（2∠75×50×5）高度（50mm）增加 20mm； 填板㉚的长度 120mm，比上弦杆（2∠100×7）的高度增加 20mm
㉛	承托	用于屋面檩条与上弦杆之间的连接； 安装构造：不等边角钢的短肢与上弦杆采用角焊缝连接

2. 识读施工说明

钢结构设计文件中包括注明采用的规范或标准、建筑结构设计使用年限、抗震设防烈度、钢材牌号、连接材料的型号（或钢号）和设计所需的附加保证项目。

设计文件还应注明螺栓防松构造要求、焊缝质量等级、高强度螺栓连接中的预拉力和摩擦面处理、抗震设防对焊缝及钢材的特殊要求等制作与安装施工要求，还可包括钢结构的运输要求以及其他宜用文字表达的施工说明等。

【例 3-53】本案例的普通钢屋架施工图说明

【解】（1）本屋架的钢材采用 Q235AF；

（2）焊条采用 E43 型；

（3）所有未注明角焊缝的焊脚尺寸 h_f 均为 4mm，未注明长度的焊缝，一律满焊；

（4）所有杆件的填板在节点之间等距离布置，并采用角焊缝与杆件满焊，焊脚尺寸为 4mm；

（5）螺栓采用 4.6 级。图中屋架安装螺栓及安装拼接用螺栓采用 M12，孔径为 φ13；未注明的螺栓采用 M16，孔径为 φ17.5；

（6）屋架支座底板与混凝土柱连接的锚固螺栓，采用 M24；

（7）屋架外露部分的钢材防腐，采用两度红丹或其他防锈漆打底，面漆两度；

（8）图中尺寸单位：mm，杆件内力单位：kN。

本案例的施工说明主要包括：

（1）选用钢材的牌号、焊条型号、焊接方法和质量要求。

（2）为了简化施工图中焊缝指引线的焊缝符号标注，对图中未注明的焊缝尺寸和同种规格的螺栓与孔径等内容，通过文字加以说明。

（3）设计要求的规范性防腐蚀处理等。

【知识拓展】

杆件和零件加工尺寸的标注方法

绘制施工图的零件图时，应选用能达到清晰表达杆件或零件细部尺寸的结构详图比例，准确表达杆件或零件上螺栓孔的定位尺寸与开孔直径、制作与安装要求。

杆件或零件的加工尺寸一般取 5mm 的整数倍，如本例的施工图材料表（表 3-25）。

【例 3-54】节点板或连接板的切角，拼接角钢的切肢与削棱等，标注方式如图3-152 所示。

【解】零件㉖和㉗为图 3-142 所示屋架跨中的上、下弦杆拼接节点支撑杆件连接板。本例中的切角是保证连接板能与上、下弦杆角钢的内圆弧转角贴紧。

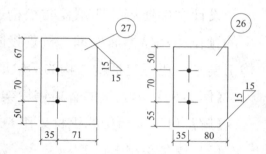

图 3-152　钢屋架支撑连接板详图

对于需要切割加工的板材，应标注出各加工段的长度及位置，如图 3-153所示。

对于弯曲构件的尺寸标注，应沿其弯曲弧度的曲线标注弧的轴线长度，如图 3-154 所示。

【例 3-55】本案例中的零件㉛是焊接在屋架上弦杆用于安装檩条的承托。采用不等边角钢制作，其规格为 $\angle 100 \times 80 \times 6$，长度 $L=120mm$。

安装檩条的螺栓采用 4 枚 M12，在承托的不等边角钢长肢上开孔，孔径为 13mm。在承托上加工螺栓孔的定位尺寸，应按照图 3-155 进行标注。

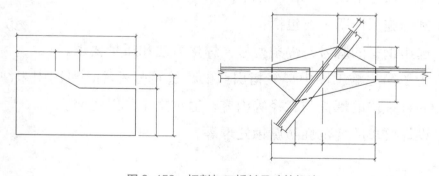

图 3-153　切割加工板材尺寸的标注

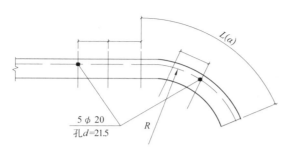

图 3-154　弯曲构件尺寸的标注

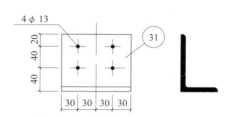

图 3-155　檩条承托详图

【能力测试】

1. 钢屋架施工图识读

<table>
<tr><td rowspan="4">识图填空（一）</td><td>
几何尺寸及杆件内力图
</td></tr>
</table>

几何尺寸及杆件内力图

1. 钢屋架的标志跨度为_____mm，钢屋架的高度为_____mm。

2. 钢屋架上弦的坡度为_____，钢屋架的起拱高度为_____mm。

3. 制造钢屋架时，下弦拼接处可起拱的情况包括：三角形屋架_____时，梯形屋架_____时；起拱值一般采用_____。

4. 支座节点处上弦杆承受的内力为_____，下弦杆承受的内力为_____。

1. 图 3-142 中，②号杆件称为_____，其截面规格为_____。

2. 图 3-142 中，节点板⑲的尺寸为：宽度_____，厚度_____；节点各杆件轴线的汇交中心至节点板左侧边缘距离为_____，至右侧边缘距离为_____。

3. 图 3-142 中，⑤号腹杆的几何轴线尺寸为_____，其实际长度为（列计算式）：_____
_____＝_____mm，单根质量为_____kg。

4. 图示焊缝符号图例中：

表示_____　　　表示_____　　　表示_____

5. 钢屋盖结构通常由_____、_____和_____三部分组成。

6. 钢屋盖结构体系中，有檩屋盖结构体系是在_____上设置_____，其上再铺设_____；无檩屋盖结构体系是在_____上设置_____。

2. 叙述图 3-146 表达的屋脊拼接节点的主要构造，并描述节点详图中表达的安装要求。

3. 结合图 3-142，描述三角形普通钢屋架（GWJ24）材料表（表 3-25）中各杆件或零件的位置，并说出某个节点的杆件、节点板、零件之间的连接构造。

【能力拓展】

识读 15m 跨三角形钢屋架施工图（图 3-156）

钢屋盖采用有檩体系，无天窗。屋面采用轻型屋面，屋面坡度 i=1：3，屋面檩条采用冷弯薄壁斜卷边 Z 型钢，或高频焊接 H 型钢，其水平投影间距为 1.5m。屋面材料可选用压型钢板、夹芯板、瓦楞铁、纤维水泥瓦等轻型自防水材料。

码 3-35　任务 3.4.2
能力测试参考答案

屋架跨度为 15m，上弦杆和下弦杆均采用热轧剖分 T 型钢截面，中竖杆采用双角钢十字形截面，其余的腹杆均采用单角钢。

码 3-36　钢屋架
施工图识读训练

屋架上、下弦杆的节点连接构造，采用 T 型钢腹板与节点板之间的单边 V 形对接焊缝连接，双面施焊，且焊后需磨平，保证腹杆与 T 型钢腹板和节点板的角焊缝焊接。该连接构造包括屋脊节点上弦杆腹板端面与节点板的拼接、支座节点上弦杆腹板端面与节点板的连接、支座节点上弦杆与下弦杆腹板之间的连接等。

屋架支座可与钢筋混凝土柱或钢柱铰接连接。屋架与柱顶的连接，除了采用锚栓连接并将锚栓垫板与屋架支座底板焊接外，还须将屋架支座底板和柱顶钢板用焊脚尺寸为 8mm 的角焊缝焊接。

屋架适用的建筑物分为封闭式和开敞式或半开敞式，设计中考虑了风的吸力对屋架下弦杆和腹杆内力的影响。在屋架施工图的几何尺寸及杆件内力图中，右半跨的下弦杆和部分腹杆标注有两个内力，其右侧数据表示开敞式建筑物在风的吸力影响下，杆件改变了受力状态，受拉杆件转变为受压杆件（"–"号代表内力值为轴向压力）。

当 T 型钢弦杆的长度需要拼接时，腹板采用对接焊缝连接，翼缘需采用加焊拼接板的连接构造，连接板的宽度大于 T 型钢翼缘，用角焊缝焊接，如图 3-157 所示。

在 T 型钢上弦的支座处，承托（零件㉓）与 Z 型钢檩条、零件㉔与拉条的连接节点构造，如图 3-158 所示。

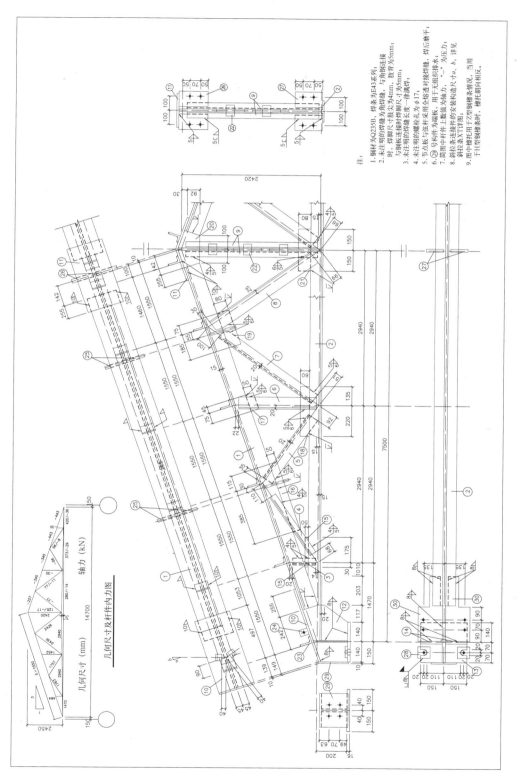

图 3-156　15m 跨三角形钢屋架施工图（一）

材料表

零部件	截面	长度(mm)	数量 正	数量 反	质量(kg) 每个	质量(kg) 共计	合计
1	T100×200×8×12	7376	2	—	183.6	367.3	
2	T75×150×7×10	14186	1	—	221.3	221.3	
3	∠L45×5	450	2	—	1.5	3.0	
4	∠45×5	1585	2	—	5.3	10.7	
5	∠75×5	1630	2	—	11.2	22.5	
6	∠75×5	1415	2	—	9.8	19.5	
7	∠75×6	2285	2	—	15.8	31.5	
8	∠90×8	2330	2	—	25.4	50.8	
9	∠45×5	2375	2	—	8.0	16.0	
10	−240×12	636	2	—	14.4	28.8	
11	−240×12	794	2	—	18.0	18.0	
12	−290×12	397	2	—	10.8	21.7	
13	−280×16	300	2	—	10.6	21.1	
14	−144×8	216	4	—	2.0	7.8	
15	−50×8	205	2	—	0.6	1.3	
16	−50×8	500	2	—	1.6	3.1	
17	−50×8	120	2	—	0.4	0.8	
18	−60×8	355	2	—	1.3	2.7	
19	−80×8	260	2	—	1.3	2.6	
20	−138×8	262	1	—	2.3	2.3	
21	−80×8	300	1	—	1.5	1.5	
22	−60×8	75	5	—	0.3	1.4	
23	∠J1或∠J2						
24	∠75×50×6	60	4	—	0.3	1.4	
25	−131×6	173	8	—	1.1	8.6	
26	−116×6	186	2	—	1.0	2.0	
27	−116×6	175	2	—	1.0	1.9	
28	−80×16	80	4	—	0.8	3.2	
29	−188×10	240	2	—	3.5	7.1	
30	−164×10	456	4	—	5.9	23.5	

903

图3-156　15m跨三角形钢屋架施工图（二）

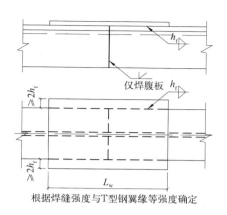

图 3-157　T 型钢弦杆拼接节点构造

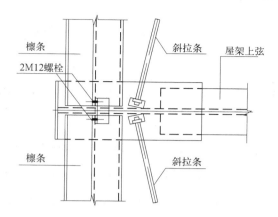

图 3-158　零件㉓与檩条、㉔与拉条的连接构造

参考文献

[1] 中华人民共和国国家规范.建筑结构制图标准 GB/T 50105–2010[S].北京：中国建筑工业出版社，2010.

[2] 国家建筑标准设计图集.混凝土结构施工图平面整体表示方法制图规则和构造详图（现浇混凝土框架、剪力墙、梁、板）16G101–1[S].北京：中国计划出版社，2016.

[3] 国家建筑标准设计图集.混凝土结构施工图平面整体表示方法制图规则和构造详图（现浇混凝土板式楼梯）16G101–2[S].北京：中国计划出版社，2016.

[4] 国家建筑标准设计图集.混凝土结构施工图平面整体表示方法制图规则和构造详图（筏形基础、独立基础、条形基础、桩基承台）16G101–3[S].北京：中国计划出版社，2016.

[5] 胡兴福主编.建筑结构（第三版）[M].北京：中国建筑工业出版社，2014.

[6] 中华人民共和国国家规范.混凝土结构设计规范 GB 50010–2010（2015 年版）[S].北京：中国建筑工业出版社，2015.

[7] 中华人民共和国国家规范.建筑抗震设计规范 GB 50011–2010（2016 年版）[S].北京：中国建筑工业出版社，2016.

[8] 中华人民共和国国家规范.砌体结构设计规范 GB 50003–2011[S].北京：中国建筑工业出版社，2011.

[9] 国家建筑标准设计图集.砌体结构设计与构造 12SG620[S].北京：中国计划出版社，2012.

[10] 中华人民共和国国家规范.钢结构设计标准 GB 50017–2017[S].北京：中国建筑工业出版社，2018.

[11] 中华人民共和国国家规范.热轧钢板和钢带的尺寸、外形、重量及允许偏差 GB/T 709–2019[S].北京：中国标准出版社，2019.

[12] 中华人民共和国国家规范.热轧型钢 GB/T 706–2016[S].北京：中国标准出版社，2017.

[13] 中华人民共和国国家规范.热轧 H 型钢和剖分 T 型钢 GB/T 11263–2017[S].北京：中国标准出版社，2017.

[14] 中华人民共和国国家规范.非合金钢及细晶粒钢焊条 GB/T 5117–2012[S].北京：中国标准出版社，2012.

[15] 中华人民共和国国家规范.焊缝符号表示法 GB 324–2008[S].北京：中国标准出版社，2008.

[16] 中华人民共和国国家规范. 钢结构用高强度大六角头螺栓 GB/T 1228-2006[S]. 北京：中国标准出版社，2006.

[17] 国家建筑标准设计图集. 实腹钢梁混凝土柱 12SG535[S]. 北京：中国计划出版社，2012.

[18] 国家建筑标准设计图集. 多、高层民用建筑钢结构节点构造详图 16G519[S]. 北京：中国计划出版社，2016.

[19] 国家建筑标准设计图集. 轻型屋面三角形钢屋架 06SG517-2[S]. 北京：中国计划出版社，2007.

[20] 中华人民共和国国家规范. 热轨钢棒尺寸、外形、重量及允许偏差 GB/T 702-2017[S]. 北京：中国标准出版社，2017.